前　言

植物生理学实验是植物生理学课程的重要组成部分，是学习和掌握植物生理学基础理论知识的实践性教学环节。通过实验，可进一步加深学生对基础理论的认识和理解，加强对学生基本实验技能的训练和动手能力的培养，使学生初步掌握植物生理的基本测定方法和技术，提高学生分析问题和解决问题的能力，为今后参与科学研究奠定基础。

《植物生理学实验教程》是普通高等教育“十二五”规划教材《植物生理学》（科学出版社，2013 年 9 月）理论教材的配套教材，主要据相应理论章节配套编写，同时兼顾国内广泛使用的植物生理学实验技术，目的是让学生较全面地接触和了解植物生理学各个环节的实验技术方法，更扎实地理解和掌握植物生理学的基本知识。这样的编写安排也有利于实验教学与理论教学的协调统一及实验内容的灵活选择。

本书编写者结合长期从事植物生理科研和教学的实践经验，对实验技术、内容及实验方法进行了修订和完善，根据植物生理研究的新进展和新动向，增添新的实验项目，吸收新的实验技术和方法，并且安排综合性、设计性与研究性实验，体现科学性、系统性和实用性。所选编的实验具有代表性、多样性，覆盖面广、内容系统，既适应目前植物生理学研究的发展趋势，又兼顾各院校植物生理学实验课开设相关传统经典实验的实际需要，符合培养具有扎实的基础知识和创新思维能力学生的实验教学改革方向，有利于增强学生独立工作、解决问题的能力。

本书分为以下几部分。第一篇为植物生理学实验技术概论，包括植物生理学实验的意义、植物实验材料的代表性、植物样品的采集和保存、植物实验材料的室内培养、植物生理学实验常用仪器与方法、实验记录与实验报告、实验室规则、实验室安全及防护知识等。第二篇为植物生理学基础性实验，为本书的主体部分，与《植物生理学》理论课的相应篇章同步编写。每个实验项目一般都包括实验原理，实验目的，实验材料、设备和试剂，实验步骤，结果与分析，注意事项，问题讨论等环节。其中第一单元是细胞生理与信号转导实验，第二单元是代谢生理实验，第三单元是植物生长发育实验，第四单元是植物逆境生理实验。第三篇为综合性、设计性与研究性实验。正文后还有主要参考文献和若干附录。

本书为参编院校通力协作的产物，力图体现系统性、科学性、先进性、实用性，各部分分工为：西南大学与贵州大学合作编写第一篇及附录；云南农业大学与西南大学合作编写细胞生理与信号转导实验；云南师范大学、西南科技大学、西华师范大学与西南大学合作编写代谢生理实验；重庆文理学院、云南农业大学、贵州大学与广西大学合作编写植物生长发育实验；广西大学与西南大学合作编写植物逆境生理实验；综合性、设计性与研究性实验则由各校在编写植物生理学基础性实验的前提下合作完成。在广泛征求意见的基础上，编写人员互相审阅，再三修订后，由王三根统稿。

本书的编写出版得到了科学出版社编辑的帮助及参编学校教务部门的支持。另外，在本书的编写过程中参考和引用了国内外及若干兄弟院校教材的许多资料和图片，在此一并表示衷心感谢。由于编者水平有限，书中不足之处在所难免，请广大读者批评指正，以便今后修改完善。

编　者

2015 年 12 月

目　录

植物生理学实验教程

主　　编　王三根（西南大学）

副 主 编　赵德刚（贵州大学）

何龙飞（广西大学）

宗学凤（西南大学）

编写人员（按姓名拼音排序）

代其林（西南科技大学）

范曾丽（西华师范大学）

高焕晔（贵州大学）

何龙飞（广西大学）

李忠光（云南师范大学）

林　春（云南农业大学）

吕　俊（西南大学）

毛自朝（云南农业大学）

滕中华（西南大学）

王三根（西南大学）

吴中军（重庆文理学院）

赵德刚（贵州大学）

周岐伟（广西大学）

字淑慧（云南农业大学）

宗学凤（西南大学）

科学出版社

北京

内 容 简 介

植物生理学实验是植物生理学课程的重要组成部分，是学习掌握植物生理学基础理论知识的实践性教学环节。本书是《植物生理学》的配套教材，为全国高等院校生物、农学、园艺、植物保护、水土保持、林学、草业、资源环境、生态等专业学生使用的基本教材。本书所选编的实验具有代表性、多样性，覆盖面广、内容系统，适应植物生理学研究的发展趋势，并兼顾各院校植物生理学实验课开设的传统经典实验的实际需要。本书包括植物生理学实验技术概论；植物生理学基础性实验，含细胞生理与信号转导实验、代谢生理实验、植物生长发育实验和植物逆境生理实验；综合性、设计性与研究性实验；另有主要参考文献及若干附录等。本书注重理论联系生产实践及考虑相关专业教学的特点，内容详实，重点突出，脉络清晰，图文并茂，编排合理。

本书适合本专科各相关专业学生学习使用，也可作为生命科学、生态学、农林、园艺等领域教学科研人员的参考书。

图书在版编目（CIP）数据

植物生理学实验教程 / 王三根主编．—北京：科学出版社，2017
ISBN 978-7-03-050421-0

Ⅰ．①植…　Ⅱ．①王…　Ⅲ．①植物生理学－实验－高等学校－教材
Ⅳ．① Q945-33

中国版本图书馆CIP数据核字（2016）第262734号

责任编辑：丛　楠　韩书云 / 责任校对：李　影
责任印制：张　伟 / 封面设计：谜底书装

科学出版社 出版
北京东黄城根北街16号
邮政编码：100717
http://www.sciencep.com
北京建宏印刷有限公司 印刷
科学出版社发行　各地新华书店经销
*
2017年1月第　一　版　开本：787×1092　1/16
2024年1月第九次印刷　印张：16 1/4
字数：385 000

定价：49.00元
（如有印装质量问题，我社负责调换）

第一篇

植物生理学实验技术概论

一、植物生理学实验的意义

植物生理学（plant physiology）是研究植物生命活动规律及其与环境相互关系的科学。它以学习和研究构成植物的各部分乃至整体的功能及其调控机制为主要内容，通过了解其功能的实现过程及其调控机制来不断深入地阐明植物生命活动的规律和本质。

植物生理学的研究范畴包含了群体、个体、组织和器官、细胞、分子等层面。在微观方面，由于生物科学领域中的细胞学、遗传学、分子生物学的迅速发展，植物生命活动本质方面的研究向分子水平深入并不断综合。在宏观方面，植物生理学与环境科学、生态学等密切结合，向更为综合的方向发展，大大扩展了植物生理学的研究范畴。植物生理学作为基础学科，其要务是探索植物代谢的基本规律及其与环境的关系。但植物生理学从诞生迄今之所以受到人们的重视，在于它能指导生产实践，为栽培植物、改良和培育植物提供理论依据，并不断提出控制植物生长的有效方法。

由此可见，植物生理学是理论性和实践性均很强的学科，它的发展与实验技术和手段的进步密不可分。植物生理学实验是学习掌握植物生理学基础理论知识的实践性教学环节。通过实验，可进一步加深对基础理论的认识和理解，加强对基本实验技能的训练和动手能力的培养，初步掌握植物生理的基本测定方法和技术，提高分析问题和解决问题的能力，为今后参与科学研究和生产实践奠定基础。

二、植物实验材料的代表性

无论是进行系统的植物生理研究，还是进行单项的生理指标测定，首先要准备实验材料。实验材料的充分准备和科学取材，直接关系到研究结果的正确与否和测定数据的可靠程度。所以，实验材料的准备和正确的取材是植物生理研究的重要环节。

植物生理学实验的基本过程包括采集具有代表性的样品，选择适宜的样品制备、处理和分析测定方法，进行分析测试和数据处理及统计分析。

在实际的科学研究工作中，不可能对组成总体的所有个体都进行测定，同样，对于个体的研究也是以部分器官或组织为基础。所以，结果的可靠性就取决于实验材料（样本）对总体的代表性，代表性越差，可靠性越低。

（一）试验的准确度与精确度

从试验中得到的所有观察值，既包含处理的真实效应，又包含许多其他因素的偶然影响。这种使观察值偏离试验处理真实效应值的偶然影响，称为试验误差或误差。

由取材误差、仪器误差、试剂误差、操作误差等一些经常性的原因所引起的误差称为系统误差；误差的大小和正负总保持不变，或按一定的规律变化，或是有规律地重复。由一些偶然的外因所引起的误差，称为偶然误差；误差的大小和正负以不可预测的方式变化。必须指出，在测量中，由于读数或计算时发生错误，致使测量结果与总体平均值（真值）之间产生较大的偏差（过失误差或粗大误差），这种偏差是错误而不是误差，它是不应该出现的，也是完全可以避免的。

系统误差影响分析结果的准确度，偶然误差影响分析结果的精确度。准确度和精确度共同反映测定结果的可靠性（图 1-1）。

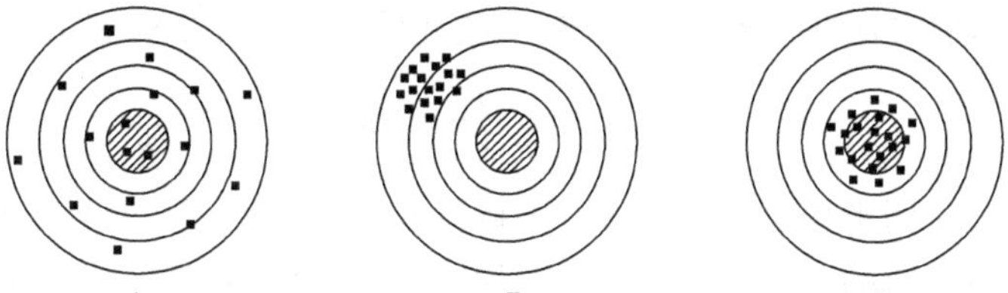

图 1-1　误差与准确度及精确度

A．系统误差小，随机误差大，精确度、准确度都不好；B．系统误差大，随机误差小，精确度很好，但准确度不好；C．系统误差和随机误差都很小，准确度和精确度都很好

精确度（也称精密度）是指在测定中所得到数值重复性的大小，它能反映偶然误差的程度，是对测量结果中系统误差和偶然误差大小的综合评价。精确度高说明测定方法可靠，重复性好。它通常用偏差来表示。偏差分为绝对偏差和相对偏差。

测定值与平均值之差称为绝对偏差，实用中以相对偏差来表示精确度。

$$相对偏差=\frac{测定值-平均值}{平均值}\times 100\%$$

偏差越小，说明从总体所抽样品的代表性越好。

准确度是指实验中所得测定值与真值的符合程度。它用误差来表示。误差也分为绝对误差和相对误差。误差小表示可靠性好，误差大表示可靠性差。

测定值与真值之差称为绝对误差，但在实用中多以相对误差来表示测定值的准确度。

$$相对误差=\frac{测定值-真值}{真值}\times 100\%$$

在一组测定中，有时精确度很高，但准确度不一定很好，即测定样品的代表性不一定很好；反之，若准确度很好，则精确度也一定很高。

（二）标准差和变异系数

平均数是样本的集中表现，也就是样本的代表值。但其代表性的可靠程度，取决于各个变量之间的变异程度。因此在说明一个总体时，不仅需要描述其集中性的特征数，还需要描述其变异性的特征数。表示变异度的统计数较多，最常用的有标准差和变异系数。

标准差是表示偶然误差的一种较好的方法，它可以表示单次测定值围绕平均值的密集程度，说明测定结果精确度的大小。其单位与测定值的单位相同。由样本资料计算标准差的公式为

$$S=\sqrt{\frac{\sum(X-\overline{X})^2}{n-1}}=\sqrt{\frac{\sum X^2-\frac{(\sum X)^2}{n}}{n-1}}$$

式中，S 为样本单次标准差；X 为测定值；$\overline{X}$ 为样本平均值；n 为样本测定值的个数（样本容量）；$n-1$ 为自由度。S 值小，说明单次测定结果之间的偏差小，精确度高，平均值的代表性好。求出的标准差一般写在平均值之后，即 $\overline{X}\pm S$。

如果比较不同样本变异的大小时，因单位不同或均数不同，不能直接用标准差进行比较，需要把表示变异程度大小的绝对值——标准差换算为相对值，才能够比较。一个样本

的标准差占该样本平均数的百分率称为该样本的变异系数，用C.V.表示，计算公式为

$$C.V.=\frac{S}{\overline{X}}\times100\%$$

变异系数小，说明平均值的波动小，精确度高，代表性好。变异系数既受标准差的影响，又受平均数的影响。因此，在采用变异系数表示样本的变异程度时，应同时列举平均数和标准差，否则可能会引起误解。

要判断多次平行测定结果的平均数之间的差异时，仅有单次测定标准差还不够，还必须计算样本平均数标准误差（简称标准误差），也称均数标准差。其计算公式为

$$S_{\overline{X}}=\frac{S}{\sqrt{n}}$$

式中，$S_{\overline{X}}$为均数标准差。

由上式可以看出，均数标准差与样本单次标准差成正比，与测定值个数的平方根成反比，即样本容量越大，平均数的误差越小。所以，在抽样测定中，增加样本容量（n）或增加重复次数，均能降低平均数的误差。

均数标准差和单次标准差一样，是一个绝对值，与平均数、样本单次标准差及样本的大小有直接关系，为了消除$\overline{X}$、S、n的影响，使不同来源的均数标准差可以相互比较，需将其化为相对值，通常采用均数标准差对样本平均数的百分率来表示，称为均数变异度，也称精确度，记作$V_{\overline{X}}$。

$$V_{\overline{X}}=\frac{S_{\overline{X}}}{\overline{X}}\times100\%=\frac{\frac{S}{\sqrt{n}}}{\overline{X}}\times100\%=\frac{\frac{S}{\overline{X}}}{\sqrt{n}}\times100\%=\frac{C.V.}{\sqrt{n}}$$

均数变异度的值越小，平均数的误差越小，代表性越强。

均数标准差是重要的误差指标，在判断两个样本平均数差异的可靠性时，就是以样本均数标准差为标准，衡量两个样本平均数之差是它的多少倍（t），然后根据t值的大小来检验两个样本平均数差异的显著性。t检验法的公式为

$$t=\frac{\overline{X}_1-\overline{X}_2}{S_{\overline{X}}}$$

（三）植物材料的抽样原则和样本容量

抽样的方法很多，大致可分为随机抽样、典型抽样和顺序抽样三大类。抽样测定中最重要的问题是样本的代表性，就是样本要能反映出总体的特征。这就要求样本分布应基本符合总体的分布规律，抽样方法应符合概率论的要求。根据这种要求，随机抽样方法是最理想的方法。这是因为抽样必须是随机的，不能有主观偏见，谁能被抽取，完全靠样本的概率来决定，概率大的被抽取的机会就大，反之则小。随机抽样符合概率论的要求，因而不仅对总体参数能做到无偏估计，还能正确地估计抽样误差。随机抽样又可分为简单随机抽样、分层随机抽样、整群抽样、两级或多级抽样等方法。

典型抽样是按研究需要，有意识有目的地从总体内选取有代表性的典型单位（个体）或单位群，以代表总体的绝大多数。典型样本如果选择合适，可获得可靠结果，尤其是从大容量的总体中选择较小数量的抽样单位时，往往采用这种方法。但由于这种方法完全依

赖于抽样者的经验知识和技能，结果很不稳定，而且不符合随机原理，无法估计抽样误差。

顺序抽样是按照某种既定的顺序，每隔一定间隔抽取一个抽样单位组成样本。为了确定第一个被抽的个体，常按顺序将总体的全部个体分为含有个体数相等的组成，组数等于样本容量，在第一组用随机法确定第一个被抽的个体后，按等间隔抽取其他组。实际应用中有对角线式、棋盘式、分行式、平行线式等方法。顺序抽样法不符合概率论的要求，不能正确估计抽样误差。但顺序抽样方法简便，抽样单位在总体中的分布均匀，抽出的样本更具有代表性。

样本的代表性不仅与抽样方法关系密切，受样本容量的影响也很大，也就是样本必须要有足够数量的个体。根据样本均数标准差与样本大小（n）的平方根成反比的关系可知，样本个体数越多，抽样误差越小，样本的代表性就越大。但是，样本过大又会耗费过多的人力和物力，延误时间。因此，确定合理的抽样数量是抽样调查测定中的重要问题。确定抽样数量要根据抽样调查测定的目的所允许的误差范围和可靠程度来计算。

以植株高度、穗长和产量等连续性变量为例，用简单随机抽样法抽样时，由下式：

$$t=\frac{\overline{X}-\mu}{S_{\overline{X}}}$$

可知，当所抽样本的平均值（$\overline{X}$）和总体的平均值（μ）的差为均数标准差（$S_{\overline{X}}$）的 1.96 倍，即 t 值为 1.96 时，有 95% 的可靠性。这时的样本容量应为

$$t=\frac{\overline{X}-\mu}{S_{\overline{X}}}=\frac{\overline{X}-\mu}{\frac{S}{\sqrt{n}}},$$

所以

$$n=\frac{t^2\cdot S^2}{(\overline{X}-\mu)^2}$$

例如，在抽样调查某植物的株高时，允许误差（$\overline{X}-\mu$）＝3cm，根据以往试验的资料，知 $S^2=47.6$（方差 S^2 也可在正式调查前，先抽样调查算出），有 95% 的可靠性，调查株数可由上式得

$$n_1=\frac{1.96^2\times 47.6}{3^2}=20.3\approx 20\text{（株）}$$

所得 20 株为小样本（＜30），所以，其 t 值不同于大样本（＞30）时，标准正态分布概率为 95% 的概率度值，但是 t 受 $n-1$ 的影响，n 又是未知值，因此可先用 1.96 求出一样本值 n_1，根据 n_1-1 在 t 表中查到 t 值，代入上式再算一次，由 $20-1=19$，查 t 表得 t 值为 2.09，代入上式，得

$$n_2=\frac{2.09^2\times 47.6}{3^2}=23\text{（株）}$$

所以，每重复调查 23 株较为合适。

三、植物样品的采集和保存

植物生理学是以植物材料为研究对象，样本的选取和采集除遵循常用的统计处理方法外，还必须根据所研究对象和分析项目的特点作特殊处理。植物样品的采集和处理，是研究测定中的重要环节。如何正确地采集和处理样品是实验测定过程中必须严格对待的问题。

（一）植物材料的种类

植物生理学实验使用的材料非常广泛，根据来源可划分为天然的植物材料（如植物的幼苗、根、茎、叶、花等器官活组织）和人工培养、选育的植物材料（如杂交种、诱导突变种、植物组织培养突变型细胞、愈伤组织、酵母等）；按水分状况、生理状态可划分为新鲜植物材料（如苹果、梨、桃果肉，蔬菜叶片，绿豆、豌豆芽下胚轴，麦芽、谷芽，鳞茎、花椰菜等）和干材料（小麦面粉，玉米粉，大豆粉，根、茎、叶干粉，干酵母等）。在实际中要根据实验目的和条件不同加以选择。

植物材料生理分析的准确性，除取决于分析方法的选择是否合适及全部分析工作是否严格按照要求进行外，在很大程度上还取决于样品的采取是否具有最大的代表性。如果不遵循科学方法采样，样品缺乏代表性，即使分析工作严谨无误，也得不到正确的结论。另外，植物材料的采集要具有典型性，即要根据实验目的分别采集植株的不同部位，如根、茎、叶、果实，不能将各部位样品随意混合。此外，植物材料的采集还具有适时性，即在植物不同的生长发育阶段，或各种处理前后，适时采样分析。而且，在操作和处理过程中还要防止样品变化和污染。因此，必须对样品的采取、处理和保存给予足够的重视。

（二）植株样品的采集

研究测定结果的可靠性（或准确性），首先取决于实验材料对总体的代表性，如果采集样本缺乏代表性，那么测定所得数据再精确也没有意义。所以，样品的采集除必须遵循试验抽样技术的一般原则外，还要根据不同测定项目的具体要求，正确采集所需的实验材料，目前，随着研究技术的不断发展，应该不断提高采样技术的水平。

在许多生理测定项目中都需要采集整株的实验材料样品，有时虽然是测定植株的部分器官，但为了维持器官的正常生理状态，也需要进行整株采样。整株采样，也只是对地上部的采样，没有必要连根采样，当然对根系的研究测定例外。采样时间因研究目的而不同，如按生育时期或某一特殊需要的时间进行。在田间试验小区或大田采样时，多采用随机抽样法进行采样。在田间试验小区采样时，由于同一小区各部分差异不太大，因此可用简单随机抽样法进行采样，在大田抽样如各部分的差异较大时，可采用分层抽样法。按田间的差异情况可将地块分为若干个部分（如地带、地段等），称为区层，再独立地从每一区层内随机抽取所确定的抽样单位数目，由各区层的样本测定平均数，采用加权方法估计总体平均值。也可采用整群抽样法，即将总体划分为若干个抽样单位群（每群包含若干个个体），随机抽取所需要数量的群，然后在被抽出的每群中对所有个体进行观察，由每群所得数据求得总体估计值。

在实验区（或大田）中选取有代表性的取样点，取样点的数目视田块的大小而定。选好点后，随机采取一定数量的样株，或在每一个取样点上按规定的面积从中采取样株。例如，小麦等密植型作物或其他作物幼苗可按面积采取或采取样品束（一束样品的植株数视需要而定）；玉米、甘蔗等作物，每个点采取一株就够了。

直接从田里采取植株样品，在生长均一的情况下，可按对角线或沿平行的直线等距离采样。即在实验区（或大田）按对角线选定5个取样点，然后在每个点上随机取一定数量的样株，或在每个取样点上按规定的面积从中采取样株。一般蔬菜样品可按对角线法采取样株。

除逆境生理研究等特殊需要外，所取植株应是能代表试验小区的正常发育无损伤的健康植株。

（三）器官样品的采集与保存

在测定许多生理指标时，并不需要对全体进行测定，或是不便于对全株测定，只需对部分器官或组织测定，就可以了解全株的情况，尤其在相对比较测定中，这是更为通用的方法。

要通过器官或组织的测定结果来了解全株，进而来了解品种或栽培措施等的效应，就必须要合理地选取器官或组织的实验材料，以提高测定结果的准确性。由于植物体各部分生理年龄和生理生化过程的速率不同，植株各部分存在着很大的异质性，这就给正确地选取器官或组织的实验材料带来了很多困难。只有在充分了解植物体各部分异质性的基础上，才能根据研究目的和要求合理地选取器官或组织的实验材料。

以叶片的采集为例，叶征较为长大的玉米等作物，同一片叶的不同部位存在着明显的生理差异，因而在取用叶片作生理测定时，应当特别注意叶片部位的选择，一般以中部为宜。虽然棉花、大豆等双子叶作物，叶片基部、中部、上部的差异比禾谷类作物小，但也应注意不同部位的差异性，以便在取样时尽可能提高代表性。

叶片样品的采集应根据植物种类、种植密度、株型大小、生育时期及测定要求的误差范围，从试验小区或大田确定采样株。数量一般为10～15株，其中苗期、后期少，密植作物多，高秆作物少。再根据不同叶位叶异质性的特点和研究测定的目的要求，确定采样部位。在确定了采样株和采样部位后，再将所需叶片剪下，并剪除不需要的部分，如玉米只剪取棒三叶（雌穗位叶及其上、下叶）叶片中部的20cm一段。如果剪取的样品量太多，可在剪碎混合后用四分法缩分到所需数量。

从田间采取的植株样品，或是从植株上采取的器官组织样品，在正式测定之前的一段时间里，如何正确妥善地保存处理是很重要的，它关系到测定结果的准确性。

一般测定中，所取植株样品应该是发育正常无损伤的健康材料。取下的植株样品或器官组织样品，必须放入事先准备好的保湿容器中，以维持试样的水分状况和未取下之前基本一致。否则，由于取样后的失水，特别是在田间取样带回室内的过程中，由于强烈失水，使离体材料的许多生理过程发生明显的变化，用这样的实验材料进行测定，就不可能得到正确可靠的结果。为了保持正常的水分状况，在剪取植株样品后，应立即插入有水的桶中，对于枝条，还应该立即在水中进行第二次剪切，即将第一次切口上方的一段在水中剪去，以防输导组织中水柱被拉断，影响正常的水分运输。对于器官组织样品，如叶片或叶组织，在取样后就应立即放入铺有湿纱布的带盖搪瓷盘中或铺有湿滤纸的培养皿中。对于干旱研究的有关实验材料，应尽可能维持其原来的水分状况，另外，在取样前，应刷掉实验材料表面的尘土等异物，取样后，对于可见的附着尘土异物，一般应该用水冲洗干净，并用滤纸吸干材料表面的附着水，尤其是供测定电导率等的实验材料，更要求实验材料表面洁净，否则测定结果就不会有好的重复性，准确度和精确度都不会高。

供试样品一般应该在暗处保存，但是，对于供光合、蒸腾、气孔阻力等测定的样品，在光下保存更为合理。一般可将这些供试样品保存在室内光强下，但从测定前的0.5～1.0h开始，应对这些材料进行测定前的光照预处理，也叫光照前处理。这不仅是为了使气孔能正常开放，也是为了使一些光合酶类能预先被激活，以便在测定时能获得正常水平的值，还能缩短测定时间。光照前处理的光强，一般应和测定时的光照条件一致。

测定材料在取样后，一般应在当天测定使用，不应该过夜保存，需要过夜时，也应该在较低的温度下保存，但在测定前应使材料温度恢复到测定条件的温度。

对不需要鲜样的组织样品，在取样后则应立即烘干。为了加速烘干，对于茎秆、果穗等器官组织应事先切成细条或碎块。

（四）植物籽粒样品的采集和制备

植物籽粒样品多用于其成分分析测定，有时也需要对叶组织的干样测定有关成分。对所采集的这类样品，需要进行干燥、粉碎、过筛等处理，并应在低温干燥条件下密封保存，以保证测定值能反映采样时样品成分的实际水平。

籽粒样品有的采自个别植株，有的采自试验小区或大田地块，有的则从大批收获物中采集。如籽粒样品是采自个别植株，应将全部种子采回留作样品用。如需要从试验小区或大田采样时，则应先按照采集植株样品的原则确定采集籽粒的植株（样株必须具有代表性），再将样株分别收获脱粒备用。也可将全小区或地块脱粒的种子混匀并铺平，用四分法对角缩分，小粒种子（如小麦、水稻等）取250g样品，大粒种子（如玉米、花生等）取500g样品。从大批谷物收获物中取样时，在保证样品有代表性的原则下，可在散堆中设点取样，或从包装袋中抽取原始样品，再用四分法缩分取样250～500g。

对于采集的籽粒样品，在剔除杂质和破损籽粒后，一般可用风干法进行干燥。但有时根据研究的要求，也可立即烘干。

烘干时，新鲜材料应先在105℃条件下烘干0.5～2h（杀青），使酶失活，防止样品成分的变化。然后降温至70～80℃条件下烘干1～2d。烘干时最好是用鼓风干燥箱，并应将样品平铺成薄层，以加速干燥。

干燥后的样品应该用粉碎机或研槽进行粉碎处理，粉碎后再根据需要把样品进行过筛。样品细度随称样大小而定，如称样大于2g时，可用圆孔径1mm的筛子过筛；称样量为1～2g时，可用0.5mm孔径的筛子；称样量小于1g时，可用0.25mm孔径的筛子。筛子筛号和筛孔直径的关系大致如表1-1所示。样品过筛弃分混匀后，保存于磨口的广口瓶中，在瓶内放一标签，瓶外贴一标签。标签上要标明样品名称、取样日期、处理方法、小区号等。在样品的粉碎和过筛等操作过程中，要防止污染和混杂。贮样瓶要用蜡封口，并在干燥条件下保存。

表1-1 标准筛孔对照表

筛号/目	筛孔直径/mm	筛号/目	筛孔直径/mm	筛号/目	筛孔直径/mm	筛号/目	筛孔直径/mm
4	4.70	16	0.99	32	0.50	60	0.25
6	3.33	20	0.83	35	0.42	65	0.21
8	2.35	24	0.70	42	0.35	80	0.18
10	1.65	28	0.59	48	0.30	100	0.15

注：筛号即每英寸[①]长度内的筛孔数

① 1英寸=2.54cm

一般种子（如禾谷类种子）的平均样品清除杂质后要进行磨碎，如条件许可最好用电动磨粉机，在磨碎样品前后都应当使磨粉机（或其他碾磨用具）的内部十分清洁，最初磨出的少量样品可以弃去不要，然后正式磨碎，使样品全部无损失地过筛，混合均匀，作为分析样品贮存于备有磨口玻塞的广口瓶中，并随即贴上标签，注明样品的采集地点、实验处理方法、采样日期和采样人姓名等。长期保存的样品，在其贮存瓶上的标签还需涂蜡。为了防止样品在贮存期间生虫，可在瓶中放置一点樟脑或对位二氯甲苯。

油料作物种子（如芝麻、亚麻、花生、蓖麻等）如需要测定其含油量时，不应当用磨粉机磨碎，否则样品中所含的油分吸附在磨粉机上将明显地影响分析的准确性。所以，应将少量油料种子样品放在研钵磨碎或用切片机切成薄片作为分析样品。

四、植物实验材料的室内培养

在研究中，有时需要进行一些幼苗的短期试验，在无温室条件或非生长季节，则需要在室内培养实验材料。只要能满足植物对水分、光照、养分、空气和温度等条件的要求，植株就可正常生长发育。对于全生育期的培养试验，一般以土培为宜，而对于生育前期的观察测定，一般以无土栽培为宜。无土栽培的方法有很多，根据实验的目的要求，可分别采用不同的培养方法，如对根系生理的研究以水培、雾培或砂培为宜，而对茎叶部较长时间的测定研究，除上述培养法外，以炉渣培养或膨胀塑料培养为宜。这些培养方法的共同特点是，植物所需的营养物质，除种子里原有的外，都是通过营养液供给的，因而水培法也叫营养液栽培，是无土栽培的基本方法。无土栽培已经在小麦、水稻、菜豆、番茄等大量作物、蔬菜上获得成功，并已广泛应用于花卉和林木育苗上。随着人工控制环境的“工厂化”生产过程的发展，营养液栽培法将会发挥其更大的作用。

（一）种子处理与幼苗的准备

不论哪种形式的培养，首先都需要准备好可供选择培养的幼苗。

播前种子必须晾晒、清选，剔出破损、瘪粒、畸形、虫蛀及腐粒种子，保证发芽率高，出苗快而整齐。种子要进行消毒处理，常见方法如下。

1．干热消毒法　如番茄等种子干燥时耐热力强，可用干热法消毒。为防治番茄病毒病和溃疡病，事先应将种子充分暴晒，使其含水量降至 7% 以下，后置于烘箱内缓慢升温至 70～73℃，处理 4d 待播。

2．热水浸种消毒法　该法广泛用于杀死种子表面的病菌，特别是菠菜、茄子、甜椒、黄瓜等表皮较硬的种子，能耐较高的水温。一般可先将水温调至 70℃左右，再缓缓倒入种子，边倒边搅拌。至水温降至 30℃保温浸种催芽。

3．药液消毒法　主要目的是杀灭种子表面带有的田间传播的病菌，把好种子消毒灭菌。

4．药粉拌种消毒法　为防止猝倒病，常用福美双可湿性粉剂、克菌丹可湿性粉剂、多福可湿性粉剂及百菌清等处理种子，用量为种子量的 0.3%，拌种的种子适于直播，不宜催芽。

有的种子要进行浸种催芽。一般常用温水浸种，即 2 份开水兑 1 份凉水至温度为 50～55℃，边倒种子边搅拌，水温降至 30℃左右时停止搅拌，再继续浸泡。浸种时间长短因种子大小、种皮厚薄、吸水难易而异。豆类种子粒大，种皮薄，易吸水膨胀，浸种时间宜短；菠菜、香菜、茴香等应先搓开种子再浸种；小白菜、油菜、茼蒿、菠菜浸种后易直播，其他蔬菜多浸种催芽。浸种后用清水淘洗2～3遍。稍晾，再用湿纱布或毛巾、麻袋片包裹，置于洁净的瓦盆放在适湿处催芽。每隔4～5h上下翻动一遍，至60%以上种子露芽时播种。若将催芽后的种子放在10～12℃低温下处理，可提高发芽整齐度和生活力，以利壮苗。

谷类植物种子可用饱和的漂白粉溶液浸泡消毒15min（或用0.1%升汞溶液消毒10min），取出后用蒸馏水冲洗干净。将种子播在垫有滤纸的带盖搪瓷盘中，加入少量水（或播在垫有湿沙子的搪瓷盘中），为了保持湿润，种子上面应覆盖湿纱布或湿沙子，并盖好盖，放在25℃左右的温度下发芽。并注意应经常少量浇水。

当种子萌发胚根长到2～4cm时，应将生长整齐健壮的幼苗暂时移植一次，这次仍可将所挑选的幼苗移植在铺湿沙子的带盖搪瓷盘中，每天换一次水，继续在25℃左右条件下培养。这一阶段的培养也可在光下进行。当根系长到5～7cm时，可作为水培的定植材料。

（二）植物营养液的配制

无土栽培的营养液配方有很多，依作物种类、生长季节等而不同。其中Hoagland营养液（表1-2）pH较为稳定，对大多数植物都比较合适，是应用比较广泛的一种营养液。

表1-2　Hoagland营养液的成分

元素	贮备液浓度/（mmol/L）	贮备液浓度/（g/L）	化合物	每升最终溶液中贮备液的体积/mL
N，K	1000	101.1	KNO_3	6.0
Ca	1000	236.16	$Ca(NO_3)_2 \cdot 4H_2O$	4.0
P	1000	115.08	$NH_4H_2PO_4$	2.0
S，Mg	1000	246.49	$MgSO_4 \cdot 7H_2O$	1.0
Cl	25	1864	KCl	2.0
B	12.5	0.7773	H_3BO_3	2.0
Mn	1	0.169	$MnSO_4 \cdot H_2O$	2.0
Zn	1	0.288	$ZnSO_4 \cdot 7H_2O$	2.0
Cu	0.25	0.062	$CuSO_4 \cdot 5H_2O$	2.0
Mo	0.25	0.04	H_2MoO_4（85% MoO_3）	2.0
Fe	64	30	Fe-EDTA（10% Fe）	0.3～1.0

配制营养液所用水源的选择，因实验目的与要求的不同而不同。对于缺素培养当然以蒸馏水为宜，对于微量元素的实验研究则要求用特种玻璃蒸馏器所得蒸馏水或重蒸馏水，而对于这两类研究以外的作物生理研究，则用雨水、自来水和井水均可，但要求自来水和井水是中性或微酸性（pH>6），无大量钙、镁、氯等离子，工业废水等污水不能用于溶液培养。

配制营养液所用盐类的纯度，一般培养液用化学纯（C.P.）或实验试剂（L.R.）即可。要注意所用盐类与配方是否一致，若有差别必须换算。配制时首先将可溶性盐类配成贮备液，其浓度最好是该种盐类用量的倍数，便于使用时稀释。贮备液以放入黑色塑料瓶内为宜。使用稀释时，先在稀释容器中加入 80% 的水，再加入某种盐类溶液，经过充分混匀后，再加入另一种，这样可以避免很快发生沉淀。难溶性盐类也应配成悬浮液，盐类溶液加完后，测定并调节营养液的 pH，加水到所要求的体积。

（三）水培栽植方法

水培缸用玻璃、瓷质、塑料（聚乙烯）培养缸均可。玻璃培养缸应在外壁先包一层黑纸（或黑塑料布），再包一层白纸，这样既可保持根系的黑暗条件，又可反光维持缸内温度的相对稳定。

培养缸盖可用打孔的塑料泡沫板，也可用特制的硬塑托网。选用生长健壮整齐的幼苗作为实验材料，尽量勿使根系受伤。根据作物种类和培养时间的长短，每一培养缸栽植若干株，可用海绵或棉花包扎茎部，将苗圃固定在培养缸盖的大孔中。或由大砂粒将小苗固定在培养缸口的硬塑托网上。如果幼苗只用于三片真叶以前（双子叶作物两片真叶）的试验测定时，其可直接栽植在大瓷盘中。而且，在这种情况下，不必浇灌培养液，只浇自来水即可，因为单子叶作物种子胚乳中的营养可维持三叶期前的正常需要。双子叶作物种子子叶中的营养可维持两片真叶前的正常需要。

对于较长时间的培养，就需要定期给培养缸加营养液，用量以幼苗根部被浸没为宜。在作物幼小时，可 2～3 周更换一次培养液，在长大后每 1～2 周就应更换一次，平时应经常补加蒸馏水或自来水，以维持培养缸内的水位，并应注意 pH 的变化，经常调整到所需范围，由于根系是在溶液中，需要经常给培养缸内通气，尤其对旱作物来说更为重要，通气的方式最好是用鱼缸通气泵每天定期通气两三次。在栽植前对所用幼苗的生育状况，如株高、根长、鲜重（FW）等要有测定记载，以便于和生育中或结束后的测定结果进行比较。

（四）喷雾培养法

喷雾培养法或滴流培养法均属于空气培养法，对于旱田作物，尤其是研究旱田作物的根系生理时，这是一种非常好的培养方式，这种培养法不但能使根系在良好的通气条件下正常生长，而且在测定时能很方便地得到完整无损的根系材料，喷雾培养法的装置大致如图 1-2 所示。

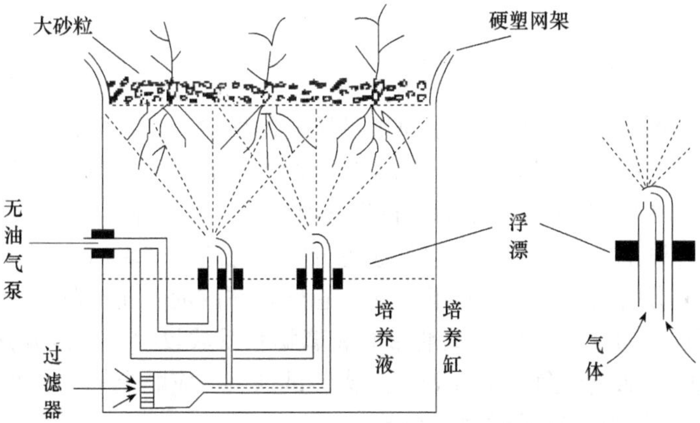

图 1-2 喷雾培养装置示意图

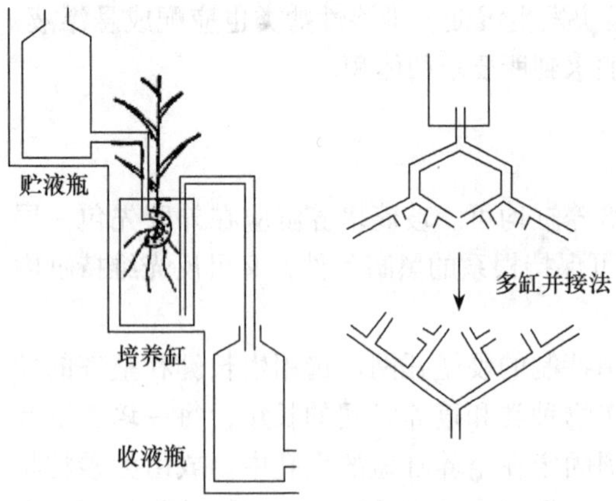

图 1-3　滴流培养装置示意图

由无油气泵把空气从喷气嘴压出，从而使紧靠喷气嘴的喷液嘴将营养液以雾状喷向上方的根系。营养液经过滤器进入喷液管。该法的缺点是必须要有气泵不断送气。为了克服这一不足，还可采用滴流培养法，如图 1-3 所示。

用胶管将贮液瓶的营养液导入培养缸的喷滴头。喷滴头可用硬塑管做成，将其前端出口堵死，并热曲成圆环状，在环状部分用烧热针刺出许多小孔用以喷滴营养液。喷滴头的另一端用胶管和贮液瓶连接，并用乳胶管夹子控制输液量。

培养缸一般可用 30cm 的水培缸，对于较长时期的培养，特别是用于玉米等高大作物时，可用 60cm 以上的长形标本缸。缸盖可用塑料泡沫板制成，其上打三个孔，中间的较大孔栽苗，另两小孔，一个插入喷滴头，另一个插入胶管，虹吸并导出营养液，贮于收液瓶，导出胶管用乳胶管夹子控制流速。待收液瓶满后再和贮液瓶互换。

这种培养方式也可实行多缸并联使用，即由贮液瓶流出的营养液同时分流入许多培养缸的喷滴头上，再将各培养缸底部的营养液虹吸导入收液瓶，这种培养法可解决由于无油气泵和用电等带来的投资等问题。

五、植物生理学实验常用的仪器

（一）常用的反应器

植物生理学实验常用的反应器主要有试管、点滴反应板、烧瓶、烧杯等，它们主要用于进行植物生理测试的各种反应。例如，定氮用烧瓶是特制的可耐高温的反应器，在测定植物含氮量时用来消化材料。点滴反应板常用于检验反应进程和室内外的快速测定，如可用于检验酶促反应进行到何种程度或对植物及土壤中某些矿质元素含量的快速比色测定等。

（二）常用试剂的配制和保存器具

配制试剂时，首先应了解用于配制试剂的物质的性质，当将多种化合物配制在一起时，特别应考虑它们的溶度积的大小，以及是否产生不需要的反应，应先分别溶解，然后在一较大烧杯中加入足够多的溶剂后，再将其混合在一起，否则容易产生沉淀。

试剂瓶是保存试剂的主要容器，按其颜色分为无色透明玻璃瓶和棕色瓶，通常棕色瓶用于保存见光易分解的试剂。玻璃磨口瓶应忌盛强碱试剂，而橡胶塞的试剂瓶不能用于盛装强酸性试剂。通常用于生产试剂瓶的玻璃膨胀系数较大，骤冷骤热都容易破裂，所以不能对试剂瓶作加热或急速降温处理。盛装试剂后，应贴上标签，在标签上写清楚试剂的种类、浓度、配制日期及配制者姓名。

（三）常用的数量测量仪器

测量物质质量的仪器主要是天平。在植物生理测试中，天平除用于称取药品配制试剂外，还常用于准确称取待测样品的质量，分析植物各部分干物质重的变化与同化物转化的关系。还可用于重量分析法测定植物光合速率、呼吸速率、叶片面积和植物器官或组织的生长速度等。使用时应按样品量及实验要求，选择不同精度的天平。

测定植物组织和细胞大小的量具主要有卷尺、直尺、游标卡尺和显微测微尺等。直尺、卷尺常用于测量株高、器官长度及叶片面积。游标卡尺常用于测茎粗和果实大小等。显微测微尺是更为精确的长度测量工具，它可以精确测定至微米（μm），它与显微镜配合使用，可测定细胞、细胞器和染色体的大小。对于植物组织或细胞的长、宽、周长及面积的测定，还可以在被测材料制片后，将显微镜与计算机联机，照相后进行测定。

计数器常用于显微观察中计数，如测量气孔数目、细胞数目、可育（或败育）花粉粒数目等。在原生质体培养中测定诱导率或检查原生质融合情况，以及测定液体培养中单位体积的细胞或原生质体数目时，均常用计数器。

测量液体体积的器具可分为量入式和量出式两类。量入式器具测量的是量具中所盛装液体的体积，主要有不同规格的容量瓶，一般较大的容量瓶（100～5000mL）用于配制试剂，较小的容量瓶（10～100mL）常用于对植物内含物提取、稀释或反应液定量。刻度试管的精度不如容量瓶，可作精确度要求不高的反应液体积测定或稀释。量出式器具测定的体积是指从该容器中倾出或放出的液体体积，主要有移液管、量筒、酸碱滴定管。移液管精确度高于量筒。应当注意的是：使用移液管时，其尖端残留的液体不能吹出，除非该移液管标有“吹”的字样。酸碱滴定管用于测定到达滴定终点时，所耗滴定液的体积。采用化学方法定量测定一些生理指标时，常用酸碱滴定管，如小篮子法测定呼吸强度、凯氏定氮仪测定植物含氮量、碘量法测定过氧化氢酶活性等。此外，还有可取 50～5000μL 的各种规格的取液器，其取液器的体积一致性好，操作简便，但不是十分准确，常用于转移样品不需太精确的测定中。

（四）常用的温度恒定设备

温度恒定设备主要有水浴锅、干燥箱、温箱和生长箱，它们可将温度恒定在所设置的水平。水浴锅常用于保证各种生理生化测试和生理过程进行所需要的温度，使测定结果免受环境温度的影响。干燥箱的温度可从几十摄氏度到 300℃，一般干燥箱均有鼓风机和排气窗，以便于干燥样品。植物材料的干燥过程通常是在 105℃左右杀青 15～20min，然后在 70～80℃条件下烘干至恒重。还可以用它烘干刚洗过的玻璃器皿或对器皿进行干热灭菌。温箱和生长箱主要用于提供植物生长所需的温度以培养实验材料，也常用于组织培养。温箱只能提供温度保障，而生长箱具有光照、温度甚至湿度和 CO_2 浓度的控制系统，能满足植物生长的需要。

（五）常用的物质分离设备

常用的物质分离设备有漏斗、分液漏斗和离心机等。用漏斗过滤是最常用的分离固体与液体的方法，常用分析滤纸过滤，提取或纯化植物材料中的某些成分。分液漏斗则主要用于分离两种不相溶的液体，也可用于提纯某种只溶于水或只溶于脂相的物质。而离心机具有更广泛的用途，是植物生理实验室必备的仪器之一，通过调节转速（离心力）或离心的时间，达到不同的分离效果。离心机可分为：①普通离心机（4000～20 000r/min），用于分离固体和液体混合物。②高速离心机（25 000r/min 左右），这类离心机通常带有制冷设备，以控制离心温度，其中的大容量连续流动离心机，可用于从培养物中收集酵母或细菌。③低容量高速离心机，用于收集微生物、细胞碎片、细胞、大的细胞器、蛋白质沉淀物等。④超速离心机（100 000r/min 左右），常用于分离离析的细胞、细胞器或细胞中的颗粒（叶绿体、原生质体、核蛋白体），但每次分离的样本容量小，可用离心机中的光学系统连续地观测待测物在离心场中的行为，推断其纯度、性状和相对分子质量等。

六、植物生理学实验常用的方法

（一）细胞生理研究的主要方法

1. 细胞组分与发育的研究方法 细胞组分与发育的研究通常包括下列几个方面。

1）细胞壁的实验技术 主要是关于细胞壁结构、组成成分、功能及其中所含酶类活性的测定。例如，用显微技术观察细胞壁的结构及其纤维素排列情况；用 KI-H_2SO_4 法测定细胞壁的主要成分；用荧光增白剂染色法观察细胞壁是否完全及细胞壁再生情况；细胞壁中过氧化物酶等的测定。

2）原生质的实验技术 用酶制剂消化细胞壁得到完整而有活力的原生质体；用胞质环流、活性染料染色及改变渗透压等方法测定原生质体的活力；用电泳法测定原生质的带电性；用离心法和质壁分离法测定原生质的黏滞性；用固定制片的方法可观察原生质的穿壁运动；用显微镜观察原生质的流动情况；用质壁分离法测定物质透过膜的速度和难易程度及测定细胞的渗透势；用染色法测定原生质的等电点，用化学或物理的方法促使两种亲本原生质体融合以得到优质物种，其化学方法是用诱导剂（如聚乙二醇）诱导原生质体融合，物理方法是用电场或显微操作、离心、振动等机械力促使原生质体融合。

3）亚细胞结构的实验技术 各种亚细胞结构的体积和密度不同，它们的沉降系数也不相同，因此可以用差速离心的方法将各亚细胞结构分级分离出来，再用密度梯度离心法进行纯化。另外，还可用不同的方法对亚细胞结构的功能进行测试，如用氧电极法测定线粒体的氧化磷酸化机能。

4）细胞生长发育的实验技术 用无菌培养液培养细胞；用显微技术测定细胞增长数目、细胞大小；用离心法测细胞体积；用称重法测细胞质量等。

2. 细胞形态生理生化的研究方法

1）细胞形态结构的观察 可用光学显微镜技术（体视、光镜、偏光、相差、微分干涉差、荧光、暗场、激光共聚焦显微镜、显微摄影）及电子显微镜技术（透射电镜、扫描电镜、扫描隧道效应显微镜）等观察细胞形态结构。

2）细胞化学的方法 各种生物制片技术（徒手切片、整体装片、涂片、压片、冰冻切片、滑动切片、石蜡切片），超薄切片的制备（电镜制片技术），电镜负染方法，冷冻断裂电镜技术，金属投影电镜技术等。

细胞内各种结构和组分的细胞化学显示方法，如核酸、蛋白质、酶、多糖、脂类等的特异染色方法，线粒体、溶酶体、叶绿体及细胞核等细胞器的染色方法。

定性和定量的细胞化学分析技术方法如显微分光光度计、流式细胞术等。

3）细胞组分的生化分离分析的方法　包括差速离心和密度梯度离心，层析技术（纸层析、聚酰胺薄膜层析、纤维素柱层析），电泳技术（琼脂糖电泳、聚丙烯酰胺凝胶电泳、双向电泳），分子杂交技术（原位杂交、Southern 杂交、Northern 杂交）等。

4）标记与示踪技术　如同位素标记的放射自显影技术，免疫荧光抗体技术，酶联免疫反应和酶标技术，胶体金、胶体金银标记技术。

5）细胞生物工程技术　如细胞工程技术（细胞培养、细胞融合、细胞克隆、单克隆抗体、细胞突变体的筛选），染色体工程技术（染色体标本制备、染色体显带、染色体倍性改造）等。

采用传统的细胞研究方法，可对植物的生长发育进行观察，如对植物花粉、胚珠、果实发育的观察，对玉米单倍体的体细胞和性细胞进行染色体行为观察和计数等。植物细胞培养是植物细胞工程和植物基因工程的基础，在研究细胞生长、分化、细胞信号转导、细胞凋亡等理论问题和遗传育种、转基因植物等应用方面都不可或缺。

对细胞内各种细胞器结构和功能的研究使人们在亚细胞水平解释植物的生命活动现象方面进入了新的阶段。在对各种植物生物膜结构所执行的电子传递、能量转换、离子吸收、信号转导等生理功能方面的研究也取得了许多重要成就。

3. 植物细胞组分的分离　为了研究细胞组分的结构与代谢功能的关系及其调控过程，需要对细胞的各部分进行分离与纯化，分别进行研究和处理。细胞的分级分离大体分为细胞的匀浆化、分离纯化和分离组分的纯度鉴定三个步骤。

1）组织细胞的匀浆化　待测样品在分离前，首先要进行匀浆化，也就是在材料中加入适当的提取介质，将植物组织和细胞破碎后制成匀浆。常用的方法有组织捣碎机捣碎法、超声细胞破碎法、匀浆器法和研磨法。理想的匀浆介质应能保持细胞器的形态和功能完整，并能防止正常分隔的细胞区域中内含物混合而产生的有害变化。在匀浆介质中通常含有下列成分。

（1）蔗糖（或甘露糖醇）溶液：以保持提取介质与细胞溶液之间的渗透平衡，避免在水势突然发生变化时，细胞中的结构被破坏。

（2）pH 7～8 的磷酸缓冲液或 Tris-HCl 缓冲液：以中和酸性的细胞内容物，避免 pH 变化太大，使酶失活。

（3）巯基化合物（如二硫苏糖醇或巯基乙醇等）：以防止具有半胱氨酸残基活性位点的酶氧化失活。

（4）Mg^{2+}：以阻止细胞质和细胞器的核蛋白体解聚。

（5）Ca^{2+}：以阻止细胞核结块。

（6）聚乙烯吡咯烷酮（PVP）：能结合有毒的酚类化合物，通常作为抗酚保护剂。

在进行细胞破碎和匀浆化的过程中，都必须保持在 1～4℃的低温条件下操作，可在冷室中操作，也可用事先冷却的仪器和溶液在冰浴条件下进行各项操作。

2）分离纯化的程序　制备好的匀浆液先用多层纱布或尼龙网过滤，以除去细胞壁等纤维组织和未破碎的细胞等杂质。然后根据实验目的选择某一种或几种离心方法，将滤液进行分级分离。

经过初步分离的细胞组分往往含有各种杂质，因此需要进一步对其进行纯化。常用的纯化技术有密度梯度离心和差速离心。将细胞组分再悬浮于匀浆介质中，然后小心地铺放在离心管里的蔗糖梯度液顶部。梯度液的制备方法，是连续地将浓度递减的蔗糖溶液（此即密度梯度液）轻轻地分层加入离心管中，使其不致有较大程度的混合，然后将离心管放在2～4℃条件下静置1～2h，令其扩散，使密度梯度界面平滑，当加入再悬浮的细胞组分后，将离心管置水平转头上离心。细胞成分靠离心力通过蔗糖梯度，并按照它们的相对密度分成不同的区带。用这种方法分离开的各个区带，可用吸管小心地吸出。另外，还可以采用二相分配技术、层析技术和电泳技术等进行分离纯化。

3）细胞组分纯度的鉴定　经过纯化后的细胞组分在应用前需要鉴定其纯度。其鉴定方法是可采用专一的染料处理后进行显微镜镜检，或检测一种特征化合物或标志酶的活性（表1-3）。

表1-3　常用的细胞组分的生物化学标志物

细胞组分	标志物
细胞核	DNA聚合酶，RNA聚合酶等
叶绿体	叶绿素，核酮糖-1, 5-二磷酸（RuBP）羧化酶（C_3植物），丙酮酸磷酸双激酶（C_4植物）等
线粒体	细胞色素c还原酶，细胞色素氧化酶，琥珀酸脱氧酶，延胡索酸酶等
过氧化体（完整的）	过氧化氢酶，羟基丙酮酸还原酶
乙醛酸体（完整的）	过氧化氢酶，异柠檬酸裂解酶，苹果酸合成酶
微体	磷脂合成酶，抗霉素A不敏感的NAD（P）H，细胞色素c还原酶
液泡（完整的）	核糖核酸酶，磷酸二酯酶，植物中的特殊色素

（二）植物生长的研究方法

植物生长研究主要从植物个体的生长、植物群体结构和植物群体物质生产这几个方面来进行。

1. 植株生长量的研究　植物群体的物质生产来源于植物个体的生长量。植物的株高、叶面积和质量是表示植物个体生长量的基本指标，也是植物生理研究和植物生产中经常需要测定的基本项目。

在植物的生长过程中，细胞、器官及整个植株的生长速率都表现出“慢—快—慢”的基本规律，即开始时生长缓慢，以后逐渐加快，至最高点再逐渐减慢，以致最后停止生长。将生长的这三个阶段总和起来，叫做生长大周期（grand period of growth）。

通常以时间为横坐标，以植株的净增长量变化（生长速率）为纵坐标作图，可得到一条抛物线；若以植株的生长积量（如株高）为纵坐标作图，则得到一条“S”形的生长曲线。生长曲线反映了植物生长大周期的特征，即由三部分组成：对数期（logarithmic phase）、直线期（linear phase）和衰老期（senescence phase）。

1）植物株高的测定　株高是植物生长量的基本标志之一。在栽培实践中，经常以株高来衡量各种技术措施的效果，尤其是在相对比较中，更具有重要的参考价值。所以，植株高度的测量是经常会遇到的问题，植株高度是植物栽培育种研究和生产实践中用来表示植物生长量的重要指标之一。

植株的高度可用株高和自然株高两种方法表示。株高就是植物体被拉直后，从地面到植物体最高点的垂直高度。这里所指的植物体最高点，可能是叶片的尖端，也可能是植株的顶端。株高是表示植物植株的纵向生长量，也叫生理株高。

自然株高是表示植物群体的高度，即生长状态的群体植株，从地面到冠层顶部表面的高度。株高和自然株高的值相差越大，植株的叶片（尤其是上部叶片）配置越呈现水平型，群体内部的受光条件越差。

2）植物叶面积的测定　叶片是植物进行光合作用、蒸腾作用等生理过程的主要器官，叶面积的消长是衡量植物个体和群体生长发育好坏的重要标志。叶面积的大小直接影响到植物的光合面积的大小，最终影响到产量的高低。

叶面积与产量关系最密切、变化最大，同时又是比较容易控制的一个因素，许多增产措施，包括合理密度和合理肥、水技术之所以有显著的增产作用，主要在于适当地扩大了叶面积。叶面积小不好，但面积大又会造成群体内光照条件恶化，影响光合作用和产量。

（1）叶形纸称重法。对于叶片平展但叶形不规则的叶片可用叶形纸称重法测定。该法是首先求出质地均匀的优质纸的面积质量比，然后再根据叶形纸的质量求出叶面积。

（2）鲜样称重法。对于叶形不规则、曲折不平展的叶片，可用鲜样称重法，尤其是在大量测定时，这是方便而快速的方法。该法是首先求出代表性叶片的面积鲜重比（cm^2/g），然后再根据叶片鲜重求出叶面积。

（3）干样称重法。鲜样称重法的精确性关键在于如何防止鲜样失水的影响，但在大量样品测定时，又很难避免失水差异造成的误差。所以，为了克服失水的影响，可以采用干样称重法，即将所打取的小圆片和所有待测的叶片全部烘干后称重，并同鲜样称重法一样计算叶面积。鲜样称重法和干样称重法都只能测定离体叶片，不能进行活体测定。

（4）长宽系数法。对于平展而规则的叶片可用长宽系数法，如禾谷类植物和豆类叶片等均可应用此法测定。该法不需要剪取叶片，测定方法简便易行，能对田间活体植株进行连续测定，长宽系数法是由叶片的长（L）、宽（b）乘积再乘以一系数K，即可算出叶面积（$S=L\cdot b\cdot K$）。

据资料，系数K的参考值：大豆叶片的K值为0.69～0.70；小麦叶片的K值为0.75～0.83；向日葵叶片的K值为0.72～0.75；棉花叶片的K值为0.74～0.81；高粱叶片的K值为0.75。

（5）回归方程法。单叶的面积和叶片的长度、宽度、长宽乘积、叶片干重或叶片的长宽比，都有很高的相关性，所以可以由这些自变量通过一定的回归方程计算出因变量、叶面积，同样也可由单叶计算出单株的叶面积。回归方程不仅适用于规则形叶片，也适用于不规则形叶片。所以，回归方程法是把对叶面积的测定转化为对长、宽等线性性状的测定，使测定工作快速方便、准确高效，便于进行非离体的田间测定。

（6）叶面积仪测定法。目前测定叶面积的仪器大多是按光电原理设计的，虽然有多种型号，但从原理看大致分为两种类型：一种是利用光电成像转换的原理来测定叶面积；另一种是利用独特的机械光电扫描原理来测定叶面积。

3）植株质量的测定　植物体的质量通常由鲜重、风干重和干重来表示。测定对象可以是植物的器官、植株个体，也可以是群体的一部分或整个群体。

（1）植物体的鲜重。植物体的鲜重也就是植物在生长的含水量状态下的活体质量。鲜重的测定在一般的植物研究中都会遇到，尤其是在蔬菜和果实的研究中经常用到。鲜重的测定可以及时方便快速地进行，但测定结果易受失水的影响。

新鲜材料在室温较高的情况下，应及时进行称重，以防止呼吸消耗的影响。

鲜重的测定最易受失水的影响，为了克服这种影响，从取样到称量，整个过程中都要注意防止水分的损失。尤其是在处理样品多的情况下，既要防止失水，又要注意使各样品的操作条件和过程相同，以保证各处理间相对比较的一致性。

（2）植物体的干重。衡量植物体生长的主要标志是干重的不可逆增加，所以，干重是植物体质量的基本表示方法，不受失水的影响，测定结果准确。

最好是用鼓风烘箱进行烘干，在样品放入烘箱前，先使温度升至105℃，将装有样品的纸袋放入105℃烘箱中（用打孔器打取的叶圆片，应放在称量瓶中烘干），根据样品的不同（如叶片、茎秆等）高温烘0.5～2h，以停止酶的作用，然后在70～80℃条件下烘干1～2d至恒重，为了均匀而迅速地干燥，对茎秆和果穗等粗大的材料，应该用刀切薄或切细，尽可能均匀地铺成薄层，以促进干燥。从烘箱中取出的干样品，应放入干燥器中冷却至室温时再称重，对于大量样品也可在烘箱中冷却（断电）至室温时称重。

产量调查或处理大量供试材料时，通常用风干法测定干重。将测定样品放在通风良好的室内经1～3周，或直接在阳光下暴晒，当其质量减少至最低时的值叫风干重，这时的含水量为12%～16%。

在进行风干时，根据材料不同，可以直接挂起来，也可装入尼龙网袋中挂起风干，对于易碎落的材料应在器皿中薄层摊晾风干。

长时间风干会引起样品的呼吸消耗和成分的变化，因此对于作为成分测定的样品不宜用风干法。另外，样品含水量也会因空气湿度而变化，所以应尽量缩短风干时间，对于处理较多的样品，应尽量保证样品间风干时间和条件的一致性。

从风干的大量样品中，取一小部分代表样品进行烘干处理（80℃），从而求出晾干/烘干比例，这样就可以把风干样品折算成烘干样品，从而便于进行统一的比较。

2. 植物群体结构研究法 植物群体是指同一块地上的植物个体群，个体是群体的组成单位，群体是由个体形成的整体。但它并不是个体的简单相加，同一群体内的各个个体，既相对独立，又密切联系，相互影响，形成了错综复杂的关系。

植物的产量就是植物群体的产量，它是由每个植物个体的产量所构成的，但又不是这些个体的生物学潜力全部发挥出来时产量的总和。由许多个体聚集在一起形成的群体，使群体内的小环境如光、温、湿、气及土壤条件都发生了很大的变化，这种群体内环境的变化强烈地影响着各个个体的生长发育和产量，反过来又影响着群体的发展和产量。群体发展最终结果的好坏和群体结构是否合理有着直接的关系。

群体结构就是指单位土地面积内植物群体的组织和方式，如植物种类、数量、株型、叶面积指数和植株配置方式等。由于群体是个体的综合表现，而个体是群体的基础，因此在分析和处理问题时，必须从群体找规律，从个体找原因。农业技术措施的目的是针对群体，而实际是作用于个体、器官甚至是细胞。例如，用水、肥等措施控制群体的分蘖数，实际上就是控制个体的分蘖、腋芽的分化、细胞的分裂。通过合理的农业技术措施，使单位土地面积内有合理的密度、光合面积、空间分布等，也就是要有合理的群体结构。植物群体与个体、地上部与地下部、营养器官与生殖器官都能得到协调发展，进而使植物群体能充分利用光能、热能、地力等自然资源，最终达到高产、稳产、优质、低消耗的目的。

1）植物群体结构的调节　植物的群体结构可以自动调节，也可以用人工调节来使之更趋合理。植物的自动调节力是一种适应性的表现。随着条件（如种植密度和肥、水、光等）的变化，植物某些生育过程（如枝叶生长、分蘖消长等）的速度和方向也随之变化，以适应新的环境。通过自动调节，能在条件变化比较大的情况下，保证群体的相对稳定性，并在多数情况下，使群体结构从不合理变得比较合理，对植物更有利。这在不同密植试验里最明显。以单季晚稻的密植试验为例，当种植密度增大时，穗数虽在增多，但变幅小于种植密度，且因每穗粒数减少，千粒重减轻，所以最后产量的差异变小。此外，不论种多少苗，最后叶面积系数和总干重都比较接近。这些都是自动调节的表现。

植物群体自动调节基本特点如下：一定的时间性；群体的稳定性和个体的变异性；一定的顺序性；调节能力与生活力有关；有一定的限度。

2）植物的叶面积指数　植物叶片的光能捕获量与其扩展面积有关，二氧化碳的吸收也是通过叶片的表面进行的，因此，植物群体的光合规模往往用叶片的面积来表示，而不是用质量来表示，另外，产量差异很大的田块之间，单位叶面积的同化速率差异并不大，引起差异的主要因子是叶面积（即容量因子）而不是同化速率（强化因子）。所以，在表示植物群体的光合规模时，主要是使用叶面积指数（leaf area index，LAI）。植物的叶面积指数是衡量植物群体生产规模即植物群体大小的主要指标。

叶面积指数就是指单位土地面积上有多少单位的叶面积，即

$$\text{叶面积指数}=\frac{\text{叶面积}}{\text{土地面积}}$$

当叶面积指数等于 1 时，就表示单位土地面积上的叶片平铺拼起来，其面积正好等于土地面积。土地面积一般以 1 亩① 地为单位。例如，叶面积指数为 2，就是叶子正好能铺满两层。如此类推，叶面积指数可为 3、4、5 等。

植物群体的结构是否合理，在很大程度上取决于群体内株间的光照状况，而叶面积指数是影响株间光照最大的因子。另外，它既包含了群体的密度因素，也反映了个体的生长状况及肥、水等条件的影响。所以，在研究植物品种和栽培措施的增产效应、群体结构与产量的关系等许多问题时，都需要测定叶面积指数。

测定叶面积指数是在测定单叶面积、单株叶面积的基础上，再根据单位土地面积内植物的株数，就可以计算叶面积指数。

3）光合势和叶面积持续时间　光合势是指单位土地面积上（如 $666.7m^2$），植物群体在整个生育期或某一生育阶段，总共有多少平方米的叶面积，按其功能期折算成为“工作日”，来衡量它对产量的影响。所以，它是叶面积和其工作持续日数的乘积，也就是一个群体的叶面积以平方米为单位工作的日数，其单位是“$m^2 \cdot d$”。在一定范围内，光合势越大，干物质生产越多，产量也越高。

和光合势类同的另一个指标是叶面积持续时间（leaf area duration，LAD），是表示叶面积及其持续时间的指标，通常是用叶面积指数对时间作图，求在一段时间内曲线下的梯形面积（$D_{2\text{-}1}$）。

---

① 1亩≈$666.7m^2$

$$D_{2\text{-}1}=\frac{(L_1+L_2)(t_2-t_1)}{2}$$

式中，L_1、L_2 分别为两次测定的叶面积指数值；t_1、t_2 分别为两次测定的时间。

因为叶面积指数是无量纲单位的，所以，叶面积持续时间的单位是时间，通常以天来表示。

3. 植物群体物质生产的研究 植物的产量通常是以干物质的质量来衡量的，所以在植物生育过程中，也以植物体干物质增长过程为中心进行研究，这是植物群体物质生产研究的基本途径。植物通过光合作用生产有机物的方式称为初级生产，某一地点、某一时期生成的植物体质量称为现存量或生物量。植物形成有机物的最大能力称为植物的生产力，也称潜在生产力。而把目前实际得到的最高产量称为现实生产力，一般的平均产量称为一般生产力。

1）植物生长的基本特点 就像植株的生长积量（如株高）通常有一条“S”形的生长曲线一样，植物的种子萌发、幼苗生长、开花结实、成熟衰老等过程，不论是营养体还是生殖体，其生长进程一般都表现出“慢—快—慢”的基本规律。

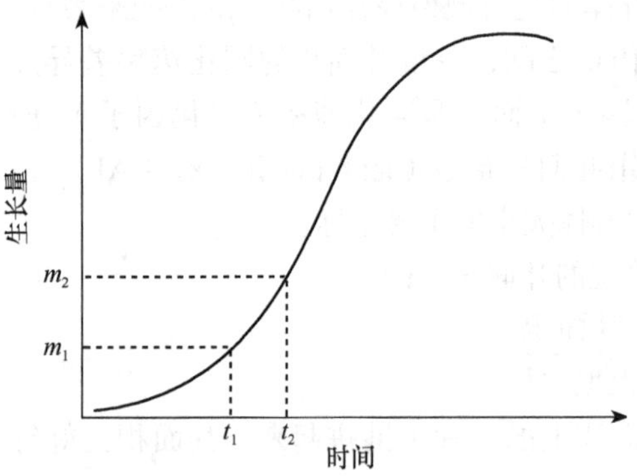

图 1-4 生长量和时间的关系曲线

2）生长速率（growth rate，GR） 生长量和时间的关系曲线如图 1-4 所示。植物的质量 m（或高度、面积等）是随时间 t 的变化而变化的。在生长前期，增长速率和测定时植物材料的数量成正比；在生长中期，干重增长比较平稳，单位土地面积上干重 m 与时间 t 呈直线关系，即

$$m_2=m_1+r(t_2-t_1)$$

式中，m_1、m_2 分别为 t_1 和 t_2 时的干重；r 为直线增长的速率，即

$$r=\frac{m_2-m_1}{t_2-t_1}$$

在中期以后，当叶面积继续增大时，由于叶片互相遮阴的影响，单位叶面积干重的增加减少，到一定限度后，即达到最适叶面积指数时，叶面积再增加，对总干物质的增加几乎不再起作用，此时，总干重增加的决定因素是群体生长率。

3）群体生长率（crop growth rate，CGR） 群体生长率是表示在单位时间内，单位土地面积上所增加的干物质质量。

$$\text{CGR}=\frac{m_2-m_1}{A(t_2-t_1)}$$

式中，A 为土地面积；m_1、m_2 分别为 t_1、t_2 时单位土地面积上的总干重。CGR 的单位为 $g/(m^2 \cdot d)$。

群体生长率实际上就是日平均生产率，即

日平均生产率＝净生产量 / 总生育日数

大量研究表明，C_4 植物的 CGR 为 $18g/(m^2 \cdot d)$，C_3 植物的 CGR 在 $13g/(m^2 \cdot d)$ 以

下，CGR 为 14～18g/（$m^2 \cdot d$）的属于二者的混合物。

4）相对生长率（relative growth rate，RGR） 表示在某一时间，单位干物质质量的物质生产效率，即单位干物质的生产能力。

$$RGR=\frac{1}{m}\cdot\frac{dm}{dt}$$

式中，m 为某一时间的干物质质量；dm/dt 为当时的干物质增长速率。RGR 如用 R 表示并当作一个常数，在时间 $t_1 \rightarrow t_2$ 期间积分，即可求出相对生长率。

$$R=\frac{1}{m}\cdot\frac{dm}{dt},\quad \frac{dm}{m}=Rdt$$

$$\int_{m_1}^{m_2}\frac{dm}{m}=\int_{t_1}^{t_2}Rdt,\ \ln\frac{m_2}{m_1}=R(t_2-t_1)$$

$$R=\frac{\ln m_2-\ln m_1}{t_2-t_1}=\frac{2.3\,(\log m_2-\log m_1)}{t_2-t_1}$$

式中，m_2、m_1 分别为 t_2 和 t_1 时的干重［g/（$g \cdot d$）］。

同样，叶面积相对生长率（leaf relative growth rate，LRGR）也可表示为

$$L_{RGR}=\frac{2.3\,(\log L_2-\log L_1)}{t_2-t_1}$$

式中，L_2、L_1 分别为 t_2 和 t_1 时的叶面积［cm^2/（$cm^2 \cdot d$）］。

5）净同化率（net assimilation rate，NAR） 是指单位叶面积（m^2）上干物质的增加速率，也就是每平方米叶面积每天能生产多少干物质，所以叫光合生产率或净光合生产率。

$$NAR=\frac{1}{L}\cdot\frac{dm}{dt}$$

式中，L、m、t 分别为叶面积、单株干重和时间。实际应用的公式为

$$NAR=\frac{2.3\,(\log L_2-\log L_1)\,(m_2-m_1)}{(L_2-L_1)\,(t_2-t_1)}$$

式中，m_1、m_2 分别为 t_1、t_2 时的干重；L_1、L_2 分别为相应时间的叶面积。NAR 的单位为 g/（$m^2 \cdot d$）。

在植物生长中期，即干重直线增长期，净同化率也可用下式表示。

$$NAR=\frac{m_2-m_1}{1/2\,(L_2+L_1)\,(t_2-t_1)}$$

式中，（L_2+L_1）/2 为 $t_1 \rightarrow t_2$ 期间的平均面积；m_1、m_2 分别为 t_1、t_2 时的干重。该式不能用于生长的前期和后期。

6）比叶面积和比叶重 比叶面积（specific leaf area，SLA）是单位叶干重的面积，即

$$SLA=L/L_m$$

式中，L 为叶面积；L_m 为叶干重。SLA 的单位为 cm^2/g。

比叶重（specific leaf weight，SLW）是单位叶面积的叶干重，即

$$SLW = L_m/L$$

比叶面积和比叶重（单位为 mg/cm^2）都可表示叶片的厚度，比叶重应用更普遍，它是一个相当稳定的指标，可作为选育高净同化率品种的指标。

7）叶面积比和叶重比　叶面积比（leaf area ratio，LAR）是叶面积对植株干重的比，即

$$LAR = L/m$$

这表示与单位植株干重相对应的叶面积扩展程度的指标。LAR 的单位为 cm^2/g。

叶重比（leaf weight ratio，LWR）是叶干重对植株干重的比，即

$$LWR = L_m/m$$

这表示单位植株干重所决定的叶干重的指标。

8）相对生长率和其他指标的关系　由相对生长率（RGR）可以把净同化率（NAR）、叶面积比（LAR）、叶重比（LWR）、比叶面积（SLA）等相互联系起来，从而便于分析各种因素对相对生长率的影响。

$$RGR = LAR \times NAR = SLA \times LWR \times NAR$$

由此可见，如把相对生长率分解为上述各项分别测定，就有可能分析出生长率是由哪一个因素起主要支配作用及环境因子对各因素的影响程度。

（三）植物生长物质的研究方法

植物生长物质（plant growth substance）是一些能调节植物生长发育的微量有机物质。大体可分为两类，即植物激素与植物生长调节剂。

植物激素（plant hormone）是指在植物体内合成的、通常从合成部位运往作用部位、对植物的生长发育产生显著调节作用的微量有机物，即它们是内生的、能移动的、低浓度就有调节效应的高活性物质。生长素（auxin，IAA）、赤霉素（gibberellin，GA）、细胞分裂素（cytokinin，CTK）、脱落酸（abscisic acid，ABA）、乙烯（ethylene，Eth）和油菜素内酯（brassinolide，BR）被称为植物的六大类激素。

由于植物激素含量很少，难以提取，无法满足大规模现代化农业生产的需要，人们根据植物激素的活性与结构之间的关系合成了许多化学物质，其与植物激素类似，也具有强大的生理活性。为了与内源激素相区别，把人工合成的或从微生物中提取的，施用于植物后对其生长发育具有调节控制作用的有机物叫做植物生长调节剂（plant growth regulator）。其包括植物生长促进剂（plant growth promoting substance）、植物生长抑制剂（plant growth inhibitor）和植物生长延缓剂（plant growth retardant）。目前，在农林生产中大量使用的植物生长物质主要是植物生长调节剂。

激素在植物中的含量极微，要求测定的方法必须十分灵敏；而植物激素性质又不稳定，加之细胞中其他化合物会干扰激素的测定，故测定的方法必须十分专一。通常植物组织首先用合适的有机溶剂来提取，既要避免提取许多干扰的化合物，又要避免破坏激素本身。其次采用萃取或层析等步骤，使激素部分提纯。然后用生物的、物理与化学的或免疫分析等方法测定其含量。

1. 生物测定法　生物测定法是根据激素作用于植株或离体器官后所产生的生理反应的强度来推算植物激素含量的方法。

例如，生长素的生物测定可用小麦胚芽鞘切段伸长法。它的原理是基于生长素能促进胚芽鞘切段伸长的特性。将小麦胚芽鞘切段漂浮在含有生长素的溶液中，切段被生长素诱导伸长。在一定浓度范围内，芽鞘切段的伸长与生长素浓度的对数成正比，因而把芽鞘切段在样品提取液中的伸长与生长素标准液中的切段伸长相比，即可推算出样品中的生长素含量。

根据赤霉素诱导 α-淀粉酶活性的原理，可测定赤霉素的含量。将去胚大麦种子与赤霉素一起保温，在一定范围内赤霉素诱导的 α-淀粉酶活性强弱与赤霉素浓度呈正相关，据此来估计样品赤霉素的含量。

常用的生物测定法还有芽鞘伸长法鉴定生长素和脱落酸，大麦胚乳法、水稻幼苗法、矮生玉米法等鉴定赤霉素，萝卜子叶增重法、尾穗苋黄化幼苗子叶的苋红合成法等鉴定细胞分裂素，以及利用乙烯的三重反应鉴定乙烯等。

早期激素的鉴定几乎全靠生物测定法，但因其灵敏性及专一性均不够高，近来已渐渐少用。但对于要从大量人工合成化合物中筛选植物生长调节剂的试验来说，生物测定法仍不失为最可信赖的方法。此外，突变体在植物激素研究中的作用日益引起了人们的重视。例如，利用缺乏赤霉素合成基因的水稻突变体，可显著提高赤霉素生物测定法的灵敏度。

2. 理化测定法　随着物理和化学方法的发展，植物激素可采用薄层层析法（thin layer chromatography，TLC）、气相色谱（gas chromatography，GC）、高效液相色谱（high performance liquid chromatography，HPLC）和质谱（mass spectrography，MS）等方法来测定，其原理大都是基于不同物质在不同介质中有不同的分配系数。例如，生长素测定用这些方法可达到 10^{-12}g 的水平，相当于一个豌豆茎切段或一个玉米谷粒中的生长素含量。运用这些方法还可正确分析生长素的前体、生长素的周转（overturn），以及生长素在植物中的分布等。

色质联谱（GC-MS）可更为精确地检测多种激素，如赤霉素的测定，先用气相色谱分离提取出混合物中的几十个组分，然后将纯赤霉素组分再进入质谱进行定性定量分析，由于质谱专一性很强，不致造成对非赤霉素物质的错误判断，因此测定结果准确可靠。

一般检测之初，需先用有机溶剂从植物样品中提取游离态激素。但因激素常以各种结合态存在，且结合态含量往往较高，在操作过程中必须防止结合态激素的水解。为了测定内源激素在提取与纯化过程中的损失量，常以放射性同位素 ^{3}H 或 ^{14}C，或以稳定性同位素 ^{2}H 或 ^{13}C 标记的激素作为内在标准物。

乙烯是一种气态激素，常用气相色谱仪测定，该法灵敏、准确，一个样品只要几分钟的时间。先将植物组织置于一个密闭容器中，然后用注射器抽取释放的乙烯气体，在气相色谱仪上分离测定。

高效液相色谱（HPLC）技术是检测、分离与纯化激素的有效手段。在 HPLC 技术中，反相层析应用水溶液为流动相更有利于激素的分离与纯化。

3. 免疫分析法　近年来发展起来的免疫分析法被用来定性、定量测定各种植物激素，它是基于动物体对进入其血液中的外来物质的免疫性。当一种抗原导入兔子、老鼠等动物血液中，动物的保卫机制便产生了专一的抗体蛋白质。抗原通常是蛋白质，植物激素为小分子物质，无免疫原性，但只要把它（如生长素）结合到蛋白质分子（如牛血清白蛋白）上，就可转化成抗原分子，当将此结合抗原注射到兔子等动物血液中，在动物的免疫系统作用下，会诱导产生对该激素的专一抗体（图 1-5）。抗体是免疫球蛋白，存在于血液的血清部分，在注射抗原几十天后，把血液进行离心，即可得到抗体部分。由于抗体和抗原相互接触时产生沉淀，可用已知浓度的抗原对抗原-抗体沉淀量的关系式来计算样品中的激素含量。如用放射性抗原，可通过测定放射性活度来定量，常用的放射性元素有 ^{3}H 和 ^{125}I。

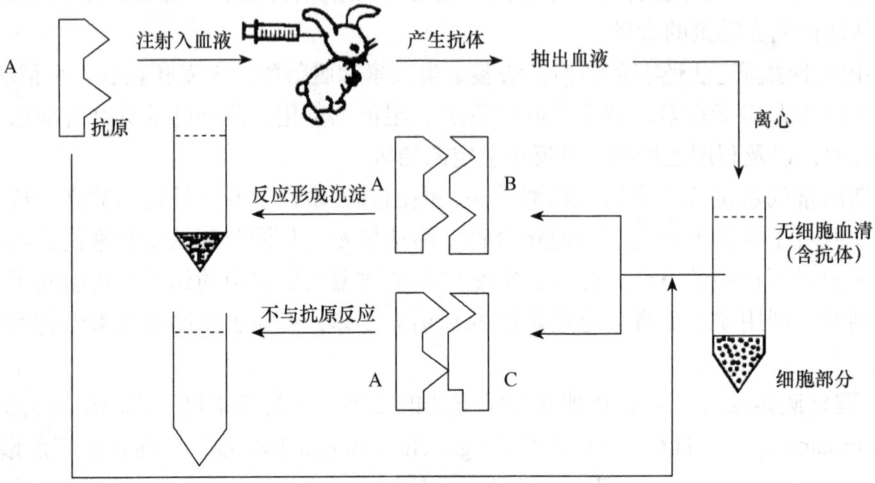

图 1-5　免疫分析测定生长素的基本过程

A. 生长素抗原；B. 对生长素起反应合成的抗体；C. 对非生长素抗原起反应合成的抗体

放射免疫检测法（radioimmunoassay，RIA）和酶联免疫吸附检测法（enzyme linked immunosorbent assay，ELISA）是当前常用的两种免疫定量技术。其优点在于高专一性，高灵敏性，操作简便，样品往往只需初步纯化。抗体不但可用于激素含量的测定，而且应用抗体与酶或胶体金（银）标记相结合能产生特异可视物的特性，还可用于植物激素在组织与细胞内的定位研究。

随着科学和技术的发展，包括使用单基因突变材料、分子生物学和基因工程技术、灵敏的物理化学分析、免疫检测技术，已经把植物激素研究带入了一个新的阶段，植物激素的基本理论及其在农林、园艺等生产中的应用得到了更快的发展。

（四）植物组织培养技术

植物组织培养按其原始意义，就是指愈伤组织培养。但发展至今，其范围日益扩大，已包括植物和它的离体器官、组织、细胞和原生质体的离体无菌培养。因此，拥有几种不同水平的培养技术，即整体的、器官的、组织的、细胞的和原生质体的培养技术。它们的含义如下。

植株培养是指以具备完整植株形态的材料（如幼苗和较大的植株）为外植体的无菌培养。

胚胎培养是指以从胚珠中分离出来的成熟或未成熟胚为外植体的离体无菌培养。

器官培养是指以植物的根、茎、叶、花、果等器官为外植体的离体无菌培养，如根的根尖和切段，茎的茎尖、茎节和切段，叶的叶原基、叶片、叶柄、叶鞘和子叶，花器的花瓣、雄蕊（花药、花丝）、胚珠、子房、果实等的离体无菌培养。

组织培养是指以分离出植物各部位的组织（如分生组织、形成层、木质部、韧皮部、表皮、皮层、胚乳组织、薄壁组织、髓部等），或已诱导的愈伤组织为外植体的离体无菌培养。这是狭义的组织培养。

细胞培养是指以单个的游离细胞（如用果酸酶从组织中分离的体细胞，或花粉细胞、卵细胞）为接种体的离体无菌培养。

原生质体培养是指以除去细胞壁的原生质体为外植体的离体无菌培养。

1. 组织培养室设备及其操作

1）洗涤设备　组织培养对培养用的器具要求较高，不仅其质地要好，对其清洁工作也有较高的要求，以防止一些有毒的或其他有害化学物质（如重金属离子、酸碱等）对培养物的不利影响。最大量的清洗工作是对玻璃培养瓶的洗涤，且要求较严。

一个有一定规模的组织培养室，必须有专用洗涤室，专门供辅助人员进行工作和贮藏洗净的培养瓶。洗涤室应设置二联洗涤池、工作台架、玻瓶晾干架、放培养瓶的架子和箱子、大型烘箱；应有水桶、各种刷子等。

根据不同要求和器具的污物种类和程度，选择适当的洗涤剂。可供选择的洗涤剂有肥皂、洗衣粉、洗涤精、洗液和有机洗涤剂。

2）灭菌设备　植物组织培养中，凡用于培养和无菌操作的房间、器具、培养瓶、培养基、培养材料和操作者的衣物和手，都应随时进行灭菌，以确保不受杂菌污染。否则，由于杂菌的繁殖速度比细胞生长速度快，虽只有少量杂菌，但它在含有丰富养分的培养基中能迅速增殖，2～3d 内就发生严重污染。所以，无菌设备是进行植物组织培养不可缺少的关键设备。灭菌设备依采用灭菌种类和方法的不同而进行分类。

（1）灭菌种类：灭菌包括物理灭菌和化学灭菌两种类型。

物理灭菌：高温高压灭菌、干热灭菌、射线辐照灭菌、过滤除菌。

化学灭菌：熏蒸灭菌、消毒液灭菌（如乙醇、升汞、苯酚、漂白粉、新洁尔灭、次氯酸钠、次氯酸钙、过氧化氢等）。

（2）灭菌方法。

A. 高温高压灭菌法：将需要灭菌的物品放在一密封的高压高温灭菌锅内，在 121℃高温和每平方厘米为 5 个标准大气压① 的压力下，一般持续 15～20min 后，就可杀死一切微生物的营养体及其孢子。适于器皿、工具、衣物和培养基灭菌。

B. 干热灭菌法：将物品放入烘箱，利用高温使微生物细胞内的蛋白质凝固而达到灭菌的目的。适用于玻璃器皿。

C. 过滤除菌法：将带菌的液体或气体通过孔径小于 0.45μm 的微孔滤器装置，使杂菌受到阻隔留在滤板上而液体或气体进入无菌空瓶内，从而达到除菌的目的，此法常用于不能以高温高压灭菌的培养液、有机物质溶液和酶液的除菌，以及超净台空气除菌。组织培养中常用的过滤除菌器是滤膜过滤器，它清洗方便，过滤效果好。

D. 射线辐照灭菌法：紫外线常用于无菌室、培养室和接种箱内的灭菌。在室内

---

① 1标准大气压＝1.013 25×10^5Pa

装上紫外线灯，操作前开灯 20min 可达到灭菌效果。紫外线会伤害人的眼睛，故绝不可在紫外线下操作，紫外线的穿透力差，3～5mm 厚的玻璃能阻挡紫外线，保护人的眼睛。

E. 熏蒸灭菌法：用能杀死微生物的蒸气进行灭菌，适用于无菌室的定期灭菌。常用的方法是将甲醛和高锰酸钾混合后，产生大量蒸气，以杀死微生物，效果较好。

F. 消毒液灭菌法：依化学灭菌剂的不同而适用于不同场合灭菌。70% 乙醇几乎适用于组织培养中的各种灭菌，如各种器皿、培养材料、无菌室、接种箱、工作台、操作人员的手等。漂白粉、次氯酸钙或次氯酸钠、氯化汞、新洁尔灭、过氧化氢、抗生素等适于培养材料的灭菌。所用浓度、消毒时间，因不同材料而定，应灵活运用，总结经验。

3）化学实验设备　植物细胞和组织培养所需器具的洗涤、干燥和保存，培养基的配制分装和灭菌，化学试剂的配制，重蒸馏水的生产，接种材料的制备和生理生化的分析等操作，都可在一间配置适当的综合化实验室内进行。

4）无菌操作设备　操作时可根据需要选用下列诸种设备，都可取得良好的效果。

（1）无菌室：可供接种、培养物的转移和原生质体的游离培养操作之用。用紫外线灯灭菌后，能较长时间保持无菌状态。无菌室的建造要求严格，除出入口和通气口外，应当密闭。

（2）超净台：普遍在超净台上进行无菌操作，有无菌效果好、使用方便、操作人员舒适等优点。把它放在较清洁的房间内即可使用。

（3）接种箱：最简易的办法是用无菌箱，它对继代转接和微生物操作的无菌效果较好。接种箱的上、前、两侧均为玻璃，前面有两个圆孔，装有布袖套。箱内装有紫外线灯和日光灯。

（4）超净室：由专用厂生产的组合式超净室，无菌效果好，操作方便舒适，但价格昂贵，非一般实验能用。其工作原理是，由一侧（边侧或前侧）向封室内压入过滤除菌的净化空气，另一侧抽出带菌的空气，使室内经常保持无菌状态。

（5）接种工具：可根据需要选择医疗和微生物实验室使用的工具。

5）培养设备

（1）培养箱室：它是离体组织和试管苗生长发育的场所，相当于作物的生长场所——大田。因此，应为培养物创造适宜的温、光、水、气等条件。

A. 培养室：室内要求内壁保温和油漆，具有磨光水泥的或油漆过的地板，顶高以 2.6m 为宜，易于控制温湿度，窗户上要装双层密封玻璃窗。有窗户虽对保温保湿不利，但有自然光射入，对苗的生长和无菌有好处。室内要有足够的电源。

室内要保持清洁，定期用 20% 新洁尔灭消毒，防止杂菌生长。

B. 培养箱：供组织培养用的培养箱主要有以下几种类型：①调温培养箱，供暗培养之用，即普通温箱。②调温调湿培养箱，供暗培养之用，可防止培养基干枯。③光照培养箱，供光照培养之用，用于分化培养和试管苗生长，有可调湿和不可调湿功能之分。

C. 人工气候箱室：可以用程序控制的全自动的调温调湿控光的人工气候装置。小的称人工气候器，中的称人工气候箱，大的称人工气候室。用于组织和细胞培养，以人工气候器为佳，它可放在工作室中使用。

（2）培养容器：培养用的玻璃器皿种类规格繁多，根据条件和需要可采用各种玻璃瓶皿作培养容器，或采用一次性使用的透明聚乙烯培养容器。

6）细胞学观察设备　在植物细胞和组织培养过程中，需随时观察和记录其细胞学和形态解剖学的变化，故要进行显微观察、显微和普通摄影、组织切片、细胞染色等工作。因此，细胞学实验室应由三个小间（室）组成，即一般操作间（如切片、染色和材料准备等）、显微镜观察间和暗室。

2. 培养基及其配制

1）培养基的种类　在植物组织培养中，适当地选用培养基，对取得组织培养成功是至关重要的。因此，在组织培养中首先考虑的是采用什么培养基，附加什么成分。自1937年White建立第一个植物组织培养的综合培养基以来，许多研究者报道了适于各种植物组织培养的培养基，其数目无法统计，常用的培养基也不下几十种。

2）培养基的成分　植物组织培养过程中，外植体生长所必需的营养和生长因子，主要是由培养基供应的。因此，培养基中应包括植物生长必需的各种营养元素和某些生理活性物质，可概括为五大类。

（1）无机营养物。有植物必需的元素：氮（N）、磷（P）、钾（K）、钙（Ca）、镁（Mg）、硫（S）、铁（Fe）、硼（B）、锰（Mn）、铜（Cu）、锌（Zn）、钼（Mo）、氯（Cl）。前6种属大量元素，后7种属微量元素。培养基的各种盐类中均含有上述这些元素。碘（I）虽不是植物生长的必要元素，但许多组织培养基中都有碘元素，有些培养基还加入钴（Co）、镍（Ni）、钛（Ti）、铍（Be），甚至铝（Al）等元素。

无机氮可以两种形式供应，即硝态氮和铵态氮。有些培养基以硝态氮为主，有些以铵态氮为主，多数二者兼而有之。

铁往往以无机铁供应，如$FeSO_4$。为了防止沉淀，致使利用率下降，故目前皆用螯合铁，即硫酸亚铁加乙二胺四乙酸钠（EDTA-Na_2）配成。

（2）有机物质。主要有两类：一类是作为有机营养物质，为植物细胞提供碳（C）、氢（H）、氧（O）和氮（N）等必要元素，如糖类（蔗糖、葡萄糖和果糖）、氨基酸及其酰胺类（如甘氨酸、天冬酰胺、谷氨酰胺）；另一类是一些生理活性物质，在植物代谢中起一定作用，如硫胺素（维生素B_1）、吡哆醇（维生素B_6）、烟酸、生物素、肌醇、单核苷酸及其碱基如腺嘌呤等。

（3）植物生长刺激物质。主要是植物生长物质，如生长素中常用的有吲哚乙酸（IAA）、萘乙酸（NAA）、2,4-二氯苯氧乙酸（2,4-D）、吲哚丁酸（IBA）；细胞分裂素中常用的有激动素（kinetin，KT）、6-苄基氨基嘌呤（BA）、玉米素（ZT）；赤霉素类（GA）中常用的有赤霉酸（GA_3）；脱落酸（ABA）；乙烯和乙烯利。

（4）其他附加物。这些物质不是植物细胞生长所必需的，但对细胞生长有益。例如，琼脂是固体培养基的必要成分，活性炭可以降低组织培养物的有害代谢物浓度，对细胞生长有利。

（5）其他对生长有益的未知复合成分。常用的为植物的天然汁液，如椰乳、酵母抽提物、荸荠汁、西瓜汁、苹果汁、生梨汁等。它们的作用是供给一些必要的微量营养成分、生理活性物质和生长激素物等。

3）培养基母液的配制　在实验中常用的培养基，可将其中的各种成分配成10倍、

100倍的母液，放入冰箱中保存，用时可按比例稀释。配制母液有两点好处：一是可减少每次配制称量药品的麻烦；二是减少极微量药品在每次称量时造成的误差。母液可以配成单一化合物母液，但一般都配成以下5种不同的母液。

（1）大量元素混合母液。即含N、P、K、Ca、Mg、S等6种元素的混合溶液，可配成10倍母液，用时每配1000mL取100mL母液，配时要注意以下几点：①各化合物必须充分溶解后才能混合。②混合时注意先后顺序，特别要将钙离子（Ca^{2+}）与硫酸根离子（SO_4^{2-}）、磷酸根离子（PO_4^{3-}）错开，以免产生硫酸钙、磷酸钙等不溶性化合物沉淀。③混合时要慢，边搅边混合。

（2）微量元素混合母液。即含除Fe以外的B、Mn、Cu、Zn、Mo、Cl等元素的混合溶液，因含量低，一般配成100倍甚至1000倍母液，用时每配1000mL取10mL或1mL。配时也要注意顺次溶解后再混合，以免沉淀。

（3）铁盐母液。铁盐必须单独配制，若同其他无机元素混合配成母液，易造成沉淀。过去铁盐都采用硫酸亚铁（$FeSO_4$）、柠檬酸铁、酒石酸铁等，而今都采用螯合铁，即硫酸亚铁和EDTA-Na_2的混合物。配法是将5.57g $FeSO_4\cdot 7H_2O$和7.45g EDTA-Na_2溶于1000mL水中，用时每配1000mL培养基取5mL。

（4）有机化合物母液。主要是维生素和氨基酸类物质，这些物质不能配成混合母液，一定要分别配成单独的母液，其浓度有每毫升含0.1mg、1.0mg或10mg化合物，用时根据所需浓度适当取用。

（5）植物生长物质。每种植物生长物质必须单独配成母液，浓度为每毫升含0.1mg、0.5mg或1.0mg等，用时根据需要取用。由于多数植物生长物质难溶于水，其配法参考如下：IAA、IBA、GA_3先溶于少量95%乙醇，再加水定容至一定浓度；NAA可溶于热水或少量95%乙醇中，再加水定容至一定浓度；2,4-D可用1mol/L的NaOH溶解后，再加水定容至一定浓度；KT和BA先溶于少量1mol/L的HCl中，再加水定容；玉米素先溶于少量95%乙醇中，再加热水至一定浓度。

4）培养基的配制方法

（1）混合培养基中的各组分。先量取大量元素母液，再依次加入微量元素母液、铁盐母液、有机成分，然后加入植物激素及其他附加成分，最后用蒸馏水定容至所需配制的培养基体积的一半。

（2）溶化琼脂。称取应加的琼脂和蔗糖，加蒸馏水至所需配制的培养基体积的一半，在壁上做一液面记号，放置0.5～1h，待蔗糖溶解、琼脂发胀后，加热烧开溶化琼脂。若失水，则加蒸馏水至液面记号处。

然后将上述成分混合在一起，搅匀。

（3）调节pH。用pH计，并用0.1mol/L的NaOH或HCl调至pH为5.8。

（4）分装。将配好的培养基分装于培养容器内，分装时注意不要把培养基倒在瓶口上，以防引起污染，然后用棉塞或硫酸纸封好瓶口。

（5）灭菌。用高温高压灭菌，一般用1.1kg/cm^{2}压力，在121℃条件下灭菌15～20min，时间短，易引起污染，时间长会引起培养基有机成分分解失效。

（6）放置备用。待冷却后，及时取出，放在同培养室接近的温度下。固体培养基应放平，以免形成斜面。

3. 组织培养的操作技术 植物组织培养工作的全过程大致包括以下几个环节。

1）器皿的清洗 植物组织培养用的各种玻璃器皿特别是培养瓶和盛培养基的器皿，一定要严格清洗，以防油污、重金属离子、酸、碱等有害物质残留在瓶内，影响培养物的生长。

2）培养基的配制 培养基的选择对成功地进行植物组织培养至关重要，因此，在进行某项植物组织培养之前，应总结前人和本人工作中的经验教训，拟定出自己认为较好的和有可能成功的培养基成分。

配制培养基是一项极细致的工作，不能有丝毫疏忽。在一般情况下，最好亲自动手，或交给熟练的技术人员配制。为了减少错漏，可印制一份配制培养基的成分单，然后按项按量加入，这样即使弄错，也可查找原因。

3）接种室用具消毒 接种室是进行无菌操作的地方，对其无菌要求是很严格的。用作接种室的房间，不管是在超净台上操作还是在一般台上操作，都要求室内洁净，空气中不带菌。因此，不仅在接种前要用紫外线灯照射20min以上，还要在用后或平时经常进行熏蒸（如用甲醛和高锰酸钾），或喷乙醇雾、新洁尔灭等杀菌。超净台上最好安装紫外线灯。

4）材料灭菌 在接种前，必须使材料完全无菌，这是取得植物组织培养成功的根本保证。为了做到材料完全无菌，应从两个方面加以解决。

第一，要选取植物组织内部无菌的材料。这一方面要从健壮的植株上取材料，不要取有伤口的或有病虫的材料；另一方面要在晴天，最好是中午或下午取材料，绝不要在雨天、阴天或露水未干时取材料。因为健壮的植株和晴天光合呼吸代谢旺盛的组织，有自身消毒作用，这种组织一般是无菌的。

第二，完全地杀死材料表面带有的各种微生物。表面消毒的基本要求是既要杀死材料表面的全部微生物，又要不伤害材料，这要根据不同材料，选用适当的消毒剂、合适的浓度和处理时间，灵活掌握使用。

5）无菌操作 植物组织培养是一种无菌技术，因此不仅要求整个操作过程，一切用具、材料、培养基、培养室、工作人员的衣物都要无菌，还要求工作人员在操作过程中要遵守无菌操作规程，如稍有疏忽，都会造成无法挽回的恶果，使工作前功尽弃。

6）无菌培养 植物组织培养是在人工控制的条件下进行的，对培养室的条件要求较严格，这些条件能否满足对成功至关重要。培养室的基本要求如下。

（1）消毒灭菌。室内培养要做到完全无菌是很困难的，因为常有人的进出、物品的进入、空气的交换等，会带入各种菌类。因此，即使经常消毒，也难保证无菌，事实上只能做到清洁少菌。为此，最好在室内装上紫外线灯，定期开灯杀菌，也可用新洁尔灭喷射灭菌。

（2）温度控制。植物细胞的生长发育和组织器官的分化，皆须在一定的温度下才能进行，因此培养室的温度一定要能周年控温，使其处在一定的昼夜温度或全日恒温下，以保证组织正常生长。培养室的温度一般保持在20～28℃条件下，最好有日夜温差，如白天26℃，晚上20℃，对植物生长有利。

（3）光照控制。组织培养物虽是异养生长，但其生长好坏和发育进程也往往受到光照的影响。当然，光照主要不是供给组织培养物以碳素营养，而是生长和分化的一种刺激因素或诱导因素。例如，葡萄的日照敏感品种培养物，仅在短日下才能形成根，而日照不敏感品种培养物，在不同光周期下皆可形成根；长日照植物菊苣培养物，仅在长日照下才能形成花芽，而短日照植物紫雪花培养物，仅在短日照下才能形成花芽。

培养室内一般都采用日光灯，光强保持 800～2000lx 即可。光照时间的控制可用 24h 定时器，自动控制 12h 光照和 12h 黑暗。对愈伤组织诱导培养往往需在黑暗下进行，因此最好有暗培养室。若无暗培养室，用两层黑布盖住或隔开都可。

（4）湿度控制。组织培养中的湿度影响主要有两个方面：一是培养容器内的湿度，它的湿度条件常可保证 100%；二是培养室的湿度，它的湿度变化随季节而有很大变动，往往是冬天因室内温度比室外高，结果室内湿度低，而夏天因室内温度比室外低，结果室内湿度高。湿度过高过低都是不利的：过低会造成培养基失水而干枯，或渗透压升高，影响培养物生长和分化；过高会造成杂菌滋长，导致大量污染。因此，要求室内常年保持 70%～80% 的相对湿度。其方法是可在冬天于加热器上放一盆水，并常拖地板，增加湿度；在夏天可用去湿器，或少开培养室的门。一般都很少对室内的湿度进行人工控制。

7）*定期检查和细胞学观察*　进行培养的材料，应定期检查，特别是接种后的 3～7d 内，要每天检查，主要是检查其污染情况，发现污染材料，应及时处理掉。

一般每隔 3～5d 都要进行观察，可用肉眼观察形态变化，也可用显微镜进行细胞学观察，如平板培养可进行定点观察，液体培养可用倒置显微镜进行观察，观察到的结果或值得记录的结果，应随时拍成照片，作为资料保存。并进行记数，以便统计分析。

（五）离心技术

植物生理学实验常常要用到离心机。离心机是借离心力分离液相非均一体系的设备。离心是利用旋转运动的离心力，以及物质的沉降系数或浮力密度的差别进行分离、浓缩和提纯的一项操作。离心的形式有离心过滤、离心沉降（或澄清）、离心分离。其目的是达到固-液或液-液的分离。

在有孔转鼓的离心机中通过过滤介质分离悬浮液的过程为离心过滤；利用固液两相相对密度的差异在离心机无孔转鼓或管子中进行悬浮液沉降分离者为离心沉降（如用于净制含少量固体的液体时也称离心澄清）；利用不同溶质颗粒在液体各部分分布的差异，分离不同相对密度液体的过程为离心分离。离心过滤、离心沉降同属固-液分离，离心分离则属液-液分离。

由于离心机的结构、性能和用途等差别很大，分类法也各不相同，特别在转速范围上，有关文献、教科书记载的出入较大。同时，随着离心技术的发展，离心机现已趋向于多效能。例如，制备超速离心机也配备分析型转子和光检测系统，可作某些分析研究工作；而分析型离心机有些也附有制备用转子。某些附有大容量区带转子或连续流动式转子的超速离心机，能用于工业生产，也远远超出了实验室的应用范围。

1. 过滤式离心机　这种离心机转速一般为 450～3500r/min，按操作方式和卸料方式可分为：间歇式（人工或刮刀自动卸料），连续式（自动、震动、活塞或螺旋卸料）。

常用的过滤式离心机是三足式（下动式）离心机。其主要部件有：外壳，上方开口，有安全保护和收集滤液的作用；多孔转鼓，位于外壳内，固定在转轴上，转鼓内表面覆以滤布；制动装置；电动机传动装置；支架。

离心时，转鼓滤布内装入待过滤的悬浮液，当转速逐渐加快而高速运转时，鼓内悬浮液受离心力作用，液体穿过滤布被甩出转鼓外。滤液经外壳下部排出，固体则留在布袋内，从而达到固液分离的目的。

2. 沉降式离心机　这类离心机品种较多，根据其结构又可分为管式、钵式、碟片式和倾析式。它们的卸料方式也很多，如人工、离心力、刮刀、螺旋、喷嘴、自动卸料等。

（1）台式或地面式普通离心机。这是一类结构最简单的实验室常用的低、中速离心机，转速为3000～6000r/min。其转子一般为角式或外摆式，多用交流整流子电动机驱动，但电动机的碳刷易磨损而导致离心机损坏；转速是用电压调节器调节，启动电流大，速度升降不够均匀。操作一般在室温下进行，但有的机种也配有冷却装置。

（2）高速离心机。这是实验室常用的离心机，最高转速可达18 000～25 000r/min，因此需有冷却离心腔的制冷设备，并用热电偶监测腔内的温度，一般温度控制在0～4℃。其转动部分是各种角式或外摆式转子，有的还配备区带转子、连续流动式转子或其他转子。速度控制比台式离心机精密准确。操作方式除间歇式外还有连续式。

（3）超速离心机。这类离心机转速可达75 000r/min，用于固-液分离时为间歇式操作，也可用于液-液连续分离。主要由5部分组成：转筒、主轴、电动机及传动装置、制动器与外壳和机座。

离心沉降时，先把转筒上部的重液出口堵塞，后将悬浮液在静止、慢速或全速下从转筒底部加液管送入。悬浮液向转筒上部移动时，颗粒受离心力作用而沉降到转筒内壁上，形成沉渣层，留在内层的清液或轻液（含细颗粒）则从上方轻液出口流出。离心完后取出转筒，人工清除滤渣。如用于液-液离心分离时，液体即按不同相对密度从转筒上部的轻、重液出口分别排出，工作原理与离心沉降相同。

三种不同级别的离心机的比较见表1-4。

表1-4　三种不同级别的离心机的比较

类型	普通离心机	高速离心机	超速离心机
最大转速/（r/min）	6 000	25 000	75 000
最大相对离心力/*g*	6 000	89 000	510 000以上
容量	几十毫升到几升	一般1.5L左右（有大容量连续流动式）	几十到几百毫升，最大达到1.7L以上（如用连续流动式则一次分离可达几升到几十升）
分离形式	固液沉降分离	固液沉降分离	密度梯度区带分离或差速沉降分离
转子	角式和外摆式转子	角式和外摆式转子（有些还配备区带转子或其他转子）	角式、外摆式和区带转子（有些还配备分析和连续式转子）
仪器结构性能和特点	速度不能严格控制，多数室温下操作	有消除空气和转子间摩擦热的制冷装置，速度和温度控制较准确、严格	备有消除转子与空气摩擦热的真空和冷却系统，有更为精确的温度和速度控制、监测系统，有保证转子正常运转的传动和制动装置等
应用	收集易沉降的大颗粒（如红细胞、酵母细胞等）	收集微生物、细胞碎片、大细胞器、硫酸铵沉淀物和免疫沉淀物等。但不能有效沉淀病毒、小细胞器（如核糖体）、蛋白质等大分子	主要分离细胞器、病毒、核酸、蛋白质、多糖等，甚至能分开分子大小相近的同位素标记物^{15}N-DNA和未标记的DNA

（4）碟片式离心机。碟片式离心机是在管式离心机的基础上发展起来的，转速为4500～7500r/min。根据卸料方法的不同可分为喷嘴型碟片式离心机和自动间歇卸料型碟片式离心机。其主要工作部分是转鼓，在转鼓中加入了许多重叠的碟片，每个碟片间距约1mm，缩短了颗粒的沉降距离，大大提高了分离效果。这种离心机可用于固-液和液-液两相分离，也可用于液-液-固三相分离。两相分离的碟片无孔；三相分离的碟片有孔，液体由各碟片孔道最后移动到鼓上方出口，并根据两部分液体相对密度不同各自从轻、重液出口排出。

这种离心机结构简单、沉降距离短、沉降面积大，能连续生产，分离效率高，已广泛用于发酵工业中菌体的收集及抗生素、疫苗的分离，也用于化工、医药、食品等方面。

3．分离式离心机 主要指上述用于液-液分离的碟片式离心机，以及分离式管型高、超速离心机。离心时各组分在离心力作用下，按相对密度大小的不同将液相分成若干层，相对密度大的在外层，相对密度小的在内层，分别从转鼓（管）的不同出口排出。

4．离心机操作注意事项 离心机是生理生化制备和研究的重要精密设备，又因其转速高，产生的离心力大，使用不当或缺乏定期的检修保养，都可能发生事故。

离心机故障大多由转子的不平衡引起。离心管的称量误差；长期使用造成转子表面的腐蚀、损伤；离心管放错位置；管子重力中心的不平衡（质量相同的梯度管和非梯度管不能一起离心）；塑料离心管的变形、破裂等是引起转子失衡的主要因素。失衡的严重后果是导致驱动杆弯曲，甚至使转子抛离转轴。在离心过程中，转子必须垂直放下或提起，避免碰撞转轴，一旦发生转轴弯曲或断裂，应更换后才能使用。

为了保障使用安全，除严格按说明书规定的程序使用外，还要熟悉和掌握所用离心机和转子的性能，以及维修保养事项。遇有疑问，或操作中发生故障时，应请专人处理。转子、离心管用后须用温水或中性去污剂清洗、干燥后保存。塑料管最好在低温避光处保存。区带转子必须拆下各部件，依次用自来水、蒸馏水（有时还用70%乙醇）洗涤，除去痕量残存的梯度液，以防结晶堵塞液管。铝转子应定期上蜡，防止水分进入裂缝。

1）操作方法

（1）使用前应将离心机调速手柄调在“慢”位，开关调到“关”位，检查离心筒内是否有橡胶垫和外套管。

（2）离心前先将离心的物质转入大小合适的离心管中，盛量不宜过多（不超过管2/3体积），以免在离心时甩出，然后将离心管放入套管中。

（3）内已装物的一对外套管应放在台秤上平衡，如不平衡，可用加减缓冲用水的量调节，对称质量其误差不大于0.1g。每次离心前，都必须严格遵守平衡的要求，否则将损坏离心机部件，甚至造成严重的事故，应特别注意。

（4）将以上两个平衡好的套管放到离心机的对称位置。

（5）接通电源，开启开关，平稳而缓慢地移动调速手柄至所需转速，待转速稳定后计时。

（6）离心完毕，将调速手柄缓慢地调回“慢”位，关闭开关，不连续使用时拔下插头。

（7）待离心机自动停止转动后，打开离心机盖，取出样品。离心机未自动停止转动前，绝不能用手阻止离心机的转动。

（8）将外套管、橡皮垫冲洗干净，倒立干燥备用。

2）注意事项

（1）离心机应置于平稳的地面或实验台上，不允许倾斜。

（2）离心机必须接地，以确保安全。

（3）离心机启动后，如有不正常的噪音及振动时，可能离心管破碎或相对位置上的两管质量不平衡，应立即关机处理。

（4）避免离心机长时间使用，一般大离心机使用 40min 后休息至少 20min，台式离心机使用 40min 后休息至少 10min。

（5）电动机一年须检查一次。在电刷及轴承损坏情况严重时，应更换电刷式轴承，轴承采用二硫化钼锂基脂润滑。

（六）光谱分析技术

光谱分析技术是植物生理学的重要分析技术之一。通常用分光光度计测定出某种溶液在特征吸收波长下的光密度值或透光率，将其与标准溶液的光密度值相比较，即可确定出该溶液所含某种物质的浓度大小，如在 280nm 和 260nm 条件下测定蛋白质含量，在 200～300nm 条件下测定聚乙烯类化合物，在 250～290nm 条件下测定吲哚类化合物等。也可以通过变换波长（进行波长扫描），绘制出含某物质的溶液的光吸收图谱。由特征吸收光谱可以鉴别未知物质的种类和测知某物质的光谱性质。常用的光谱分析仪器主要有：可见分光光度计、紫外-可见分光光度计、红外光谱仪和荧光分光光度计等。应根据植物物质特征吸收峰的波长范围，选择使用不同的分光光度计。值得注意的是必须选择合适的比色杯（皿）盛装待测试液，使用可见分光光度计应选择玻璃比色杯，而使用紫外分光光度计和荧光分光光度计必须选择石英比色杯。

分光光度法的基本原理是利用物质对光能的吸收，对待测物质进行定性、定量分析，研究分子的理化特性。

一个光子的能量大小由波长（λ）或频率（v）而定，波长通常用 nm（10^{-9}m）作单位。人的视觉能接受的光子波长为 400～800nm，此波段范围的光称为可见光。短于 400nm 波长的光称为紫外线。大于 800nm 波长的光称为红外线。

光与物质相互作用时，不论是哪一波段的光，吸收都是最为普遍的形式。由于每一种物质分子都有其特定的能级结构，故对不同波长的光具有不同的吸收本领。这是利用光谱法对物质进行定性分析的基础。

通常在一坐标图上，横坐标表示波长或频率，纵坐标表示透光度、光密度或吸收系数。以此表示的坐标图称为吸收光谱。吸收最大波长用 λ_{max} 表示。

1. 仪器简介　在紫外区和可见区测定物质吸收的仪器通常有两种类型：比色计（又称为光度计）和分光光度计。光度计通常用滤色片从连续谱中取出某一波段的光来测定物质光密度，以进行定量分析。分光光度计是用单色仪进行分光，除了可以在某一特定波长进行比色分析外，还可测定物质的吸收光谱，并且灵敏度和精确度都比较高。上述两种类型的仪器，其结构均可分为如下几个部分。

（1）辐射源可见区测量大都用钨丝灯，紫外区测量通常用氢灯或氘灯。

（2）滤色片有两种类型。一种为吸收滤色片，多为透明玻璃，其中溶有可吸收某一波长的色素；另一种为干涉滤色片，能透过更为窄的谱带。

（3）单色仪也有两种类型。一种为光栅单色仪，另一种为棱镜单色仪。有的棱镜能透过紫外区至300nm。但对于300nm以下的波段必须采用石英或熔融石英。

（4）检测器：在光度计（或比色计）中用的检测器大都为半导体光电池或光电管。在分光光度计类型的仪器中通常都用光电倍增管。

测试时样品池通常置于单色仪出口狭缝后，并放于光电接受元件前面。光线以平行光束透过样品并入射至光电管上。此外，还需注意到必须使两个光学性质完全相同的比色池同时置于仪器中。一为参照溶液，二为待测溶液。

分光光度计多是双光束、自动记录式。它使单色仪输出分裂为两束光，分别透过参照溶液和待测溶液。利用双光束也可作差光谱测量。

现在又出现了双波长分光光度计。它能在单色仪输出端输出两个不同的波长，并交替照射于样品池上。然后以两个波长的透光度差值 ΔT 或吸光度差值 ΔOD 显示于仪器上。此种仪器可以同时测定混合物内的两种组分。

在分光光度法中还产生了一种新的实验方法，叫差示吸收光谱。它是两种吸收光谱之差，可以通过从一个光谱减去另一绝对吸收光谱而得到，但实际上往往直接得到差示光谱。例如，在研究呼吸效应时，可以将某物质的还原型光谱减去其氧化型光谱，如细胞色素c的差示光谱相当于细胞色素c还原减去细胞色素c氧化。在研究光合作用机制时比较叶绿体在光照和黑暗时的差示光谱等。

2. 应用范围 植物体内的多种物质都可用吸收光度法来决定其含量。不同的物质所用的测定波长也是不同的。

1）蛋白质 多数蛋白质在280nm处有明显的吸收最大值。样品中如含有核酸，对蛋白质的定量分析有一定的干扰。但核酸吸收的最大值在260nm处，比在280nm处的吸收强。故测定样品在260nm与280nm的光密度比值，可求得蛋白质浓度（mg/mL）。

2）酚类 植物体内极重要的酚类化合物都具有芳香环基团，在紫外区有特征的吸收，吸收光度法是测定这类物质的重要手段。

3）聚乙炔类 植物体内的聚乙炔类化合物在200～320nm波段内大多具有很强的吸收峰，并可作为特征检测波长。

4）吲哚类 植物体内的吲哚类化合物在250～290nm波段内有特征的吸收。

5）糖类 植物体内的糖虽然是无色的，但经合适的显色剂作用后，可以用比色法检测。例如，还原糖（如葡萄糖）可用酚或胺试剂（即间苯二酚-硫酸或酞酸氢苯胺）作用生成黄红色化合物。这种物质的吸收峰分别为489nm、555nm和430nm。非还原糖可用高碘酸盐或乙酸高铅作用使其快速氧化，然后用比色法测定。

6）其他物质 如香豆素类、黄酮类及多种生物碱等均可用分光光度法去分析。吸收光谱法也可用来检查酶的动力学反应特性，研究大分子的结构和功能，研究参与光合作用过程的各种色素的光化学特性等。

光谱法对于植物色素的研究具有更大的价值。例如，许多水溶性、脂溶性的有色物质就具有非常特征的吸收光谱。表1-5列出几种植物色素的光化学特性。

表 1-5　植物色素的光化学特性　（单位：nm）

色素种类	可见区	紫外区
叶绿素（绿），藻胆色素（红和蓝），细胞色素（黄）	640～660 和 430～470， 615～650 和 540～570， 540～605（有时在 415～440nm 内有较小的带）	由于有蛋白质存在，其在紫外区有很强的吸收
花青素（紫红、红）	475～550	近 275
β-花青素（紫红）（betacyanin）	530～554	250～570
类胡萝卜素	400～500（一个主峰带有两个小峰）	
蒽醌	420～460	在 200～290nm 内有 3～4 个强吸收峰
查耳酮（黄）	365～430	240～260
黄酮醇（黄）	365～390	250～270

在对上述各种物质进行分析时，通常使用标准曲线法，即预先用标准样品作成工作曲线。由于比尔-朗伯定律（Beer-Lambert law）仅适用于一定的浓度内，因此必须从工作曲线中找出光密度与分析物浓度呈线性关系的范围，并在此浓度范围内进行工作。

3．注意事项　在植物生理学实验中作光谱分析时，应用最广泛的溶剂是 95% 乙醇，因为大部分物质在其中都有一定的溶解。工业上的无水乙醇通常不采用，因为它里面常含有苯的残留物，在紫外区有吸收。其他常用的溶剂如水、甲醇、己烷、石油、乙醚等也是在紫外区测量时的合适溶剂。应避免氯仿、吡啶作为溶剂使用，因为它们在 200～260nm 波段内有吸收；但它们非常适用于在可见区作植物色素的测定，如类胡萝卜素等。

（七）植物中酶的分离、提纯与活力测定

酶的分离提纯是植物生理研究中重要的有时是必不可少的手段。酶在生物体内功能的确定、代谢途径的最后阐明、酶作用原理的深入了解，乃至在分析上使用某些酶制剂等，无一不是建立在酶的分离提纯基础上的。

酶的分离提纯包括两方面的工作：一个是把酶制剂从很大体积浓缩到比较小的体积；另一个是把酶制剂中大量的杂蛋白质和其他大分子物质分离出去。各种方法都是围绕这两方面进行的。

1．材料的选择与处理　植物组织内含有的酶的种类有千余种，但每种酶的含量都极微少，一般为百万分之一至百分之一。因此在分离提纯时，应选择含量丰富的组织作为原始材料，植物体中的酶绝大多数存在于细胞内（如在细胞质、质体、线粒体中），这种酶称为胞内酶，提取时可以先将细胞器分离后再提取。有些酶通常在组织中含量极微，但如果通过诱导可以大大提高其含量（如马铃薯块茎中苯丙氨酸氨基裂解酶通过红光进行诱导）。

1）细胞的破碎　植物材料具有细胞壁，在提取时首先要进行破碎，一般先将材料剪碎或切成薄片，然后加冷冻的研磨介质（由一定的缓冲溶液配制而成）用高速组织捣碎机捣碎，组织材料较少时可使用玻璃匀浆器，也可直接加石英砂研磨。许多植物组织含有酚类化合物，蛋白质借助于氢键与酚可逆地结合，而在酚被氧化为醌

后，此种结合则变成不可逆，结果使酶失活。细胞破碎时所有操作均需在0～4℃环境中进行。

2）*丙酮粉的制备* 破碎的细胞匀浆可以制成丙酮粉，每10g新鲜组织的匀浆加入布氏漏斗中，缓缓加入100mL用干冰冷却到−20～−15℃的冷丙酮，迅速抽气过滤，再用40mL冷丙酮洗3次，抽干。丙酮粉在室内放置1h左右至无丙酮味，然后转移到盛有五氧化二磷的真空干燥器中干燥。干燥后的丙酮粉置于低温下进行操作，而且操作过程要尽可能短。丙酮粉制备中脂肪已被除去，可以避免脂质的干扰并使原来不溶的酶溶解于水。

3）*提取和离心* 新鲜破碎的组织匀浆先用4层纱布过滤以去除组织残渣；丙酮粉则首先要用提取液（由一定的磷酸缓冲液配制成）在搅拌下提取（在低温下），然后再用4层纱布过滤。无论是新鲜滤液还是丙酮粉滤液，尚需离心以去除细胞残片和大的细胞器。先在10 000*g*低温离心机上离心15min以去除线粒体以上的碎片，上清液再在30 000*g*条件下离心30min以去除微粒体。此上清液即酶提取液。

2. 酶的分离和提纯 酶的提取液中除所需提纯的酶外，还含有大量大分子和小分子的杂质。其中小分子的杂质可以用透析方法去掉。然后可采用分部分离的方法，在许多蛋白质的混合物中分离出所需要提纯的酶。目前常用的方法一般有盐析法、柱层析法、吸附分离法、超滤法、水溶性非离子型高聚物沉淀法、有机溶剂沉淀法、电泳分离法、结晶法、亲和层析法等。

1）*盐析法* 利用蛋白质在高浓度的盐溶液中溶解度有不同程度的降低来进行酶的分离提纯。盐析法的优点是简便、安全、应用范围广泛，并且确实能达到提纯的目的。多数的酶在高盐浓度的溶液中远较在低盐浓度的溶液中稳定，因此不容易引起酶蛋白的变性而失去活力，并且能在室温下进行分离。盐析生成的沉淀也较易过滤。使用得最多的盐是硫酸铵，因为其溶解度较高，饱和溶液的浓度能将绝大多数的蛋白质都盐析出来。有时也可使用氯化钠、硫酸钠、硫酸镁等。硫酸铵溶液的浓度常用饱和度的百分数表示（即以饱和溶液为100%）。当所要求达到的硫酸铵浓度不太高时，以在不断搅拌下慢慢加入硫酸铵的饱和溶液为好，这样可以防止溶液中局部浓度过高。

2）*柱层析法* 柱层析是指操作步骤大体相同，但依据的原理并不相同的一类分离方法。按其依据的原理分为吸附柱层析、离子交换柱层析、分子筛，以及结合离子交换和分子筛性质的DEAE-葡聚糖凝胶和CM-葡聚糖凝胶等。

（1）吸附柱层析。比较重要的吸附剂有羟基磷灰石，它吸附了酶以后，用高盐溶液分步洗脱或用浓度梯度的盐溶液洗脱。由于分辨能力较高，应用得也比较普遍。

（2）离子交换柱层析。它是柱层析中最重要的一种，对分子质量比较大的酶的离子交换层析，往往不用树脂而用纤维素作为支持物。最常用的有阴离子交换纤维素DEAE-纤维素和阳离子交换纤维素CM-纤维素。

（3）分子筛。作为分子筛进行柱层析的支持物有葡聚糖凝胶（sephadex）、琼脂糖凝胶（agarose）和聚丙烯酰胺凝胶（polyacrylamide gel）。葡聚糖凝胶是利用交联程度不同而对不同分子质量的酶进行筛分的；琼脂糖凝胶和聚丙烯酰胺凝胶都是由于琼脂糖和聚丙烯酰胺的浓度不同，因而产生的三维结构的孔径大小不同而进行筛分的。

柱层析的操作大体包括：离子交换剂或凝胶、吸附剂的预处理；装柱；平衡；上样；洗脱；分部收集和对洗脱下来的各部分进行酶活力检测等几个步骤。柱的平衡采用低盐浓度的缓冲液，分离效果和柱的平衡关系很大。

洗脱对于不同的支持物可采用不同的方法：对于分子筛柱层析，洗脱液用一定盐浓度的缓冲液就可以了；对于吸附柱层析和离子交换柱层析往往要采用盐的浓度梯度溶液进行洗脱，最方便的梯度是线性梯度，如果要达到更佳的分离效果，也可采用非线性梯度。这样就要求通过特殊的梯度仪结合恒流泵来实现。

3）*吸附分离法*　在酶的提纯中，选择性吸附为最重要的方法之一。它主要是利用不同的条件，使所需要的酶吸附在吸附剂上，然后把它洗脱下来；或者利用酶不被吸附的条件，把大量的蛋白质杂质吸附除去。

吸附分离时，可以在酶溶液中加入一定量的凝胶，经过充分搅拌后，使凝胶和溶液分离，然后往清液中加入一定量的凝胶，再分离，再加凝胶。如此反复操作，收集溶液中酶活力减少 10% 以前的凝胶进行洗脱。

4）*超滤法*　它是新近发展的一种分离提纯技术。超滤法可以简单地认为是利用一层不同孔径的膜的分离方法，根据溶液中分子的大小与形状，在纳米数量级进行选择性过滤。这种方法是用压力（真空泵压）使溶剂和较小分子的溶质能通过一定孔径的薄膜，大分子的溶质则不能透过，从而可以使高分子物质脱盐、脱水和浓缩，因此，超滤法也可以认为是一种溶液相的分子筛方法。

超滤膜一般由醋酸纤维或硝酸纤维或两者的混合物制成。膜一般比较稳定，要在 1% 甲醛溶液或 50% 甘油溶液中保存。

5）*水溶性非离子型高聚物沉淀法*　聚乙二醇（polyethylene glycol，PEG）等水溶性非离子型高聚物是最常用的分离核酸和蛋白质的沉淀剂。PEG-2000、PEG-4000 和 PEG-6000 是用得最多的几种沉淀剂。聚乙二醇沉淀蛋白质的原理多数人认为是除去蛋白质表面的一层水的外壳，改变了分子的疏水基团，通过蛋白质分子间的相互作用而引起沉淀。其作用也和 pH、离子强度、溶液的介电常数等条件有关。一般地说，低分子质量和分子体积小的酶在高浓度的聚乙二醇条件下沉淀；高分子质量和分子体积大的酶在低浓度的聚乙二醇的条件下沉淀。

6）*有机溶剂沉淀法*　这是一种较旧的但仍然是一种比较有效的分离提纯方法。其主要优点是分辨能力比盐析法高，一定的蛋白质能在比较狭窄的有机溶剂浓度范围内沉淀，因而较易达到提纯的目的，并且快速，不要求特殊设备。采用的有机溶剂有乙醇、丙酮等。为了避免有机溶剂对蛋白质的变性作用，整个操作步骤要求在低温下进行，一般要求－10～－5℃。可在搅拌情况下缓缓加入预冷的有机溶剂进行沉淀。沉淀物可以低温离心分离。

7）*电泳分离法*　用得比较多的是制备式的聚丙烯酰胺凝胶电泳和等电聚焦两种。制备式的聚丙烯酰胺凝胶电泳一般采用直式柱形的仪器，在柱内以聚丙烯酰胺为支持物，利用酶分子所带的电荷和分子大小与其他蛋白质不同而分开。分开的区带在电场作用下向下迁移，当它迁移到凝胶的一端时，用恒流泵压出，分部收集。等电聚焦是在一个具有防止对流扩散的蔗糖密度梯度溶液的垂直柱中测定的，此溶液同时包含两性电解质载体，在电场的作用下，溶液中产生的天然 pH 梯度被具有不同等电点的两性电解质稳定下来。被分离的酶在溶液中按其电荷性质向不同方向迁移，当它迁移到某一个和它等电点相同的pH时，便不再移动，停留在此位置，产生了“聚焦”效应，以达到分离提纯的目的。这两种方法都具有很高的分辨力，但在大量分离提纯上尚有一些实际问题需要解决。

8）*结晶法* 在提纯过程中，当酶已经达到一定纯度时，即可以进行结晶。结晶的方法主要是改变酶的环境条件，如降低温度，加入乙醇、丙酮或硫酸铵，以及透析除去盐类等以降低酶的溶解度，酶就可以形成结晶而析出。最常用的结晶方法是一般先将酶液放在不同pH的缓冲液中尽量浓缩，然后加入硫酸铵或其他盐类，直到出现少量混浊为止。一般结晶形成较慢，若要得到好的结晶常须放置数天或数周之久。有时可以在浓缩的酶液中投入结晶的种子而加速结晶的形成。值得注意的是结晶不能作为酶已经纯化的一个证据，因为酶开始结晶时，其纯度可能不超过50%。

9）*亲和层析法* 主要是利用酶和底物、抑制剂或者辅酶具有一定的结合能力这一性质来提纯分离酶的。首先选择一种支持物，如琼脂糖或具有其他功能基团的载体，把底物、竞争性抑制剂或辅酶以共价键的方法连接在支持物上，然后把混合酶的抽提液流经装有专一底物、竞争性抑制剂或辅酶的层析柱，酶即保留在支持物上，经过充分洗涤以后，用含有一定浓度的底物或竞争性抑制剂或辅酶的缓冲液竞争洗脱。如果亲和剂选择得当，有时经过亲和层析一步就可以达到所要求的纯度，成为酶的分离纯化中最方便和最有效的方法之一。

3. 酶的活力测定 所谓酶的活力就是酶催化某一化学反应的速度。酶的反应速度越快，酶的活力也越大。酶的反应速度可以用单位时间内底物的减少或产物的增加来表示。在酶反应过程中，由于产物不断的生成，逆反应越来越不能被忽视；或者由于产物可能有抑制或激活作用；或者由于反应过程中酶可能有部分的失活，以及由于酶制剂不纯，产物可能被杂质中某些酶或其他物质引起进一步的反应等，都可能使所测得的反应速度复杂化。为了避免这些复杂性，一般情况下应测定反应初速度。反应初速度和酶的量呈线性关系。另外，酶的催化作用和环境的关系很大，pH、温度、离子强度的改变都对酶的活力有很大的影响，因此活力测定时应该使这些因素保持恒定。

1）*分光光度计法* 酶反应中的底物或产物在紫外线或可见光部分的光吸收往往是不同的。当一个物质转化为另一个物质时吸收光有很大变化，这样在一定波长处利用底物和产物物理性质的不同，可以不停止反应而直接测定反应混合物中底物的减少或产物的增加。这种方法最大的优点是可以比较方便地测得反应的进程，特别是对反应速度较快的酶作用能够得到准确的结果。各种类型的分光光度计是研究酶时应用最多最方便的方法。例如，绝大多数的氧化还原酶都可用分光光度计来测定其活力，如NAD^+和$NADP^+$处于还原态时，在340nm处有一吸收高峰，而在氧化态时则无，故许多以NAD^+和$NADP^+$为受体的脱氢酶都可用此法测定。

2）*旋光法* 某些酶催化的反应中，反应物和产物的旋光有所不同，这样就可以根据旋光的变化来示踪酶反应过程。例如，蔗糖酶就可以用旋光法来测定它的活力。

3）*检压法* 当酶反应中底物或产物之一为气体时，即可用检压法准确而且方便地测定反应系统中气相的体积或压力的变化，从而计算气体释放或吸收的量，根据气体变化和时间的关系，即可求得酶反应速度。

4）*层析法* 某些酶由于其底物及产物的化学性质比较相似而不能用简单的分析方

法测定，则可以用纸层析首先将底物和产物分离，然后再分别从纸谱上洗脱测定。例如，转氨酶就可以用这种方法测定。

5）荧光法　主要根据底物或产物的荧光性质的差别来进行测定。由于荧光法的灵敏度往往比分光光度法要高上若干数量级，而且荧光的强度是和激发光的光源有关，因此在酶测定上越来越多地被采用。还原的辅酶 NADH 和 NADPH 都具有较强的荧光，都可以用荧光法测定其变化以测定有关酶活性。

6）化学分析方法　有些酶可以在其反应过程中取样，用化学方法测定其底物的减少或产物的增加来表示其活性。它的一般过程是在反应开始以后间隔一定的时间分几次取出一定容积的反应液，然后加抑制剂（如三氯乙酸等）停止反应，再分析底物或产物的含量。化学分析方法是最古老但迄今仍经常使用的方法。如水解酶，凡是水解后产生游离酸的，都可用标准碱进行滴定。许多糖苷酶由于糖苷键的断裂而产生还原性基团，用铜的还原法或蒽酮法可测定其含量。化学分析方法的优点是在分析底物或产物时不需要特殊的仪器，缺点是取样及停止作用时间不易准确控制，对于反应较快的酶作用结果不易准确。

7）同位素测定法　用放射性同位素的底物，经酶的作用后得到产物，经过适当的分离，测定产物的脉冲数即可换算出酶的活力单位。这一方法的灵敏度比较高，比较专一。

8）氧电极法　它是电化学方法之一，用氧电极测定反应中的氧消耗来计算酶的活性。很多氧化酶都可采用此法。

（八）植物显微技术

植物显微镜技术是超越人的视力范围研究植物微观世界的主要方法。应用各种技术手段和显微镜，可研究植物组织、细胞结构和某些物质在细胞中的含量和分布。在植物生理学研究中可用于酶及生理活性物质的组织化学定位、气孔运动观察、细胞水势测定及花粉生活力测定等。

1. 植物制片技术　植物制片的根本目的是将材料制成适合于显微观察的形式，并能显示出清晰正确的细胞或组织结构。根据其制作方法可分为活体观察法、切片法、非切片法等。应根据观察的目的、材料的性质决定采用何种制片方式。

2. 植物组织化学技术　植物组织化学技术主要用于检测植物器官、组织或细胞中物质的微细含量和确定这些物质的分布。植物组织化学常应用被检测物质的特征反应或特殊性质来进行观察。通常要求被检测的材料为活体，所以常用徒手切片、压片或冰冻切片等手段制取观测材料，一般不作永久封固保存，所以应做好照相记录准备，最好是采用彩色照相。如需暂时保留，也可用甘油明胶封片。

3. 显微镜技术　显微镜技术是利用显微镜观察植物微观世界的常用技术，用于植物生理研究的显微镜大致为三类，即①普通型：指一般的化学显微镜，如生物显微镜、便携式显微镜、倒置显微镜、解剖镜等，用于对植物非切片材料或解剖结构的一般观察。②特种型：是利用不同光学原理设计而成的显微镜，主要用于某种特殊的观察和研究。例如，暗场、荧光、紫外、相差、偏光、干涉等显微镜，在组织化学中会经常用到。③高级型：指大型的多用途、附件齐全的高级显微镜，如万能研究用生物显微镜、电子显微镜等。

4. 显微摄影技术　显微摄影技术是利用显微镜摄影装置，把显微镜目镜中的影像投射到感光底片上以记录视野中所观察到的物像，可以更加形象直接地记录被检材料的结构和特性，以作为科学研究的资料。它主要包括拍摄和洗印放大两项技术。

（九）层析技术与电泳分析技术

1. 层析技术 层析技术是一种常用的物理分离提纯物质的方法，也可以作为鉴别物质种类的一种手段。它主要是利用植物材料混合物中各组分的物理化学性质差别（如吸附力、分子性状和大小、分子极性、分子亲和力、分配系数），将各组分经两相反复分配后而分离开来。这里所说的两相，一相是固定的，称为固定相；另一相是流经固定相的，称为流动相。在植物生理学中，常用层析技术分离纯化物质，如叶绿体色素、维生素、氨基酸、可溶性糖、植物激素、植物凝集素、各种酶类等的分离纯化。层析技术的种类有很多，其分类和用途见表 1-6。

表 1-6 层析技术的种类和用途

种类	分离原理	在植物生理上的用途
氧化铝柱层析	吸附力	生物碱与固醇类
活性炭层析	吸附力	非极性物质
纸层析	分配系数	脂肪酸
液相层析	分配系数	植物激素、氨基酸
薄层层析	分配系数、吸附力	类胡萝卜素、维生素 E 类、脂肪酸、甘油
聚丙烯酰胺薄层层析	分配系数、氢键吸附力	氨基酸
离子交换层析	酸碱度、极性	核酸类及其衍生物
亲和层析	生物大分子亲和力	植物凝集素、蛋白质、核苷酸
气相层析	分配系数	脂肪酸、氨基酸、甾族化合物、糖类、植物激素、有机酸

2. 电泳分析技术 电泳是指带电粒子在电场中向与自身所带电荷相反的电极移动的现象。不同物质的分子由于所带电荷的性质和数量不同、分子质量大小及形状不同，在一定的电场强度下移动的速度不同，以此可达到分离和鉴定物质的目的。电泳分析技术在植物生理研究中有着广泛的用途，举例如下。

1）分离纯化生物大分子 利用电泳技术可分离纯化生物大分子物质，如蛋白质、酶等。

2）同工酶酶谱分析 进行植物同工酶电泳酶谱分析，鉴定植物亲缘关系，了解植物体内代谢变化的情况，也可用于种子鉴定。

3）测定相对分子质量 通过未知物与已知分子质量的标准物的电泳图谱比较，测定未知物的相对分子质量。在凝胶中加入两性电解质，电泳是形成由阳极到阴极 pH 逐步上升的梯度，可测定蛋白质的等电点。

4）了解未知物的性质与含量 将电泳技术与薄层扫描技术结合，可以测定未知物的电泳扫描曲线，初步了解未知物的性质，通过对曲线的积分运算，还可以测知未知生物分子的含量。

5）测定核苷酸序列 把核酸酶解和电泳相结合可以测定简单的核苷酸序列。

6）其他用途 将电泳技术与限制性内切酶结合应用，通过 DNA 序列扩增、分子探针的运用和分子杂交，测定植物遗传的多样性和构建基因的物理图谱。将电泳技术与免疫技术相结合，鉴定植物及侵染植物的病原物的抗原与抗体，从而达到检测植物是否感病的目的。

七、实验记录与实验报告

在植物生理学实验过程中，做好实验记录与写好实验报告是非常重要的环节。

1. 实验记录 实验课前应认真预习，将实验名称、目的和要求、原理、实验内容、操作方法和步骤等简单扼要地写在记录本中。实验记录本应标上页数，不要撕去任何一页，更不要擦抹及涂改，写错时可以划去重写。记录时必须使用钢笔或圆珠笔。

实验中观察到的现象、结果及数据，应及时记录在记录本上，不用单片纸做记录或草稿。原始记录必须准确、简练、详尽、清楚。

记录时，应做到正确记录实验结果，切忌夹杂主观因素。在定量实验中观测的数据，如称量物的质量、滴定管的读数、光电比色计或分光光度计的读数等，都应设计一定的表格准确记录下正确的读数，并根据仪器的精度正确记录有效数字，每一个结果至少要重复观测 3 次。实验记录上的每一个数字，都反映每一次的测量结果，所以，重复观测时即使数据完全相同也应如实记录。数据的计算也应予以记录。总之，实验的每个细节都应准确无遗漏地做好记录。

实验中使用仪器的类型、编号及规格、化学式、分子质量、准确的浓度等，都应记录清楚，以便总结实验时进行核对和作为查证实验失败的原因的参考依据。

如果发现记录的结果有怀疑、遗漏、丢失等，都必须重新做实验。将不可靠的实验结果当作正确的记录，在实际工作中可能造成难以估计的损失。在学习期间就应一丝不苟，努力培养严谨的科学作风。

2. 实验报告 实验报告是对所做实验的再理解和再创造，是检查学生对知识掌握程度和衡量综合能力的重要的尺度之一，是今后撰写科学论文的初始演练。实验结束后，应迅速整理和总结实验经过，写出实验报告。报告要全面地描述实验进行的情况。一般要求使用学校统一印制的报告纸。报告要求格式标准、卷面整洁、图表准确、字迹端正、简明精炼，按时上交。写实验报告不宜使用圆珠笔，绘图宜用铅笔。注意文字规范，语句通畅，不用自造的不规范的简化字和代号。

实验报告中，实验目的应该是针对这次实验课必须达到的目的。实验原理应简述基本原理，要简明扼要，而实验条件和操作的关键环节必须写清楚。对于实验结果部分，应根据实验目的将一定实验条件下获得的实验结果和数据进行整理、归纳、分析和对比，并尽量总结成各种图表，如原始数据及其处理的表格、标准曲线图表等。另外，还应针对实验结果进行必要的说明和分析。讨论部分可以包括：关于实验方法或操作技术中存在的问题；对于实验设计的认识、体会和建议；对于实验课的改进意见等。通常分条件进行讨论，如影响实验的因素有哪些？实验中发现了哪些规律？实验中有哪些现象？将实验结果与理论结果相对照，解释它们之间存在的差异及测量的误差分析等。

实验报告一般包括实验编号、实验名称、实验目的、实验原理、实验材料、设备材料、实验步骤、实验结果、注意事项、问题讨论等。

写实验报告应以事实为依据，尽量用自己的语言表达。实验结果可在实验小组内讨论，必要时也可以参考其他组数据（需注明），但报告必须按要求独立完成。

八、实验室规则

（1）进入实验室必须服从指导老师和实验工作人员的安排，应遵守实验室一切规章制度，自觉遵守课堂纪律，不迟到，不早退，保持室内安静，不大声谈笑。

（2）实验前必须认真预习实验内容，熟悉本次实验的实验目的、实验原理、实验步骤，了解所用仪器的正确使用方法。

（3）在实验过程中要听从教师的指导，严肃认真地按操作规程进行实验，并简要、准确地将实验结果和数据记录在实验记录本上。完成实验后经教师检查同意，方可离开。课后写出简要的报告，由课代表统一收齐上交。

（4）环境和仪器的清洁整齐是搞好实验的重要条件。实验台面、试剂药品架上必须保持整洁，仪器药品要井然有序。公用试剂用毕应立即盖严放回原处。勿使试剂药品洒在实验台面和地面上。实验完毕，需将药品试剂排列整齐，玻璃器皿要洗净倒置放好，将实验台面抹拭干净，经教师验收合格后，方可离开实验室。

（5）使用仪器、试剂和各种物品必须注意节约，不要使用过量的药品和试剂。应特别注意保持药品和试剂的纯净，严防混杂。不要将滤纸和称量纸做其他用途。使用和洗涤仪器时，应小心仔细，以防止损坏仪器。使用贵重精密仪器时，应严格遵守操作规程，发现故障立即报告，不要自己动手检修。

（6）实验室内严禁吸烟。乙醇、丙酮、乙醚等易燃品不能直接加热，并要远离火源操作和放置。离开实验室以前应认真负责地检查水、电等，严防不安全事故。废弃液体（强酸、强碱溶液必须先用水稀释）可倒入水槽内，同时放水冲走。废纸、火柴头及其他固体废物和带有渣滓沉淀的废液都应倒入废品缸内，不能倒入水槽或到处乱扔。

（7）仪器损坏应如实报告，认真填写损坏仪器登记表，然后补领。

（8）实验室内一切物品，未经批准严禁带出室外，借物必须办理登记手续。

（9）每次实验课要轮流值日，值日生要负责当天实验室的卫生、安全和一些服务性的工作。

（10）对实验的内容和安排不合理的地方可提出改进意见。对实验中出现的一切反常现象应进行讨论，并大胆提出自己的看法，做到主动、积极地学习。

九、实验室安全及防护知识

1. 实验室安全知识 植物生理学实验经常使用有腐蚀性、易燃、易爆或放射性药品及水、电等设备，必须十分重视安全工作。

（1）进入实验室开始工作前，应了解水阀门、电阀门及电闸所在处。离开实验室时，要将室内检查一遍，将水、电的开关关好，门窗锁好。

（2）使用电器设备（如烘箱、恒温水浴锅、离心机、电炉等）时，严防触电，绝不可用湿手或在眼睛旁视时开关电闸和电器开关。检查电器设备是否漏电时，应用电笔测试，凡是漏电的仪器，一律不能使用。

（3）使用浓酸、浓碱必须极为小心，防止溅失。用吸管量取这些试剂时，必须使用橡皮球，不可用口吸取。若不慎将试剂溅在实验台或地面上，必须及时用湿抹布擦洗干净。如果触及皮肤应立即治疗。

（4）使用可燃物品，特别是易燃物品（如乙醚、丙酮、苯、乙醇等）时，应特别小心。不要大量放在桌上，更不应放在火焰处。只有在远离火源，或将火焰熄灭后，才可大量倾倒这类药品。低沸点的有机溶剂不准在火焰上直接加热，只能在水浴上利用回流冷凝管加热或蒸馏。

（5）如果不慎倾出了相当量的易燃液体，应按下法处理：立即关闭室内所有火源和电加热器；关门，开启小窗或窗户；用毛巾或者抹布擦拭洒出的液体，并将液体拧到大的容器中，然后倒入带塞的玻璃瓶中。

（6）废液，特别是强酸和强碱，不能直接倒入水槽中，应先稀释，然后倒入水槽，再用大量自来水冲洗水槽及下水道。

（7）毒物应按实验室的规定办理审批手续后领取，使用时严格操作，用后妥善处理。

2. 实验室灭火方法　实验室一旦发生了火灾，切不可惊慌失措，应保持冷静。首先立即切断室内一切火源，然后根据具体情况采取正确的方法进行抢救和灭火。常用的方法如下。

（1）在可燃液体燃着时，应立刻拿开着火区域的一切可燃物质，关闭通风器，防止扩大火势。若着火面积较小，可用石棉布、湿布、铁片或沙土覆盖，隔绝空气使之熄灭。但覆盖时要轻，避免破坏或打翻盛有易燃溶剂的玻璃器皿，导致更多的溶剂流出而再着火。

（2）乙醇及其他可溶于水的液体燃烧时，可用水灭火。

（3）汽油、乙醚、甲苯等有机溶剂着火时，应用石棉布或沙土扑灭。绝对不能用水，否则反而会扩大燃烧面积。

（4）金属钠着火时，可用沙子倒在它的上面。

（5）导线着火时不能用水及二氧化碳灭火器，应切断电源或用四氯化碳灭火器。

（6）衣服被烧着时切忌奔走，可用衣服、大衣等包裹身体或躺在地上滚动，以灭火。

（7）发生火灾时应注意保护现场，较大的着火事故应立即报警。

3. 实验室急救　在实验过程中不慎发生受伤事故，应立即采取适当的急救措施。

（1）受玻璃割伤及其他机械损伤，首先必须检查伤口内有无玻璃或金属等碎片，然后用硼酸水洗净，再涂擦碘酒或红汞水，必要时用纱布包扎。若伤口较大或过深而大量出血，应迅速在伤口上部和下部扎紧血管止血，并立即到医院诊治。

（2）烫伤，一般用乙醇消毒后，涂上苦味酸软膏。如果伤处红痛或红肿（一级灼伤），可擦医用橄榄油或用棉花蘸乙醇覆盖伤处；若皮肤起泡（二级灼伤）不要弄破水泡，防止感染；若伤处皮肤呈棕色或者黑色（三级灼伤），应用干燥而无菌的消毒纱布轻轻包好，急送医院救治。

（3）强碱（如氢氧化钠、氢氧化钾）、钠、钾等触及皮肤而引起灼伤时，要用大量自来水冲洗，再用5%硼酸溶液涂洗。

（4）强酸、溴等触及皮肤而致灼伤时，应立即用大量自来水冲洗，再以5%碳酸氢钠或5%氢氧化铵溶液洗涤。

（5）如酚触及皮肤引起烧伤，可用乙醇洗涤。

（6）水银容易由呼吸道进入人体，也可以经皮肤直接吸收而引起积累性中毒。严重中毒的征象是口中有金属味，呼出气体也有气味；流唾液，牙床及嘴唇有硫化汞的黑色；淋巴结及唾液腺肿大。若不慎中毒时，应送医院急救。急性中毒时，通常用碳粉或呕吐剂彻底洗胃，或者食入蛋白质（如 1L 牛奶加 3 个鸡蛋清）或蓖麻油解毒并使之呕吐。

（7）触电时可按下述方法之一断电路：关闭电源；用干木棍使导线与被害者分开；使被害者和土地分离。急救时急救者必须做好防止触电的安全措施，手脚必须绝缘。

第二篇

植物生理学基础性实验

第一单元　细胞生理与信号转导实验

实验 1　植物细胞的活体染色及死活鉴定

一、实验原理

活体染色是利用某种对植物无害的染料稀溶液对活细胞进行染色的技术。中性红是常用的活体染料之一，它是一种弱碱性 pH 指示剂，在 pH 6.4～8.0 变色（由樱桃红色变为橙黄色），在酸性范围直至 pH 7.0 的介质中，它的离解度很强，其带色的阳离子呈樱桃红色，pH 7.0 是中性红显色转变的界限，在 pH 7.0 以上的介质中，它都不解离，而以分子态溶解成橙黄色溶液。在中性或碱性环境中，植物的活细胞能大量吸收中性红并向液泡中排泌，由于胞液一般呈酸性，进入液泡的中性红便解离出大量阳离子而呈现樱桃红色。在这种情况下，细胞质和细胞壁一般不染色。死细胞由于细胞质区别透性消失，细胞液不能维持在液泡内，因此用中性红染色后，不产生液泡着色现象；相反，中性红的阳离子却与带有一定负电荷的细胞质及细胞核结合，而使细胞质与细胞核染色。中性红溶液对生活细胞的染色情况，在很大程度上取决于中性红所处介质的酸碱度与液泡酸度的比较。使用中性红活体染色后，应用中性偏碱的水（如自来水或井水，pH 约高于 7.0）冲洗，这样，染料便可很好地累积在液泡内，使液泡着色。

二、实验目的

掌握碱性染料中性红的活体染色技术和鉴定细胞死活的方法，巩固课堂所学的理论知识。

三、实验材料、器材和试剂

1．实验材料

（1）洋葱鳞茎或大葱假茎基部。

（2）小麦及其他禾本科植物叶片。

2．器材　显微镜 1 台，培养皿 1 套，烧杯（200mL 或 300mL）1 个，玻片、盖玻片数片，剪刀（或刀片）1 把，尖头镊子 1 把，解剖针 1 根，酒精灯 1 个，火柴吸水纸（或滤纸）等。

3．试剂　0.03% 中性红溶液，1mol/L 硝酸钾溶液。

四、实验步骤

（1）取一片大葱基部较嫩的假茎（或洋葱鳞茎），剥开叶鞘用解剖针挑起内表皮，再用尖头镊子轻轻撕下，使表皮内侧向下，立即投入盛有中性红溶液的培养皿中染色；小麦等禾本科植物的叶片表皮细胞不易撕取，可将叶片平放于载玻片上，以水沾湿，用刀片轻轻刮去上表皮、叶肉和叶脉，只留下一层下表皮细胞。当刮到只剩少量叶肉时要十分小心，用力太重容易损坏表皮细胞，太轻又会留下过多的叶肉细胞，影响观察。刮好后立即染色。

（2）材料在 0.03% 的中性红溶液中浸泡染色 10～15min，再移入盛有自来水的培养皿中浸泡 10～15min，然后剪成 0.5cm 长的小块，置于载玻片上，加一滴自来水，盖上盖玻片，于显微镜下观察，将发现活细胞的细胞壁被染成浅红色，其液泡被染成均匀的樱桃红色，由于细胞核和细胞未染色，因此不易看到，但死细胞的细胞核、细胞质则易被染色。前者圆形，清晰可辨；后者多呈不规则片块状，细胞壁也呈深红色。另可将在中性红中染色的材料移入盛有去离子水（ddH$_2$O）（pH 较自来水低）的培养皿中浸泡，方法同上，以作对照，比较两者染色的差异。

（3）为了确证中性红染色的部位，可用滤纸片在盖玻片一侧逐渐吸去水，在另一侧滴加 1～2 滴 1mol/L 的 KNO_3 溶液，并更换吸水纸，继续吸水，使溶液慢慢渗入到盖玻片下，立即镜检。由于 KNO_3 能使活细胞的水分外渗和细胞质强烈收缩，从而发生由凹形→凸形质壁分离，因此就能更清楚地区别开无色透明的细胞质和染成红色的液泡，而死细胞则不能发生质壁分离。

（4）将步骤（2）中的活染制片置于酒精灯上微微加热，以杀死细胞，然后在显微镜下观察，会看到原生质凝结成不均匀的凝胶片块状与细胞核一起被染成深红色。

五、结果与分析

（1）写出使用中性红活体染色鉴定植物细胞死活的简单操作流程。

（2）根据实验结果绘图（标明观察到的细胞各部位的名称及颜色），并将实验结果填入表 2-1 中。

表 2-1　植物细胞的活体染色及死活鉴定表

项目	活细胞	死细胞
中性红染色 + 自来水浸泡		
中性红染色 + 自来水浸泡 + 滴 KNO_3 溶液		
中性红染色 + 酒精灯加热 杀死细胞		

六、注意事项

用镊子撕下表皮时要小心，尽量不要伤害细胞。

七、问题讨论

死细胞与活细胞染色后有区别的原因是什么？

实验2　植物细胞的质壁分离

一、实验原理

成长的植物细胞与外界环境构成一个渗透系统，原生质层（质膜、中质和液泡膜）可近似地看成半透膜，液泡内的细胞液含有许多可溶性物质，具有一定的水势。当细胞与外界高渗溶液接触时，细胞液的水势高于外液，则细胞内水分外渗，导致原生质和细胞壁不断收缩，但由于二者弹性不同，最终引起原生质和细胞壁分离。

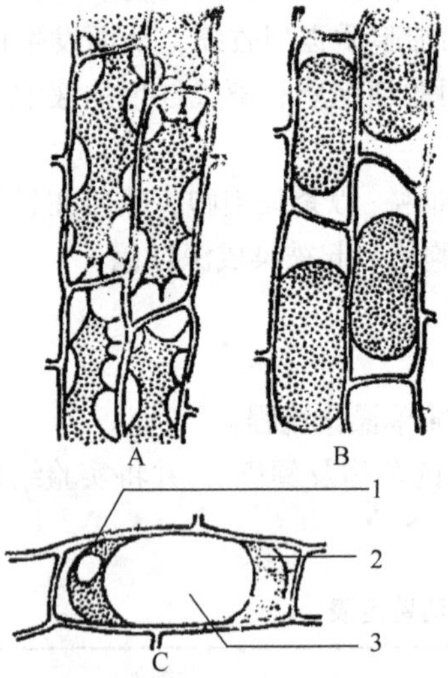

图2-1　质壁分离的不同形式

A．凹形质壁分离；B．凸形质壁分离；C．帽形质壁分离：1．细胞核，2．膨胀的原生质，3．液泡

植物细胞的质壁分离有凸形、帽形、凹形等形式。一般起初往往是凹形，后来渐渐变为凸形，质壁分离形式的不同往往与原生质的黏性有关。凡是原生质黏性大的，能维持较长时间的凹形质壁分离；原生质的黏性降低时，较快到达凸形质壁分离，甚至不经过凹形阶段。本实验观察由于Ca^{2+}、K^{+}对原生质黏性的不同影响而发生不同形状的质壁分离的现象。Ca^{2+}能降低原生质水合度，使原生质黏性加大，K^{+}正好相反。所以经前者处理后，发生凹形质壁分离。当用KNO_3高渗溶液进行长时间质壁分离时，由于原生质水合度大大增加，原生质层变厚，似帽状包围在收缩的液泡两端，因此称为帽状质壁分离（图2-1）。其后，当与清水（或低渗溶液）接触，或当外面的溶质进入时，具有液泡的原生质体就又吸水而发生质壁分离复原。

二、实验目的

利用质壁分离及其复原现象鉴定细胞的死活；研究原生质的黏滞性；测定细胞的溶质势；观察物质透过细胞壁和原生质的难易程度；测定物质透过细胞的速度。练习观察质壁分离及其复原，以及不同情况下质壁分离的不同形式，以加深对原生质性质基本知识的理解。

三、实验材料、器材和试剂

1．实验材料

（1）洋葱鳞茎（或大葱假茎基部幼嫩部位）。

（2）蚕豆叶片或小麦叶片。

2．器材　显微镜1台，培养皿1套，烧杯（200mL或300mL）1个，载玻片、盖玻片数片，剪刀（或刀片）1把，尖头镊子1把，解剖针1根，酒精灯1个，火柴，吸水纸（或滤纸）等。

3. 试剂　0.03%中性红溶液，1mol/L硝酸钾溶液，25%尿素溶液，1mol/L氯化钙溶液等。

四、实验步骤

（1）取洋葱鳞片或小麦叶片按“实验1”中的方法进行制片和活体染色。

（2）将染好色的制片放在载玻片上，盖好盖玻片，在显微镜下观察，可以看出明显的液泡染色，无色透明的原生质层则紧贴细胞壁（在细胞的角隅上可以看见）。

（3）从盖玻片的一边滴一滴1mol/L硝酸钾溶液，并在对边用滤纸吸水，将硝酸钾溶液引入盖玻片下使其与制片接触并立即镜检，可看到细胞内很快发生凸形质壁分离。

（4）观察到质壁分离后，于盖玻片一边小心加清水一滴，于对边用滤纸缓缓吸去水液，重复两次，使质壁分离剂（即高渗的硝酸钾溶液）被基本上洗吸掉。镜检，可看到质壁分离停止进行，相反，带有液泡的原生质体开始重新吸水膨大，最后又充满整个细胞腔，这就是质壁分离复原现象。质壁分离复原缓缓进行时，细胞仍会正常存活；如进行很快，则原生质体会发生机械破坏而死亡。

（5）撕取蚕豆（或其他植物）叶片下表皮置于载玻片上，滴加25%尿素溶液后立即盖上盖玻片进行镜检。首先可见表皮细胞及保卫细胞同时发生质壁分离，10～15min后保卫细胞便开始发生质壁分离复原，由于保卫细胞的充分紧张，气孔大开，而其他表皮细胞经长时间（甚至几小时）后才开始发生质壁分离复原，可见不同功能的细胞对物质有不同的透性。

（6）另取一部分制片，置于载玻片上，先在酒精灯火焰上加热，以杀死细胞，再引入高渗硝酸钾溶液，观察有无质壁分离发生。

（7）按步骤（1）制取洋葱鳞片或小麦叶表皮活染制片各两份，分别置于载玻片上，一片滴加1mol/L硝酸钾溶液一滴，另一片滴加1mol/L氯化钙溶液一滴，盖上盖玻片进行镜检，可见钾盐溶液使细胞发生凸形质壁分离，20～30min后，由于原生质的膨胀，可变为帽形质壁分离；而钙盐处理的则发生凹形质壁分离，较长时间以后，可能有部分细胞原生质全部离开细胞壁，而转变为凸形质壁分离，但绝不会表现为帽状质壁分离，可与K^+处理的相区别。

五、结果与分析

将观察到的凹形、凸形、帽形质壁分离的形式各绘一简图，并解释实验结果。

六、注意事项

植物细胞的质壁分离及其复原现象与细胞原生质的性质有密切关系，操作时要小心，尽量不要伤害细胞。

七、问题讨论

1. 根据实验结果，叙述活细胞与死细胞原生质性质有哪些不同，如何加以区别。

2．质壁分离法在细胞生理研究上有哪些用途？

3．在实验步骤（5）中，用25%尿素溶液处理蚕豆表皮细胞，为什么在发生了质壁分离后会自动发生质壁分离复原?

实验3 植物原生质体的分离和培养

一、实验原理

植物细胞区别于动物细胞的一个主要特点是其具有细胞壁，去掉细胞壁之后的植物细胞就称为原生质体。分离原生质体可采用机械法，但其分离效率低，而且容易对原生质体产生伤害，目前主要采用酶解法分离原生质体。细胞壁及细胞间层的主要成分是纤维素和果胶质，分离原生质体时使用的酶就是纤维素酶和果胶酶。根据不同植物材料，可相应改变酶的浓度及混合比例。另外，为了保证原生质体处于适当的渗透势环境，不至于破裂或皱缩，要保证整个分离、培养条件具有适当的渗透势。最常用的渗透稳定剂是甘露醇，也有用葡萄糖的。分离用的酶液、培养液，乃至洗涤液都要加入一定量的渗透势稳定剂。

二、实验目的

了解植物细胞结构及原生质体的有关知识；学习酶法分离植物原生质体的方法；学习植物原生质体培养技术。

三、实验材料、器材和试剂

1．实验材料 菠菜、蚕豆等植物的鲜嫩叶片。

2．器材 超净工作台，高压灭菌锅，台式离心机，倒置显微镜，过滤灭菌装置及0.2～0.45μm的微孔滤膜，镍丝网，10mL刻度的离心管，玻璃吸管，培养皿，细胞计数板，镊子等。

3．试剂

（1）70%乙醇，0.1%升汞，无菌水。

（2）洗涤液：0.6mol/L甘露醇，3.5mmol/L $CaCl_2 \cdot 2H_2O$，0.7mmol/L KH_2PO_4，pH 5.6。

（3）混合酶液：2%纤维素酶（Onozuka R-10），1%果胶酶（Macerozyme R-10），溶于洗涤液中，pH 5.6。

（4）培养基：B_5培养基，在培养基中加入甘露醇使其终浓度为0.5～0.7mmol/L；或者其他培养基，可参见第一篇的“植物组织培养技术”相关内容。

四、实验步骤

1．材料准备与消毒 用自来水冲洗叶片，在超净工作台上将叶片浸入70%乙醇中2～3s，立即取出用无菌水漂洗2～3次，再将叶片浸泡入0.1%升汞溶液中，用镊子小心地赶去叶片上的气泡，4min后，用无菌水漂洗3次。然后将叶片置于无菌滤纸上，吸干余液，再置于另一无菌滤纸上，叶背朝上，小心地用镊子撕去下表皮。

2．游离 用吸管将4～5mL混合酶液转入直径6cm的培养皿中，再将撕去了下表皮的叶片放在混合酶液上。去掉下表皮的一面朝下，使酶液与叶肉细胞充分接触。用封口膜封住培养皿，置25℃左右的黑暗条件下酶解2～3h后，将酶液培养皿放在倒置显微镜下观察，待足量原生质体游离下来后即可进行下一步的操作。

3．净化 用吸管将含有原生质体的酶液通过镍丝网，过滤到10mL离心管中，除去未被消化的叶组织。滤液用台式离心机（注意离心管都要带盖）以30g离心2～3min，使完整的原生质体沉淀。然后用吸管除去上层酶液，加入洗涤液，小心地将原生质体悬浮起来，待悬浮液充分混匀之后，再一次离心。这样反复操作洗涤2～3次，去除酶液与残余的细胞碎片。

4．计数与培养 加入适量（如4mL）的原生质体培养基，小心地将原生质体悬浮起来，取少量用细胞计数板计数。离心去掉上述加入的培养基（此作为最后一次洗涤），再按计数结果加入相应量的培养基，使培养基悬浮原生质体的密度为10^5个/mL。将上述原生质体悬浮液转入培养皿内，控制液体的厚度在1mm左右。盖好培养皿，用封口膜封住。置于黑暗或微光条件下25℃恒温培养10d左右。在倒置显微镜下统计原生质体再生分裂的频率。

当大部分原生质体再生出了细胞壁并有部分发育成小细胞团体时（约2周），添加含0.2mol/L甘露醇的新鲜培养基。当大部分原生质体发育成小细胞时（培养1个月之后），以1∶1比例加入40～50mL熔化的固体培养基，充分混匀，琼脂的最终浓度在0.6%以下。当细胞团长到直径1.5～3mm时，将其挑出接种在固体分化培养基上（培养基成分变化：去除甘露醇，生长调节剂组成改为IAA 4mg/L、KT 2.56mg/L）。做进一步的愈伤组织培养和分化。

五、结果与分析

仔细观察和记录每一实验操作步骤所取得的结果。细胞壁完全去掉之后的原生质体为圆球状，具有部分细胞壁的原生质体呈椭圆形或不规则形状。在显微镜下不经染色即可观察到原生质体内部的叶绿体。在原生质体培养初期，用荧光增白剂染色后可观察细胞壁的再生过程，培养后期可观察到细胞分裂形成细胞团及愈伤组织块。在分化培养基上，愈伤组织可以分化成幼苗。

六、注意事项

1．为了防止原生质体在培养过程中受到污染，原生质体的分离和培养都应在严格无菌的条件下进行，所有实验材料、用具、酶液、洗涤剂、培养液都需要灭菌。酶制剂在高温高压下将失活，故需采取过滤灭菌。另外，原生质体培养条件要求严格，培养基、洗涤液也常用过滤法灭菌。

2．原生质体因缺乏细胞壁，必须采用等渗浓度的培养基培养，低于等渗浓度时原生质体易于破裂，太高时易于收缩，均不利于细胞壁的再生。在细胞壁形成、细胞开始膨大和分裂时，可逐渐降低渗透剂浓度，方法是在培养过程中逐渐加入较低浓度的培养液，同时吸取原培养液。当增殖至细胞团或愈伤组织之后，其培养方法与组织培养相同。

七、问题讨论

1. 什么是细胞全能性?

2. 在分离、培养原生质体时为什么要保持适当的渗透势?

实验4 植物细胞生长的计量

一、实验原理

在植物细胞的结构与功能分析、植物组织培养和细胞培养研究中，常常需要对细胞数目、体积、大小、鲜重和干重等进行计算，以便进行评价。借助于悬浮培养和显微测微尺等手段，可以定量叶肉细胞、原生质体、悬浮培养细胞及愈伤组织的生长速度。

二、实验目的

学习植物细胞生长的计量方法。

三、实验材料和器材

1. 实验材料 植物（如烟草）的叶肉细胞、原生质体、悬浮培养细胞及愈伤组织等。

2. 器材 离心机，显微镜，镜台测微尺，目镜测微尺，烘箱，抽提瓶，计数器，细胞计数板，分析天平，尼龙丝网等。

四、实验步骤

1. 细胞数量

（1）摇匀细胞（或原生质体）悬浮液。

（2）吸1滴细胞悬浮液滴至细胞计数板上，将盖玻片由一边向另一边轻轻盖下，再用双手拇指紧压盖玻片两边，使盖玻片与细胞计数板紧密结合，以免形成气泡。

（3）经过2～3min后待细胞完全下沉至载玻片表面时，即可用细胞计数器在显微镜下计数，并换算成每毫升的细胞数。

2. 细胞体积

（1）取15mL悬浮培养细胞液，放入有刻度的离心管中。

（2）在2000*g*条件下离心5min。

（3）以每毫升培养液中细胞体积的毫升数表示。

3. 细胞大小 一般以长度来表示细胞大小，通常用目镜测微尺（装在目镜内的一种标尺，为一块直径20～21mm的圆形玻璃片，其上刻有直线标尺，长5mm，分成5个大格，每个大格又分成若干个小格，计50个小格）和镜台测微尺（一种特制的载玻片，其中央为有刻度的标尺，全长为1mm，共分10个大格，每个大格又分成10个小格，共100个小格，每个小格长10μm；在标尺外围有一圆环，便于找到标尺位置）配合使用。

（1）先将镜台测微尺放在载物台上，调准焦距，将标尺上的分度看清楚。

（2）移动标本推动器使两个测微尺重叠在一起。

（3）计算示例。例如，目镜测微尺上的 50 格等于镜台测微尺上的 68 格，即等于 0.68mm，则目镜测微尺每格长 13.6μm。

（4）将镜台测微尺移去，换上载有悬浮细胞（或原生质体）的玻璃片，即可以目镜测微尺的实测格数乘以 13.6μm 得细胞的实际长度。

4. 细胞鲜重与干重 常以每 10^6 个细胞或每毫升悬浮培养的质量来表示。

（1）鲜重：在琼脂培养基上培养的材料，一般可直接取出称鲜重，但要尽量少带培养基；悬浮培养材料可放在预先称重的尼龙丝网上，用水冲去培养基，抽滤以除去细胞黏附的过多水分，然后称重。

（2）干重：在 60℃烘箱内烘 12h，冷却后称重。

5. 植板率 用平板法培养单细胞或原生质体时，常用植板率表示能长出细胞团的细胞占接种细胞总数的百分率。根据铺平板时加入细胞培养液的毫升数乘以每毫升培养液中的细胞数来计算每个平板上接种的细胞数，并计算出每个平板上形成的细胞团数；将上述两个数值代入公式即可求出植板率。

五、结果与分析

统计所测定材料的细胞体积、细胞大小、细胞鲜重、细胞干重和植板率等（表 2-2）。其中：

$$\text{植板率}=\frac{\text{每个平板上形成细胞团的数目}}{\text{每个平板上接种细胞的数目}}\times 100\%$$

表 2-2 植物细胞计量表格

样号	细胞数 /（个 /mL）	细胞大小 /mm	细胞体积 /mL	细胞干重 /（μg/mL）	细胞鲜重 /（μg/mL）	植板率 /%
1						
2						
3						
4						
5						
6						
平均						

六、注意事项

1. 细胞计数时，细胞计数板的凹槽深度应大于所测细胞的直径，最好能深达 1.2mm，比最大细胞的直径还大，并能加快计量速度。

2. 通常，当鲜重在 500mg 以内时，培养细胞的鲜重与干重保持线性关系。

3. 在愈伤组织生长的早期阶段和活跃分裂的悬浮培养中进行分裂指数的测定是有意义的，对于成熟的愈伤组织来说则意义不大。

七、问题讨论

如何标定和使用显微测微尺？

实验5 高等植物叶绿体的分离制备与活性鉴定

一、实验原理

叶绿体是植物细胞重要的细胞器，可采用差速离心技术分离。研磨叶片得到的匀浆，经过滤、离心可制备叶绿体。叶绿体的被膜比较脆弱，分离叶绿体应在等渗的缓冲溶液中，0～4℃条件下进行。叶绿体活力会随着离体时间延长而不断下降，因此，分离工作尽可能在短时间内完成。利用密度梯度离心分离完整叶绿体是实验成败的关键。

通过光合速率来鉴定其生理活性。叶绿素用80%的丙酮提取。制备完整叶绿体是研究植物叶绿体蛋白质组学、光合作用及其调控机制的重要基础。

二、实验目的

1．学习叶绿体的分离方法；学习离心机的使用方法。

2．进一步了解叶绿体蛋白质组学及深入理解叶绿体在光合作用过程中所执行的功能。

三、实验材料、器材和试剂

1．实验材料 成熟的菠菜叶片或韭菜叶片（叶色深的叶片为最佳）。

2．器材 冰箱，离心机，电子天平，显微镜，pH计，研钵，量筒，移液管，离心管，脱脂纱布等。分离器皿都必须在0℃条件下预冷处理。

3．试剂

（1）分离液：含0.33mol/L山梨醇，50mmol/L Tris-HCl（pH 7.6），5mmol/L $MgCl_2$，10mmol/L NaCl，2mmol/L EDTA-Na_2，2mmol/L抗坏血酸钠。

配法：称60g山梨醇、6.06g Tris（三羟甲基氨基甲烷）、1g $MgCl_2 \cdot 6H_2O$、0.6g NaCl、0.77g EDTA-Na_2、0.4g抗坏血酸钠，溶解后用1mol/L HCl调pH至7.6，定容至1000mL。

（2）悬浮和测定液Ⅰ：0.66mol/L山梨醇，2mmol/L $MgCl_2$，2mmol/L $MnCl_2$，4mmol/L EDTA-Na_2，10mmol/L焦磷酸钠，100mmol/L Tris-HCl，pH 7.6。

配法：称60g山梨醇、0.2g $MgCl_2 \cdot 6H_2O$、0.2g $MnCl_2 \cdot 4H_2O$、0.75g EDTA-Na_2、2.23g $Na_4P_2O_7 \cdot 10H_2O$、6.06g Tris，溶解后用1mol/L HCl调pH至7.6，定容至500mL。

（3）悬浮和测定液Ⅱ：悬浮和测定液Ⅰ稀释1倍。

四、实验步骤

1．叶绿体分离备用

（1）选用生长健壮，最好是连续几个晴天下生长的菠菜叶片5g，洗净后去除中脉，放入0～4℃冰箱中预冷。

（2）将分离液 30～50mL 置于研钵中，并在冰箱中预冷至现薄冰。

（3）取冷却的菠菜叶片 10.0～20.0g，撕碎后放入研钵，用手工快速研磨 30s～1min，注意不要用力过猛，也不必研磨过细，以叶片磨成小块时即可，研磨后将匀浆用两层新纱布过滤。

（4）将滤液装入预冷过的两个离心管，经天平称重平衡后，在 0～4℃条件下，用冷冻离心机以 1000r/min 离心 2min。

（5）倾去上层液，沉淀即粗制的叶绿体。随后每管加 2mL 悬浮和测定液Ⅱ，并用吸管冲散沉淀。叶绿体悬浮液合并后放冰瓶中备用。

2. 活性鉴定

（1）用滴管吸取少量叶绿体，加少量悬浮和测定液Ⅱ稀释，置于显微镜（400～600倍）下，观察叶绿体的形态。

（2）叶绿体含量测定：取 50μL 叶绿体提取液放入 25mL 容量瓶中，加入 80% 的丙酮液定容，然后过滤，在可见分光光度计上 652nm 波长下测定吸光度，计算叶绿素含量。

（3）叶绿体的光合速率测定（氧电极法）：在反应杯中加入 8.2mL 悬浮和测定液Ⅰ和 0.8mL 的悬浮和测定液Ⅱ，在 25℃、2000lx 条件下测定光合速率。

五、结果与分析

（1）画出观察到的叶绿体结构图。

（2）计算分离叶绿体中叶绿素的含量。

（3）计算分离叶绿体的光合速率。

六、注意事项

1. 所用玻璃器皿和试剂必须进行预冷处理。

2. 制备叶绿体时整个操作要保持温和的动作，避免强烈震动影响叶绿体的完整性及活性。

3. 再次悬浮时，不能用坚硬的玻棒搅拌，需要轻轻摇动或用软毛笔轻轻搅动。

七、问题讨论

1. 叶绿体与线粒体的形态结构有何区别?

2. 叶绿体的完整性对其光合速率有何影响?

实验 6　叶绿体中 DNA 的分离和提取

一、实验原理

叶绿体是植物细胞特有的细胞器，含有自身的 DNA，称为叶绿体 DNA。叶绿体 DNA 分子呈环状，不同于细胞核的 DNA，可通过适当的差速离心方法加以分离和提取。

二、实验目的

掌握叶绿体DNA的分离和提取原理；理解叶绿体自身遗传物质在光合作用及生物进化、物种鉴定中的作用。

三、实验材料、器材和试剂

1. 实验材料 新鲜的菠菜叶片或其他植物的幼嫩叶片。

2. 器材 超速离心机，离心管，烧杯，宽口大枪头等。

3. 试剂

（1）细胞器分离缓冲液：0.4mol/L 甘露醇，0.05mol/L Tris（三羟甲基氨基甲烷），0.01mol/L EDTA，0.25mol/L 维生素C（抗坏血酸），0.1% 牛血清白蛋白（BSA），用盐酸调至pH 7.4。

（2）细胞器清洗缓冲液：150mmol/L NaCl，50mmol/L Tris-HCl，100mmol/L EDTA，pH 8.0。

（3）悬浮液：除不加EDTA外，其他均同细胞器分离缓冲液。

（4）DNase缓冲液（裂解缓冲液）：50mmol/L Tris-HCl，150mmol/L NaCl，25mmol/L EDTA，10mmol/L β-巯基乙醇，0.1% BSA，pH 8.0。

（5）13mmol/L $MgCl_2$，150mmol/L NaCl，50mmol/L Tris-HCl（pH 8.0），20mmol/L EDTA，20% 的十二烷基肌氨酸（Sarkosyl）溶液（溶于裂解缓冲液中），0.5mol/L EDTA（pH 8.0），52% 和30% 蔗糖等。

四、实验步骤

（1）将一定量的植物叶片剪成小片（愈伤组织切成小块）置于400mL预冷的细胞器分离缓冲液中，用匀浆器以中等速度匀浆1～2min，然后将匀浆液用4层灭菌的纱布和一层Miracloth滤布过滤至一灭过菌的1L烧杯中。

（2）将过滤后的匀浆液移至离心管中，以700*g*的速度在4℃条件下离心10min。去沉淀；上清液移至另一离心管中，在4℃条件下2000*g*离心10min，去上清液。

（3）将沉淀悬浮于25mL DNase缓冲液中，冰上放置1h，加0.5mol/L EDTA溶液至终浓度为20mmol/L，然后在4℃条件下2000*g*离心15min。

（4）将沉淀悬浮于30mL细胞器分离缓冲液中，待用。

（5）用50mL离心管制4个蔗糖梯度，每一梯度的制法为：底部为18mL的52% 蔗糖、50mmol/L Tris-HCl（pH 8.0）和20mmol/L EDTA混合液，上面盖上7mL 30% 蔗糖、50mmol/L Tris-HCl（pH 8.0）和20mmol/L EDTA混合液。

（6）将第4步中悬浮的沉淀7.5mL小心地分别上于梯度离心管中，平衡后以25 000*g*速度在4℃离心30min。

（7）用宽口大枪头从30%～52% 蔗糖界面上吸取叶绿体条带，置于250mL烧杯中。缓缓地用三倍体积的预冷的细胞器分离缓冲液稀释，然后将液体移至适当大小的离心管中，4℃条件下以2000*g*离心15min。

（8）沉淀悬浮于25mL细胞器清洗缓冲液中，4℃条件下以2000*g*离心15min。

（9）将每份沉淀悬浮于5mL DNase裂解缓冲液中，在水上边摇晃边滴入20% 的

Sarkosyl 溶液，至终浓度为 1%。

（10）将裂解的叶绿体上一个 CsCl/EtBr 密度梯度，即可获得较纯的叶绿体 DNA。

五、结果与分析

描述、比较获得的叶绿体 DNA。

六、注意事项

1. 在提取叶绿体之前，最好将植物在黑暗中培养 1～4d 以降低叶绿体中淀粉的含量。

2. 裂解过程中，为了达到彻底裂解的目的，首先要彻底悬浮叶绿体，然后要缓慢地加入去污剂。

3. 在上 CsCl/EtBr 密度梯度之前，最好先将裂解液在离心机上低速离心几分钟，以除去淀粉和细胞壁裂解碎片。

七、问题讨论

1. 如何将植物核基因组与叶绿体基因组进行分离?

2. 叶绿体基因组在光合过程中有何作用?

实验 7　植物线粒体的制备、分离和鉴定

一、实验原理

线粒体是植物细胞的重要细胞器，是植物进行呼吸代谢的场所，它为植物细胞的各项机能提供能量。要研究线粒体的结构和功能必须将其从细胞质中分离出来。植物线粒体直径一般为 0.5～1.0μm、长 3μm，其沉降系数（S）为 1×10^4～1.7×10^4。通常用差速离心的方法将线粒体颗粒与其他细胞内含物分开。如有需要，可进一步用密度梯度离心进行纯化。用差速离心进行分离时，其离心力（g）和离心时间随植物材料而异。一般先用低速（500～1000g）短时间（5～15min）去除细胞碎片，然后再用 11 000～20 000g 沉降线粒体。分离线粒体的过程必须在接近植物材料本身的生理或细胞质条件下（合适的 pH，等渗和高渗的渗透溶液等）进行。另外，植物细胞含有很多有机酸，分离时需根据不同种类的材料灵活掌握介质的 pH。植物细胞的液泡还含有多种次生物质（如多酚类），需在提取介质中加入一些高分子化合物，以除去酚类的干扰。

二、实验目的

学习植物线粒体制备、分离和鉴定的方法。

三、实验材料、器材和试剂

1. 实验材料　所有高等植物的组织都有可能用来制备线粒体，但应避免那些组织坚实、细胞壁老化及含有叶绿体的材料。最好采用黄化的幼苗和幼嫩的根部组织。

2. 器材　冰冻高速离心机，组织捣碎机或研钵，漏斗 1 个，烧杯 2 个，滴管 1

支，纱布 1 块等。

3. 试剂

（1）分离液：0.4mol/L 甘露醇，50mmol/L Tris，0.001mol/L EDTA，0.1% 牛血清白蛋白，用盐酸调至 pH 7.4。

（2）悬浮液：除不加 EDTA 外，其他均同分离液。

（3）洗涤液：150mmol/L NaCl，50mmol/L Tris-HCl，100mmol/L EDTA，pH 8.0。

（4）詹纳斯绿-B（Janus Green-B），磷酸钨，聚乙烯吡咯烷酮（PVP）等。

四、实验步骤

1. 线粒体的制备　黄化幼苗、幼根和花椰菜等是制备线粒体的最佳材料。但为了某些研究工作的需要，有时需从储藏组织（土豆、白薯），甚至从绿色叶片中制备。下面简述三种类型组织的线粒体制备方法。

（1）黄化幼苗线粒体的制备：称取绿豆种子 50g 浸于 10% 次氯酸钠溶液中 10min，再用自来水冲洗 30min，用去离子水漂洗后，均匀铺在有湿润滤纸的培养皿中，25℃黑暗中萌发 2～3d，每天换水一次以防霉烂。去子叶后得下胚轴。用去离子水冲洗并吸干水分后，称取 100g 下胚轴放在 4℃冰箱中饥饿约 1h，然后迅速在冰浴中研磨，开始时加入少量介质，最后加至材料体积一倍的量。成匀浆后，用双层纱布过滤，滤液在 1000*g* 离心 10min，弃残渣，上清液在 11 000*g* 离心 20min，所得颗粒即粗制线粒体，再悬浮于洗涤介质中，于 11 000*g* 离心 20min，弃去清液，收集沉淀，悬浮于 5mL 悬浮液中，即得洗涤过的线粒体。所有制备过程均需在 0～4℃条件下进行。

（2）块状组织线粒体的制备：如土豆、白薯和苹果等，这类组织的特点是，组织块较硬而滑，最好用果汁压榨机或组织捣碎机破碎组织块（低速档 10s 左右），忌用激烈方式破碎；组织含有大量的酚类物质，因此匀浆液中除加 EDTA 外，还需加入适量的 PVP，以结合有害的酚类物质，以防酚氧化成醌后以多种方式与蛋白质共价结合。

（3）绿色组织线粒体的制备：以菠菜叶片为例，为了降低叶绿体的污染，分离过程作如下改进。将第一次离心条件改为 3000*g* 5min，以除去完整或破碎的叶绿体；在高速离心洗涤线粒体之前加一次低速洗涤（1500*g* 5min），以除去污染的叶绿体和过氧化体；匀浆时在溶液中加入 PVP（0.6%），以防组织捣碎后多酚物质的不利影响。菠菜线粒体制备流程如图 2-2 所示。

2. 线粒体的检查

（1）制备的线粒体可以粗略地用光学显微镜观察，将悬浮液用詹纳斯绿-B 染色后观察，线粒体呈绿色。

（2）经磷酸钨负染后，用电子显微镜观察线粒体结构的完整性和其他污染物的多少。完整性包括膜是否破裂，污染物指大的细胞碎片和小的微粒体等。

（3）用分光光度计在 520nm 条件下测定光密度（OD），看线粒体是否膨胀。

五、结果与分析

（1）画出黄化幼苗线粒体制备流程图。

（2）画出观察到的线粒体结构图。

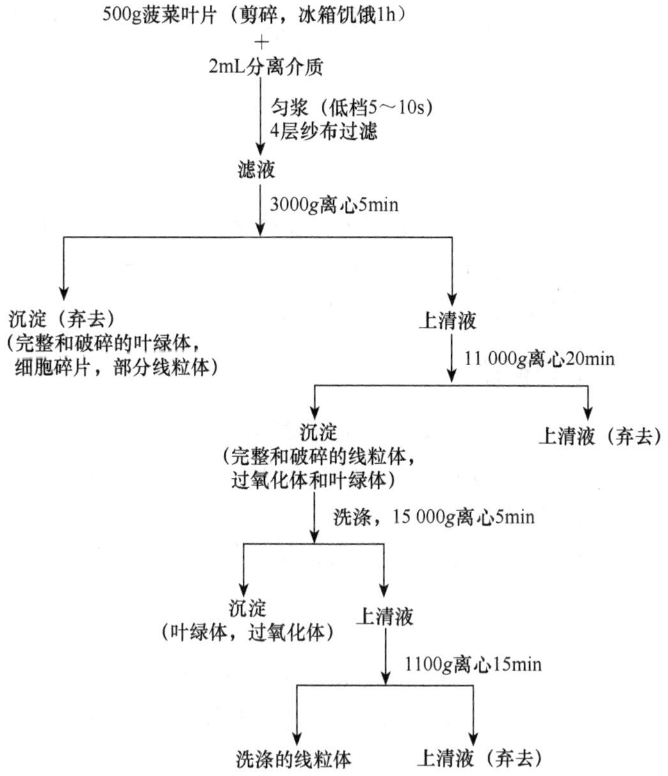

图 2-2　菠菜线粒体制备流程

六、注意事项

为了降低叶绿体的干扰，实验最好用黄化的叶片或其他没有叶绿体干扰的组织器官。

七、问题讨论

1. 为什么在分离介质中要加 Tris、甘露醇和 EDTA，而在悬浮介质中可不加 EDTA？
2. 为什么样品在研磨前要先在冰箱中饥饿 1h？
3. 为什么在绿色组织线粒体制备中，第一次低速离心条件要改为 3000*g* 5min？

实验 8　植物染色体荧光原位杂交

一、实验原理

荧光原位杂交（fluorescence *in situ* hybridization，FISH）技术的基本原理是用已知的标记单链核酸为探针，根据 DNA-DNA 和 DNA-RNA 碱基的配对原则与待检材料中未知的染色体上单链核酸相对应的序列杂交，将 DNA 或 RNA 探针用生物素等标记，然后将标记的探针直接原位杂交到染色体或 DNA 纤维上，再通过与荧光素分子偶联的单克隆抗体与探针分子特异结合，通过荧光杂交信号来检测 DNA 序列在染色体或 DNA 纤维上的定性、定位、相对定量分析。

荧光原位杂交是基于分子细胞遗传学技术而发展起来的一种非放射性原位杂交技术，具有快速、检测信号强、杂交特异性高和可以多重染色等特点，因此在分子细胞遗传学领域受到普遍关注。

二、实验目的

熟练掌握该技术的基本原理和实验方法。通过该技术的学习，巩固理论课学习的内容，增加学生对染色体的认识。目前这项技术已经广泛应用于植物基因组结构研究、染色体精细结构变异分析、基因组的物理图谱制作中。学习荧光显微镜的使用。

三、实验材料、器材和试剂

1. 实验材料 水稻、玉米、黑麦等植物材料。

2. 器材 MyoD1（MYF3）基因探针，恒温水浴锅，培养箱，指甲油，染色缸，载玻片，Nikon E-400 荧光显微镜，封口膜，移液器，暗盒等。

3. 试剂 氯化钠，柠檬酸钠，甲酰胺，氢氧化钠，吐温-20，3∶1 固定液，1∶30 Giemsa 等。

相关溶液的配制如下。

（1）固定液：4% 多聚甲醛（paraformaldehyde，PFA）。

（2）20×SSC：175.3g NaCl，88.2g 柠檬酸钠，定容至 1000mL（用 10mol/L NaOH 调 pH 至 7.0）。

（3）去离子甲酰胺（DF）：将 10g 混合床离子交换树脂加入 100mL 甲酰胺中，电磁搅拌 30min，用 Whatman 1 号滤纸过滤。

（4）70% 甲酰胺 /2×SSC：35mL 甲酰胺，5mL 20×SSC，10mL 水。

（5）50% 甲酰胺 /2×SSC：100mL 甲酰胺，20mL 20×SSC，80mL 水。

（6）50% 硫酸葡聚糖（DS）：65℃水浴中溶化，4℃或−20℃保存。

（7）杂交液：8μL 25% DS，20μL 20×SSC 混合（或 40μL 50% DS，20μL 20×SSC，40μL ddH_2O 混合）。取上述混合液 50μL，与 5μL DF 混合即成。其终浓度为 10% DS，2×SSC，50% DF。

（8）PI/Antifade 染液。

PI 原液：先以双蒸水配置溶液，浓度为 100μg/mL，取出 1.0mL，加 39mL 双蒸水，使终浓度为 2.5μg/mL。

Antifade 原液：以 PBS 缓冲液配制该溶液，使其浓度为 10mg/mL，用 0.5mmol/L 的 $NaHCO_3$ 调 pH 为 8.0。取上述溶液 1mL，加 9mL 甘油，混匀。

PI/Antifade 染液：PI 与 Antifade 原液按体积比 1∶9 比例充分混匀，−20℃保存备用。

DAPI/Antifade 染液：用去离子水配制 1mL/mg DAPI 贮备液，按体积比 1∶300，以 Antifade 溶液稀释成工作液。

（9）封闭液Ⅰ：5% BSA 3mL，20×SSC 1mL，ddH_2O 1mL，吐温-20 5μL 混合。

（10）封闭液Ⅱ：5% BSA 3mL，20×SSC 1mL，goat serum 250μL，ddH_2O 750μL，吐温-20 5μL 混合。

（11）荧光检测试剂稀释液：5% BSA 1mL，20×SSC 1mL，ddH_2O 3mL，吐温-20 5μL混合。

（12）洗脱液：100mL 20×SSC，加水至500mL，加吐温-20 500μL。

四、实验步骤

1．植物染色体的制备　取萌发种子的根尖，加入饱和二氯代苯溶液室温预处理3～5h，弃处理液，用蒸馏水低渗30min，加入固定液固定20min，用蒸馏水洗3次，每次5min，加入2.5%的果胶酶和纤维素酶37℃酶解根尖1h，用蒸馏水洗去酶液，再次低渗15min，弃蒸馏水；用3∶1固定液再次固定20min，取根尖放置于预冷的载玻片上，滴1滴固定液，用镊子将根尖充分捣碎，再加1滴固定液将细胞吹散，用1∶30的Giemsa染色10min，用水冲洗晾干，镜检后于−20℃冰箱保存备用。

2．探针变性　将探针在75℃恒温水浴锅中温育5min，立即置于冰上5～10min，使双链DNA探针变性。

3．标本变性　将制备好的染色体玻片标本于50℃培养箱中烤片2～3h（经Giemsa染色的标本需预先在固定液中褪色后再烤片）。取出玻片标本，将其浸在70～75℃的70%甲酰胺/2×SSC的变性液中变性2～3min。立即按顺序将标本经70%、90%和100%的冰乙醇系列脱水，每次3～5min，然后空气干燥。

4．杂交　将已变性或预退火的DNA探针10μL滴于已变性并脱水的玻片标本上，盖上18mm×18mm盖玻片，用封口膜封片，置于潮湿暗盒中37℃杂交过夜（15～17h）。由于杂交液较少，而且杂交温度较高，持续时间又长，因此为了保持标本的湿润状态，此过程在湿盒中进行。

5．洗脱　此步骤有助于除去非特异性结合的探针，从而降低本底。

（1）杂交次日，将标本从37℃温箱中取出，用刀片轻轻将盖玻片揭掉。

（2）将已杂交的玻片标本放置于已预热至42～50℃的50%甲酰胺/2×SSC中洗涤3次，每次5min。

（3）在已预热至42～50℃的1×SSC中洗涤3次，每次5min。

（4）在室温下，将玻片标本于2×SSC中清洗一下。

（5）取出玻片，自然干燥。

（6）取200μL复染溶液（PI/Antifade或DAPI/Antifade染液）滴加在玻片标本上，盖上盖玻片。

6．杂交信号的放大　适用于使用生物素标记的探针。

（1）在玻片的杂交部位加150μL封闭液Ⅰ，用保鲜膜覆盖，37℃温育20min。

（2）去掉保鲜膜，再加150μL avidin-FITC于标本上，用保鲜膜覆盖，37℃继续温育40min。

（3）取出标本，将其放入已预热至42～50℃的洗脱液中洗涤3次，每次5min。

（4）在玻片标本的杂交部位加150μL封闭液Ⅱ，覆盖保鲜膜，37℃温育20min。

（5）去掉保鲜膜，加150μL antiavidin于标本上，覆盖新的保鲜膜，37℃温育40min。

（6）取出标本，将其放入已预热至42～50℃的新洗脱液中，洗涤3次，每次5min。

（7）重复步骤（1）、（2）、（3），再于2×SSC中室温清洗一下。

（8）取出玻片，自然干燥。

（9）取200μL PI/Antifade染液滴加在玻片标本上，盖上盖玻片。

7. 封片 可采用不同类型的封片液。如果封片液中不含有Mowiol（可使封片液产生自封闭作用），为防止盖玻片与载玻片之间的溶液挥发，可使用指甲油将盖玻片周围封闭。封好的玻片标本可在－70～－20℃冰箱中的暗盒中保持数月之久。

8. 荧光显微镜观察结果 先在可见光源下找到具有细胞分裂（cell division）相的视野，然后打开荧光激发光源，FITC的激发波长为490nm。细胞被PI染成红色，而经FITC标记的探针所在的位置发出绿色荧光。

五、结果与分析

画出所观察到的染色体组形态图。

六、注意事项

1. 低渗处理是染色体制备的关键步骤，直接影响染色体形态的好坏。低渗处理时细胞体积膨大，易破碎。因此，在低渗处理细胞时，吹打要轻柔。

2. 滴片时使用的载玻片一定要非常干净。

3. 原位杂交时，变性的时间和温度是杂交是否成功的关键，变性时最好使用PCR仪或干式恒温器。

4. 变性结束时，需立即甩掉盖玻片并加入70%的冰乙醇脱水，以避免DNA复性。

5. 杂交过程需在湿盒中避光进行。

6. 使用荧光显微镜进行观察时，需尽快找到合适的分裂图像，防止长时间强光照射下荧光的淬灭。

七、问题讨论

谈谈荧光原位杂交的研究意义及进展。

实验9 植物乙醛酸体的分离

一、实验原理

乙醛酸循环（glyoxylic acid cycle，GAC）是富含脂肪的油料种子所特有的一种呼吸代谢途径，发生在乙醛酸体中。油料植物种子（花生、油菜、棉籽等）萌发时通过将脂肪转化为碳水化合物（糖）的乙醛酸循环及时供给生长点所需的能量和碳架，促进发芽、生长。油料种子在发芽时细胞中出现许多乙醛酸循环体，储藏脂肪首先水解为甘油和脂肪酸，然后脂肪酸在乙醛酸体内氧化分解为乙酰CoA，并通过乙醛酸循环转化为糖，直到种子中储藏的脂肪耗尽为止，乙醛酸循环活性便随之消失。淀粉种子萌发时不发生乙醛酸循环，因此没有乙醛酸循环体的存在。乙醛酸循环过程依赖于线粒体、乙醛酸体及细胞质的协同作用。

植物乙醛酸体（乙醛酸循环体）呈球形，直径为1μm，可用密度梯度离心进行纯化。用差速离心进行分离时，其离心力（*g*）和离心时间随植物材料而异。一般先用低速（500～1000r/min）短时间（5～15min）去除细胞碎片，然后再用11 000～20 000r/min沉降乙醛酸循环体。分离乙醛酸循环体的过程必须在接近植物材料本身的生理条件（合适的pH，等渗和高渗的渗透溶液等）下进行。另外，植物细胞含有很多有机酸，分离时需根据不同种类材料灵活掌握介质的pH。植物细胞的液泡还含有多种次生物质（如多酚类），需在提取介质中加入一些高分子化合物，以除去酚类物质的干扰。

二、实验目的

进一步了解乙醛酸体在脂肪到糖的转变过程中的重要作用；学习乙醛酸体的分离方法。

三、实验材料、器材和试剂

1．实验材料　向日葵、南瓜、蓖麻等油料植物萌发的种子。

2．器材　超速离心机，光学显微镜等。

3．试剂　提取缓冲液：蔗糖0.25mol/L，乙醇0.1%，EDTA-Na_2 1mmol/L，Tris-HCl（pH 7.4）10mmol/L。

四、实验步骤

（1）提取：称取10g植物材料，用剪子剪碎后，加50mL提取缓冲液，在冰浴中匀浆（以下操作均在冰浴中进行）。匀浆经3000r/min、4℃离心10min，除去组织块，取上清液备用。向沉淀中加入50mL提取缓冲液再次匀浆，匀浆3000r/min、4℃离心6min，弃沉淀（A）。将两次离心所得上清液合并，在7000r/min、4℃离心5min，取上清液。在13 500r/min、4℃离心20min，弃上清液（B），留沉淀。向沉淀中加入40mL缓冲液混悬后，再次在13 500r/min 、4℃离心20min，弃上清液，取沉淀。用3mL缓冲液将沉淀悬浮，此为粗提乙醛酸循环体（C）。在13mL的PA离心管中加入45.8%（*m*/*m*）的蔗糖溶液5mL，再缓慢加入37.4%（*m*/*m*）的蔗糖溶液4mL，制成不连续梯度液。将混悬好的乙醛酸循环体的粗提物（约4mL）缓慢加在梯度液上，用水平转头，慢加速至27 500r/min，4℃离心2h。样品被分成肉眼可见的三层分布状态：上边一层是微粒体（Ⅲ），中间一层是线粒体（Ⅱ），最底部沉淀即乙醛酸体（Ⅰ）。收集管底的沉淀，用13mL提取缓冲液悬浮，27 500r/min、4℃离心2h，洗去浓蔗糖溶液。

（2）显微镜下观察乙醛酸体的形态。

五、结果与分析

绘制乙醛酸体的形态结构图。

六、注意事项

1. 要注意不同浓度蔗糖溶液的加入顺序。
2. 试管底部沉淀的收集要小心。

七、问题讨论

1. 比较分离乙醛酸体和分离线粒体在实验操作上有什么区别。
2. 离心操作应注意哪些问题?

实验 10　蛋白质磷酸化活性的测定

一、实验原理

蛋白质磷酸化作为细胞信号转导过程中的一个重要步骤，在植物生理过程中起着举足轻重的作用。蛋白质磷酸化是通过蛋白激酶的活性来实现的，其中钙依赖蛋白激酶（calmodulin-like domain protein kinase 或 calmodulin dependent protein kinase，CDPK）是植物细胞中最重要的蛋白激酶之一。

CDPK 广泛存在于植物细胞的各种亚细胞成分中，包括细胞质、细胞膜、细胞核、细胞骨架等。要测定某一细胞成分的 CDPK 活性，首先需将这一部分与其他成分分离。在完整的活性细胞中，CDPK 的活性大小受到很多因素的调节，一旦细胞的完整性被破坏，细胞内溶酶体就会释放出蛋白水解酶，这些蛋白水解酶能够使 CDPK 发生水解而失去活性。为了减少蛋白水解酶的作用，首先所有的操作过程应该在低温下进行，其次要加入蛋白水解酶的抑制剂［如苯甲基磺酰氟（PMSF）等］。只有这样才能得到有活性的 CDPK 待测液。

二、实验目的

以 CDPK 为例学习蛋白质磷酸化活性测定的方法。

三、实验材料、器材和试剂

1. 实验材料　植物材料（或细胞）。

2. 器材　有机玻璃防护板（β 射线防护），手持射线检测器，液体闪烁计数仪，液闪瓶，电泳仪，平板式电泳槽，曝光暗盒，酸度计，恒温水浴锅，台式离心机，定量加样器，高速组织捣碎机，电吹风，通风柜等。

3. 试剂

（1）缓冲剂Ⅰ：20mmol/L Tris-HCl，0.4mol/L 苏糖醇，10mmol/L $MgCl_2$，pH 8.5。

（2）缓冲液Ⅱ：20mmol/L Tris-HCl，2.5mmol/L EDTA，pH 7.2。

（3）缓冲液Ⅲ：200mmol/L 羟乙基哌嗪乙硫磺酸（hydroxyethyl piperazine ethanesulfonic acid，HEPES），40mmol/L $MgCl_2$，pH 7.2。

（4）甲苯溶液：含 4‰ 2,5-二苯基噁唑（PPO），0.05‰ 1,4-双［2'（5'-苯基噁唑）］

苯（POPOP）。

（5）液氮，苯甲基磺酰氟（PMSF），$CaCl_2$，乙二醇二乙醚二胺四乙酸（EGTA），焦磷酸钠等。

四、实验步骤

1. CDPK 待测样制备　首先将待测植物材料（或细胞）及对照植物材料（或细胞）分别用缓冲液Ⅰ充分洗去杂质后称取 1g 细胞，加入液氮冷冻，在冰冻状态下用研钵充分研磨成粉末，加入等量的缓冲液Ⅱ及其终浓度为 3mmol/L 的 PMSF（用时临时用甲醇溶解配制）研磨成浆；或用高速组织捣碎机在 0～4℃将植物材料捣成浆，以 1000*g* 离心 3min，收集上清液即胞质部分，作为待测液。

2. 液闪法测定 CDPK 活性　CDPK 能够把 γ-^{32}P-ATP 的 γ-^{32}P 转移到其底物蛋白质分子（外加底物一般使用组蛋白-Ⅲ）上。在一定的酶反应体系中，当底物蛋白质及 γ-^{32}P-ATP 足够多时，在短时间内底物蛋白质分子上所结合的 ^{32}P 与 CDPK 的活性成正比。这时加入三氯乙酸可以使酶反应终止，把一定量的酶反应液加到能够强烈吸附蛋白质的材料上［如玻璃纤维（GF/A）滤纸或聚偏二氟乙烯（PVDF）膜等］，使所有的蛋白质固定在这种材料上，然后用含有焦磷酸盐的液体把滤纸上的无机 ^{32}P 及未反应的 γ-^{32}P-ATP 充分洗除，最后滤纸上所含有的放射性大小基本上就代表了蛋白质分子中 ^{32}P 的多少，这种放射性的大小可以直接用液体闪烁计数仪进行测定。

将反应用管按照所有的待测样品数写好标签，每个样品同时作加钙管（＋Ca）及减钙管（－Ca）各 3 个平行管。然后把缓冲液Ⅲ、5mmol/L $CaCl_2$、5mmol/L EGTA 和 5mg/mL 组蛋白-Ⅲ分别放入 30℃恒温水浴锅（或恒温箱）中先进行保温 30min，每个反应管中加入 25μL 缓冲液Ⅲ；在加钙管中加入 20μL 5mmol/L $CaCl_2$，在减钙管中加入 20μL 5mmol/L EGTA，所有的管各加入 20μL 5mmol/L 组蛋白-Ⅲ；在各管中对应加入待测酶液 32μL［空白对照管（CK）用 32μL 纯水代替待测酶液］（注意：此后的操作必须在通风柜内及有机防护板后进行）。

最后所有的管中各加入 3μL γ-^{32}P-ATP（放射性比浓度为 370MBq/mL）。混匀后在 30℃恒温水浴锅中反应 6min，取 50μL 加入到 GF/A 滤纸上，将滤纸浸入 2mL 20% 的三氯乙酸中。终止反应。每张滤纸用 10mL 以上的 20% 三氯乙酸（含 0.2% 焦磷酸钠）分 3～4 次进行冲洗（将冲洗的放射性废液集中收集在一个废液瓶中，最后统一处理）。

再用约 10mL 乙醇 / 乙醚（1∶1）分 3～4 次进行冲洗（将冲洗的放射性废液同样集中收集在一个废液瓶中，最后统一处理）。

用电吹风将每一张滤纸吹干，将滤纸放入液闪瓶中，加入 10mL 甲苯溶液（含 4‰ PPO，0.05‰ POPOP），盖上盖后，放入液体闪烁计数仪中进行测定。

五、结果与分析

计算 CDPK 活性，并分析实验结果。

$$\text{CDPK 活性}\left[\text{cpm}/(\mu\text{g 蛋白质}\cdot\text{min})\right]=(\text{加 }Ca^{2+}\text{的激酶活性值}-\text{空白对照值})-(\text{不加 }Ca^{2+}\text{的激酶活性值}-\text{空白对照值})$$

六、注意事项

放射性操作一定要做好放射性防护。其主要包括：戴手套；在实验前用手持射线检测器进行检测，安全后方可进行实验操作；通风柜要提前进行抽风直到最后实验结束；尽量缩短操作时间；把有放射性垃圾统一放入专用的垃圾桶，最后统一进行处理；实验完毕后，用手持射线检测器检测实验用品及实验人员，确实无放射性污染后方可离开实验室。

七、问题讨论

蛋白质磷酸化在细胞信号转导中有什么作用？

第二单元　代谢生理实验

实验 11　植物组织自然含水量和相对含水量的测定

一、实验原理

植物组织自然含水量是植物生理状态的一个指标。例如，水果蔬菜含水量的多少对其品质有影响，种子含水状况对安全贮藏更有重要意义。利用水遇热可蒸发为水蒸气的原理，可用加热烘干法来测定植物组织中的含水量。植物组织含水量的表示方法，常以鲜或干重百分率表示，有时也以相对含水量（或称饱和含水量百分率）表示。后者更能表明它的生理意义。

二、实验目的

掌握植物组织自然含水量和相对含水量测定的原理和方法。

三、实验材料和器材

1. 实验材料　新鲜植物材料。

2. 器材　分析天平，干燥器，烘箱，称量瓶，坩埚钳，吸水纸等。

四、实验步骤

1. 自然含水量测定

（1）将植物材料剪成 1cm 左右长的小段，迅速放入已知质量的铝盒中，称出鲜重（m_1）。

（2）放入烘箱，于 105℃条件下杀青 30min，然后于 80℃条件下烘干至恒重，并记录干重（m_d）。

2. 相对含水量测定　在称取鲜重（m_1）后，将样品浸入水中数小时令其吸水饱和，取出后用吸水纸擦干样品表面水分，称取被水饱和后的组织质量，再将样品浸入水中 1h，取出擦干，再次称重，直至样品饱和质量近似，即得样品最终饱和质量（m_t）。然后烘干至恒重，称重（m_d）计算可得相对含水量（relative water content，RWC）。

五、结果与分析

1. 计算自然状态下的组织含水量

植物组织含水量（占鲜重）＝$[(m_1-m_d)/m_1]\times100\%$

植物组织含水量（占干重）＝$[(m_1-m_d)/m_d]\times100\%$

2. 计算相对含水量

相对含水量（RWC）＝$[(m_1-m_d)/(m_t-m_d)]\times100\%$

六、注意事项

植物材料要烘干至恒重，否则结果不准确。

七、问题讨论

1. 采集的新鲜植物材料为什么需及时杀青？
2. 测定植物组织自然含水量和相对含水量在研究植物生理活动中有何意义？

实验 12　植物组织中自由水和束缚水含量的测定

一、实验原理

植物组织中的水分是由被胶粒固着的束缚水及不被胶粒固着的自由水两部分所组成的。束缚水不易蒸发和结冰，不能作为溶剂，也不易被夺取。所以当组织被浸入较浓的糖溶液中脱水时，一定时间后仍未被夺取的水分为束缚水，而被夺取的水分为自由水。自由水的量可根据所加糖液浓度的降低量来计算，再由植物组织的总含水量减去自由水量，即可求得束缚水量。

植物体内自由水和束缚水含量及其比值常与植物的生长及抗性有密切关系。自由水较多时，代谢活动常较强，生长速度也较快，但抗性往往降低；而束缚水含量多时，则情况相反。所以自由水与束缚水含量是植物抗性生理的一个指标。

二、实验目的

了解水分在植物体内的作用，不仅与其含水量有关，也与水分的存在状态有关；掌握植物组织中自由水和束缚水含量的测定方法。

三、实验材料、器材和试剂

1. 实验材料　植物叶片。

2. 器材　阿贝氏折射仪，1/1000 天平，烘箱，干燥箱，钻孔器，称量瓶，滤纸，吸滤管，5mL 移液管等。

3. 试剂　蔗糖溶液 65%～70%（*m*/*V*）。

四、实验步骤

（1）称量瓶两个，洗净，烘干，称重备用。

（2）取待测植物样品（例如，小麦、油菜的叶片两份，两份样品所取部位应力求一致）。快速剪碎，分别放于两个已知质量的称量瓶中，盖上盖子以免水分蒸发。

（3）在天平上称重、记录后，1 号瓶置于 100～105℃烘箱中烘干至恒重，以计算含水量占鲜重的百分数。

（4）用 5mL 移液管吸取 5mL 65%～70%（*m*/*V*）的蔗糖溶液，加入 2 号称量瓶中，加盖后再在天平上称重，以求得所加糖液质量 B，并小心摇动瓶中溶液，使与样品混合均匀，放于阴凉处 4～5h，其间不时摇动。

（5）用吸滤管吸取上层透明的溶液，滴一滴在折射仪棱镜的毛玻璃上，旋紧棱镜，在 20℃温度下测定此浸出液的含糖百分数 B_2，以及原来糖液的含糖百分数 B_1（蔗糖溶液的原始浓度也必须在折射仪中读得）。

五、结果与分析

1. 计算植物样品中自由水和束缚水含量（%）

$$\beta=\frac{B(B_1-B_2)}{B_2\times m_1} \tag{2-1}$$

式中，β 为自由水含量（%）；B 为加入样品中蔗糖溶液的质量；B_1 为原蔗糖溶液的浓度百分数；B_2 为加样后糖溶液的浓度百分数；m_1 为植物样品鲜重。

式（2-1）是根据如下关系求得的。

加样后糖溶液中自由水量为

$$(B+A)\cdot(1-B_2)$$

原来糖溶液中自由水量为

$$B(1-B_1)$$

则样品中自由水量为

$$A=(B+A)(1-B_2)-B(1-B_1)$$

简化，得

$$A=\frac{B(B_1-B_2)}{B_2}$$

$$\beta=\frac{A}{m_1}=\frac{\frac{B(B_1-B_2)}{B_2}}{m_1}=\frac{B(B_1-B_2)}{B_2\times m_1} \tag{2-2}$$

式中，A 为样品中自由水的质量。

式（2-2）和式（2-1）完全相等。

求得自由水含量后，即可根据式（2-3）求出束缚水含量。

$$\text{束缚水含量}=\text{组织含水量}-\text{组织中自由水含量} \tag{2-3}$$

2. 结果处理

测得同一植物不同品种的自由水和束缚水含量，实验重复三次，把结果填入表2-3。

表 2-3　植物组织自由水和束缚水含量测定记录

项目	植物样品编号		
	1	2	3
样品鲜重 /g			
样品干重 /g			
样品含水量 /%			
糖溶液质量 /g			
浸叶前糖液浓度 /%			
浸叶后糖液浓度 /%			
自由水含量 /%			
束缚水含量 /%			
自由水含量 / 束缚水含量			

六、注意事项

植物样品所取部位应力求一致并快速称量，以免水分蒸发。

七、问题讨论

当植物遇到干旱或盐胁迫时，其自由水和束缚水比值可能有什么变化?

实验 13 植物组织水势的测定（小液流法）

一、实验原理

植物组织的水分状况可用水势（ψ_w）来表示。水势就是水的化学势。水分的移动是沿着自由能减小的方向进行的，在两个相邻部位或细胞之间，水分总是从水势高的区域移向水势低的区域，直到两处水势差为零为止。因而可用液体交换法测定植物组织的水势，小液流法是其中的方法之一。

将植物组织浸泡在一系列不同浓度的溶液中时，植物组织与溶液之间将发生水分交换，其情况有以下三种。

（1）当外液 ψ_ω 大于组织 ψ_ω 时，组织吸水，外液变浓，外液密度增大。

（2）当外液 ψ_ω 小于组织 ψ_ω 时，组织排水，外液变稀，外液密度减小。

（3）当外液 ψ_ω 等于组织 ψ_ω 时，水分净交换为零，外液的浓度和密度都不变。

由于不同密度的溶液相遇时，密度大的下沉，密度小的则上升。若将浸泡过植物组织的溶液着色后，引入一小滴于原同浓度的无色溶液中，观察有色小液滴的移动方向就可知道植物组织的水势范围，若所配系列外液的水势阶梯较小，再通过逐步逼近法，就可测出植物组织的水势。

二、实验目的

掌握小液流法测定水势的原理和方法；了解常见植物叶片的水势范围。

三、实验材料、器材和试剂

1. 实验材料　植物叶片。

2. 器材　试管 8 支，弯头毛细管 1 支，指形管 8～16 支，试管架 1 个，10mL 移液管 2 支，1mL 移液管 2 支，打孔器 1 个，竹签 1 根，镊子 1 把，纱布 1 块或滤纸块适量，尖头玻棒 1 根等。

3. 试剂　0.5mol/L $CaCl_2$ 溶液，亚甲蓝浓稠溶液。

四、实验步骤

1. 溶液配制　测定水势的溶液，一般常用蔗糖，但也可用无机盐。例如，以 9 份 NaCl 和 1 份 $CaCl_2$ 混合而成的平衡溶液较好。为了简便起见，完全用 $CaCl_2$ 溶液也可，它较之蔗糖溶液既不发酵，也不分解，在室温下能久贮不变。

$CaCl_2$ 溶液可先配成 1mol/L 或 0.5mol/L，配好后用 pH 试纸或 pH 计检测溶液的 pH。如果 pH＜6，可用稀 NaOH 溶液将其调至 pH＝6。

本实验用预先配好的 0.5mol/L $CaCl_2$ 溶液分别稀释成 0.025mol/L、0.05mol/L、0.10mol/L、0.15mol/L、0.20mol/L、0.25mol/L、0.30mol/L、0.35mol/L 8 种浓度，每种浓度配制 10mL，装于试管中，充分摇匀，置于试管架上（如果气候干燥，需加管塞以防蒸发）。然后分别从每种浓度溶液中吸出 1mL 于对应的 8 支指形管中（还可增加 8 支指形管设一重复）。

2. 取样　在实验植株上选取同一高度或同一层次的叶 8～10 片，用纱布或滤纸片擦干水和灰尘，然后叠在一起，用打孔器打取叶的小圆片。每打一孔得 8～10 片，用竹签顶出，直接投入一种浓度的指形管溶液中，轻轻摇动指形管，使叶圆片全部浸没。共打 8 次，从低浓度至高浓度投放叶圆片（注意：动作要迅速，以防水分蒸发）。作用 20min（如用蔗糖溶液，应作用 30min），其间要经常摇动指形管，以加速水分平衡（温度低时要适当延长作用时间）。为使叶圆片在各管中尽量一致，8 次打片可这样进行：在叶片中脉对称两侧各打 4 次，孔与孔之间尽量靠拢。

3. 测定　到预定时间后，按照放小叶圆片的次序，用玻棒尖端蘸取亚甲蓝浓稠液少许浸入指形管内，使之着色，摇匀，以浅蓝色为度，不可太深。然后用弯头毛细管吸取有色液少许（无需挤压皮头，以免吸液太多，且溶液要充满毛细管尖端），插入与原溶液同浓度的大试管溶液中部，轻轻挤出有色液一小滴，小心取出毛细管（注意：勿搅动溶液），观察有色小液滴的升降方向（用白纸作背景）（图 2-3）。

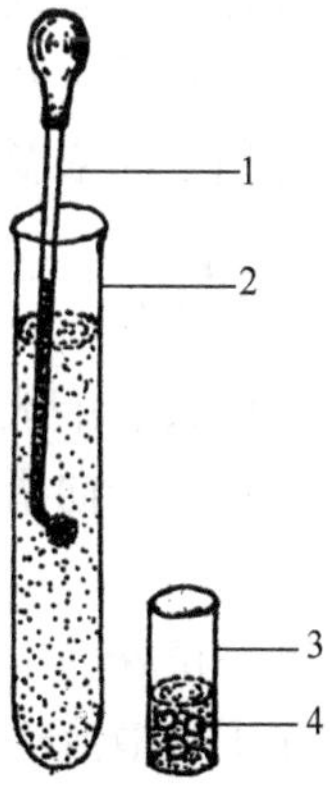

图 2-3　小液流法测定水势

1. 带皮头的弯头毛细管；2. 大试管；3. 平底指形管；4. 小叶圆片

如果小液滴下降，表明叶片吸收了水分，使外液变浓，则叶片的水势低于该浓度外液的水势。如果小液滴上升，说明叶片有水分排出，外液变稀，则叶片的水势高于该浓度外液的水势。如果小液滴静止不动，表明叶片组织与外液水分的交换处于动态平衡，这时叶片的水势与该浓度外液的水势相等。如果在前一种浓度中的有色小液滴下降，而在后一种浓度中的小液滴上升，则植物组织的水势在这两种浓度溶液的水势之间。

水势数值的大小可由以下公式计算而得。

$$\psi_w = -iCRT$$

式中，ψ_w 为植物组织水势，等于外界溶液渗透势（溶质势，ψ_s）；i 为溶质的解离系数，蔗糖为 1，其他溶质的解离系数大小随浓度的变化而变化；C 为质量摩尔浓度（mol/kg）；R 为气体常数［$0.0083dm^3 \cdot MPa/(mol \cdot K)$］；$T$ 为热力学温度（K）。

水势数值的大小也可查表 2-4 得到。

表 2-4　不同浓度 $CaCl_2$ 溶液的溶质势（ψ_s）

浓度 /（mol/L）	0.025	0.05	0.10	0.15	0.20	0.25	0.30	0.35	0.40	0.45
ψ_s/MPa	−0.16	−0.32	−0.63	−0.94	−1.25	−1.56	−1.87	−2.22	−2.56	−2.92

五、结果与分析

填写表 2-5 并分析结果。

表 2-5 液滴移动方向记载表（用箭头表示液滴动向）

植物： 时间： 天气： 记录人：

重复	溶液浓度 /（mol/L）								等势浓度 /（mol/L）	水势值 / MPa
	0.025	0.05	0.10	0.15	0.20	0.25	0.30	0.35		
1										
2										
3										

六、注意事项

1. 最好在田间或盆栽植株上直接打取小叶圆片，并立即投入盛有溶液的指形管中。
2. 打孔时要避开叶脉。
3. 配制不同浓度溶液时必须使用干燥试管和指形管。

七、问题讨论

1. 在打取小叶圆片时，如某些圆片打在叶子的边缘而不完整，对测定结果有何影响？
2. 用移液管向指形管转移溶液时，如各浓度溶液的转移体积不等，对测定结果有何影响？
3. 同一植株的不同部位叶片的水势有无差别？为什么？
4. 除了小液流法之外，还可以用其他什么方法测定植物组织的水势？

实验 14 环境因子对植物吐水的影响

一、实验原理

植物在正常生长的状况下，从叶的尖端或边缘叶脉终止部位的水孔排出水滴，这种现象称为吐水。这是一种由根压产生的正常的生理现象。外界环境条件如温度、湿度、土壤溶液水势、有毒物质等，都会影响到植物根系的生命活动，从而也影响植物吐水活动。

二、实验目的

学习观察植物吐水现象的实验方法；通过观察不同环境条件下植物的吐水现象，了解环境因子对根系生命活动的影响。

三、实验材料、器材和试剂

1. 实验材料 水稻（或其他植物）幼苗。

2. 器材 恒温培养箱，冰箱，小培养皿，玻璃罩等。

3. 试剂 25%（$(NH_4)_2SO_4$），75% 乙醇。

四、实验步骤

1. 幼苗培养 选取水稻种子，经浸种后在适宜温度下催芽，然后播入培养皿中，光下培养4～5d，待幼苗长至4～5cm高时，备用。

2. 实验前准备 取5盆生长一致、4～5cm的水稻幼苗，分别贴上适温（25～30℃）、低温（冰块）、盐胁迫［25%（$(NH_4)_2SO_4$）］、有毒物质（75%乙醇）、干旱5个标签。5个处理均盖上玻璃罩。

3. 不同环境因子对幼苗的处理 将适温（25～30℃）处理盆玻璃罩打开，弹去叶上水珠（如果遇气温低，需在盆中加入25～30℃温水），再盖上玻璃罩。

将低温、盐胁迫、有毒物质处理盆玻璃罩打开，弹去叶上水珠，倒去盆中水，并用吸水纸将根系表面水小心吸干，然后在盆中分别加入冰块、25%$(NH_4)_2SO_4$、75%乙醇适量，各盆再盖上玻璃罩。

干旱处理盆应在实验前一天不再灌水作干旱处理，实验时同样加盖玻璃罩。

五、结果与分析

上述各处理30～40min后，观察各盆幼苗叶尖和叶缘是否有吐水现象产生，记录结果，并简要解释不同外界条件对植物吐水现象影响的原因。

六、注意事项

各处理幼苗应该健壮、生长一致。

七、问题讨论

你怎样看待吐水和根压的关系？

实验15 K^+对气孔的影响及保卫细胞内K^+的变化

气孔是植物叶片与外界进行气体交换的主要通道，气孔是由两个保卫细胞所围成的孔道。气孔开度的大小影响CO_2的进入量和蒸腾作用的强度，从而影响植物吸收水分和矿质元素，进而直接或间接地影响植物的水分代谢、光合代谢和其他生理代谢。气孔的开闭及其开度的大小受K^+的调节。

Ⅰ. K^+对气孔开度的影响

一、实验原理

研究表明，保卫细胞的渗透系统可由K^+所调节，K^+转运到保卫细胞中引起渗透势下降，气孔张开；K^+反向转运，则气孔关闭。即在光下非环式光合磷酸化或环式光合磷酸化形成的ATP，活化了质膜H-ATP酶，不断供给保卫细胞原生质膜上的钾-氢离子交换泵使保卫细胞逆着离子电化学势差而从周围表皮细胞吸收K^+，降低保卫细胞的渗透势，水势降低，促进保卫细胞吸水，气孔张开。

二、实验目的

了解单子叶植物和双子叶植物气孔的组成结构与区别；了解影响植物气孔开度的因素；验证气孔开放的钾离子吸收学说；观察光照下不同离子对气孔开度的影响。

三、实验材料、器材和试剂

1. 实验材料 盆栽蚕豆、鸭跖草、紫鸭跖、马铃薯、甜菜、小白菜或玉米叶片的下表皮。

2. 器材 显微镜，培养皿，温箱，镊子，载玻片，盖玻片，测微尺等。

3. 试剂

（1）KNO_3：0.1mol/L，0.2mol/L，0.3mol/L，0.4mol/L，0.5mol/L。

（2）$NaNO_3$：0.1mol/L，0.2mol/L，0.3mol/L，0.4mol/L，0.5mol/L。

四、实验步骤

1. 植株预处理 在实验前1h用两支1000W碘钨灯对盆栽植物进行照光处理，其间随时用水喷洒叶片，以保持叶片润湿，促使气孔开放，从植株取一叶片，撕取下表皮，做镜检。如有相当部分的气孔已张开，则可进行下列实验。用质壁分离法测定下表皮的等渗浓度，以该浓度作为对照。

2. 处理植物表皮 分别于10只直径为6cm的培养皿中加入10mL不同浓度的KNO_3和$NaNO_3$溶液，5只直径为6cm的培养皿中分别加入10mL不同浓度的KNO_3和$NaNO_3$混合溶液，另取1只培养皿加入10mL等渗蔗糖溶液（对照），将下表皮放入溶液中并使其充分浸没，每个处理不低于3张表皮。培养皿置于1000W碘钨灯下光照1～1.5h。于25℃分别培养1.5h、2.0h、2.5h和3.0h。

3. 镜检 在显微镜下观察各处理表皮的气孔开度，并用测微尺测量气孔开度。

五、结果与分析

在表2-6中记录并比较植物叶片的气孔开度。

表2-6 不同盐浓度下植物叶片的气孔开度

时间/h	气孔开度/μm										K^+/Na^+开度比				
	K^+浓度/（mol/L）					Na^+浓度/（mol/L）					0.1	0.2	0.3	0.4	0.5
	0.1	0.2	0.3	0.4	0.5	0.1	0.2	0.3	0.4	0.5					
1.5															
2.0															
2.5															
3.0															

六、注意事项

1. 实验前2d对盆栽植物黑暗培养48h以上，以使绝大多数气孔关闭；然后用光照进行处理，以促使气孔开张，缩短实验时间，提高处理效应，是实验成功的关键。

2. 处理表皮时一定要让表皮完全浸没在溶液中，浸泡时间要一致。否则会造成气孔开度不均匀，最后统计结果误差过大。

3. 室温低时，将照光培养皿放置得离光源稍近一些，使培养皿中溶液温度能上升至30～35℃。

4. 气孔开度是一个统计结果，所以原则上统计的数量越多，误差越小。

七、问题讨论

1. 在何种溶液中气孔的开度最大？何种溶液处理的开度最小？为什么？

2. K^+对气孔的开闭有何作用？

3. 观察前为何要加温与照光？

Ⅱ. 气孔保卫细胞内K^+变化的观察

一、实验原理

气孔开闭的K^+泵学说认为，在光下，保卫细胞或副卫细胞内K^+累积，细胞内的渗透势降低，从而吸水膨胀，使气孔张开；反之，在暗中，保卫细胞或副卫细胞内的K^+外流，气孔关闭。

用亚硝酸钴钠的组织化学染色法，K^+与亚硝酸钴钠形成黄色的亚硝酸钴钠钾沉淀，如再与硫化铵作用则形成CoS的黄黑色结晶。在显微镜下可用于检查双子叶和单子叶植物保卫细胞中的K^+。

二、实验目的

观察气孔保卫细胞内K^+变化与气孔开闭的关系。

三、实验材料、器材和试剂

1. 实验材料 玉米（*Zea mays*）和蚕豆（*Vicia faba*）。

2. 器材 显微镜，镊子，剪刀，100W白炽灯，载玻片，盖玻片等。

3. 试剂

（1）含5%硫化铵、5%甘油的固定液，50%乙醇。

（2）10%的亚硝酸钴钠溶液：称取10g亚硝酸钴钠配成10%的溶液，以10mL加一滴冰醋酸的量进行酸化，用时现配。

四、实验步骤

1. 材料准备与处理 实验前先将玉米和蚕豆种子播于花盆中，当苗长30cm左右时，即可用作实验材料。在培养观察中，最好施少量钾肥，特别是冬季在温室内培养时，要防止因缺钾而使实验结果不明显。实验前取两盆培养的植物放进暗室，将其中一盆在实验前用100W灯距离花盆30～40cm，照光1～2h。

2. 撕取表皮及染色 从光、暗处理的植株上分别摘取成熟叶片，用刀片在叶片的下表皮上划出5mm×5mm的小方块，再用尖头镊子撕下表皮。把表皮放在冷冻的蒸馏水中冲洗2min，以洗去外部的K^+，然后放入冷冻的亚硝酸钴钠溶液中，染色15min后取出，用冷冻的蒸馏水漂洗一下，迅速转移至50%乙醇溶液中漂洗15min，漂洗时搅动几次，最好换一次乙醇溶液。此时形成亚硝酸钴钠钾的黄色沉淀物。

以上操作要在3℃以下的条件中或在冰浴中进行。

3. 固定样品 将制备好的样品放在载玻片上，加一滴含有5%硫化铵和5%甘油的固定液固定，盖上盖玻片。

4. 镜检 在显微镜下观察黄黑色的结晶，即亚硝酸钴钠钾的黄色沉淀在硫化铵作用下形成的CoS。

五、结果与分析

记录植物叶片的气孔开闭与K^+积累的关系。

六、注意事项

照光结束后检查一下气孔是否已经张开，如已张开则可进行以下实验，否则继续照光或增加光强，直至气孔张开。

七、问题讨论

1. 在黑暗处理中植物保卫细胞中K^+是否有积累？解释其原因。
2. 总结实验成败的经验教训。

实验16 植物根系活力的测定

根系不仅具有吸收水分和矿质养分的功能，还是氨基酸、激素等的合成场所，直接影响地上部的生长和营养状况及产量水平。根系活力是指根系的吸收、合成、代谢能力，特别是与吸收作用有密切关系，可作为一项重要的生理指标。测定根系活力的方法有很多，如氯化三苯基四氮唑（TTC）法、α-萘胺氧化法等。

Ⅰ. 氯化三苯基四氮唑法测定植物根系活力

一、实验原理

氯化三苯基四氮唑（2，3，5-triphenyl tetrazolium chloride，TTC）是标准氧化还原电位为－80mV的氧化还原色素，其氧化态无色，溶于水中成为无色溶液，但还原后即生成红色而不溶于水的三苯基甲腙（triphenyl formazan，TTF），不会被空气中的氧自动氧化，相当稳定，所以可用TTC作为还原型脱氢辅酶（NADH或NADPH）的氢受体，反应如下。

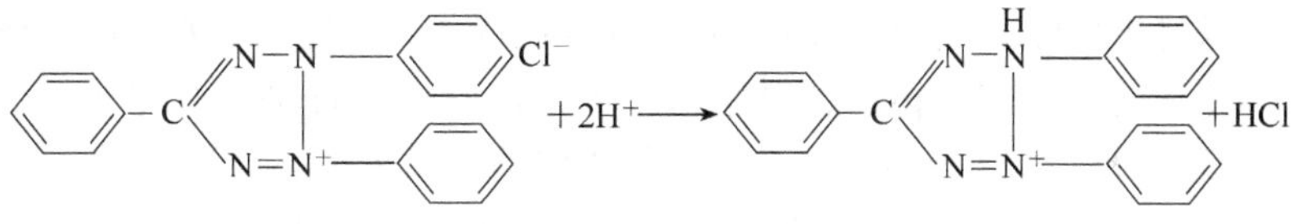

TTC，无色，溶于水　　　　　　　　TTF，不溶于水，红色

测定根系活力时，只需保温1～4h，即可得到不溶于水的红色TTF，可用有机溶剂将红色生成物从根中提取出来进行比色，即可定量测定根系活力。

二、实验目的

掌握TTC法测定植物根系活力的原理和方法。

三、实验材料、器材和试剂

1. 实验材料　水稻（*Oryza sativa*）、小麦（*Triticum sativum*）或玉米（*Zea mays*）等幼苗的根系。

2. 器材　恒温水浴锅，10mL试管10支，容量瓶（10～50mL）10个，扭力天平，研钵或组织匀浆器，锥形瓶，漏斗，小烧杯（100mL）若干个，培养皿（直径9cm）数套，分液漏斗，移液管，分光光度计等。

3. 试剂

（1）0.4%TTC溶液100mL，以蒸馏水定容（避光保存，若变红则不能使用）：准确称取TTC 0.4g，溶于少量水中，定容到100mL。

（2）1mol/L硫酸：用量筒取相对密度为1.84的浓硫酸55mL，边搅拌边缓慢加入盛有500mL蒸馏水的烧杯中，冷却后稀释至1000mL。

（3）0.1mol/L pH 7.5的磷酸缓冲液：19.24g K_2HPO_4和2.20g KH_2PO_4，加水溶解后定容至1000mL，若pH不为7.5，可用稀KOH或HCl溶液调节。

（4）丙酮，$Na_2S_2O_4$ 10g（保险粉），漂白粉。

四、实验步骤

1. 标准曲线的制作　取0.4%TTC溶液0.2mL放入10mL容量瓶中，加少许$Na_2S_2O_4$粉末摇匀后立即产生红色的三苯基甲腙。再用乙酸乙酯或丙酮定容至刻度，摇匀。然后取此液0.25mL、0.50mL、1.00mL、1.50mL、2.00mL分别置于10mL容量瓶中，用乙酸乙酯定容至刻度，即得含三苯基甲腙25μg/mL、50μg/mL、100μg/mL、150μg/mL、200μg/mL的标准比色系列，以空白作参比，在485nm波长下测定吸光度，绘制标准曲线。

2. 供试植物材料的处理　首先将供试种子在过饱和的漂白粉溶液中浸泡20～30min进行表面消毒，再用流水冲洗干净并浸种（小麦4～8h，玉米12～14h，水稻48h），然后取出，在培养皿或发芽器上萌发。水稻也可直接从秧田取出，洗净备用。

3. 显色　取出0.5g根尖，迅速投入有以下反应液的具塞试管中：5mL 0.4%TTC，5mL pH 7.5磷酸缓冲液（以等体积混合，用量可根据鲜根数量多少而定），使根完全浸入反应液中，将试管塞塞紧，在37℃水浴中黑暗下进行反应1～3h，向试管中加入2mL

1mol/L H_2SO_4 以终止反应。(注意：TTC 是用 HCl 制成的，当它溶于水中时，pH 为 3～5，因此需加入等体积的 0.1mol/L pH 7.5 磷酸缓冲液，使反应液的 pH 为 6.8 左右，如不用缓冲液时，TTC 反应液过酸，会伤害根系，另外 TTC 加磷酸缓冲液后要避光，最好现配现用。配成后在暗处短时保存。否则，见光会变红，影响反应的准确性。)

4. 测定 终止反应后，取出根，用滤纸吸干试液，剪碎，加入 3～5mL 丙酮和少许石英砂在研钵中研磨或用组织匀浆器匀浆，以提取还原型的 TTC（即 TTF）。将红色提取液转移至 25mL 容量瓶中，残渣再用丙酮抽提 2～3 次，至无红色为止。合并提取液，再用丙酮定容。

用分光光度计测定 485nm 处的光密度值，与标准系列比较，查标准曲线，求出三苯基甲腙的生成量，并按下式计算根系活力。

五、结果与分析

1. TTC 法测定植物根系活力标准曲线的绘制（表 2-7）

表 2-7 绘制 TTC 法测定植物根系活力标准曲线的实验数据

时间：　　　　　　　　记录人：

浓度 /（μg/mL）	0	25	50	100	150	200
1						
2						
3						

2. 记录实验数据（表 2-8）

表 2-8 TTC 法测定植物根系活力时的数据记录

植物：　　　　时间：　　　天气：　　　　记录人：

组别	对照组	实验组
第一次测定		
第二次测定		

按式（2-4）计算 TTC 的还原量（以鲜重计），求出根活力大小。

$$\text{TTC 的还原强度}[\mu g/(g \cdot h)] = \frac{x\alpha}{mt} \quad (2\text{-}4)$$

式中，x 为标准曲线上查得的 TTC 浓度（μg/mL）；α 为样品中被还原的 TTC 定容的量（mL）；m 为鲜样品质量（g）；t 为样品反应时间（h）。

六、注意事项

1. TTC 溶液储于棕色瓶中，并放入冰箱中避光储存，最好现配现用。
2. 根系应吸干水分但不能挤压伤及细胞，才能测定准确。

七、问题讨论

1. 植物的根系活力与植物的呼吸作用有何关系？
2. 在 TTC 法测定根系活力的过程中哪些环节容易产生误差？如何减少这些误差？
3. 在 TTC 法试验中，加硫酸的目的是什么？保温结束后加硫酸与否对实验有何影响？
4. 制作标准曲线时加入保险粉的作用是什么？

Ⅱ. α-萘胺氧化法测定植物根系活力

一、实验原理

植物的根系能氧化吸附在根表面的α-萘胺，生成红色的α-羟基-1-萘胺，沉淀于有氧化力的根表面，使这部分根染成红色，其反应如下。

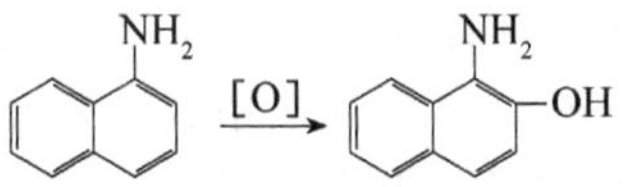

α-萘胺　　α-羟基-1-萘胺

根系活力是根系吸收、合成与生长等生理活动的综合表现，而这些生理活动都需要一定的能量。因此，在理论上可用根呼吸作用的强弱来判断根系活力的大小。而α-萘胺能被植物活体产生的 H_2O_2 在含铁氧化酶（主要指过氧化氢酶）的参与下所氧化，该酶的活力越强，对α-萘胺的氧化力也越强，染色也越深。所以，可根据染色深浅判断根系活力的高低；也可测定溶液中未被氧化的α-萘胺量，以确定根系活力的大小。

α-萘胺在酸性环境中与对氨基苯磺酸和亚硝酸盐作用生成红色的偶氮染料，可供比色测定α-萘胺含量，其反应如下。

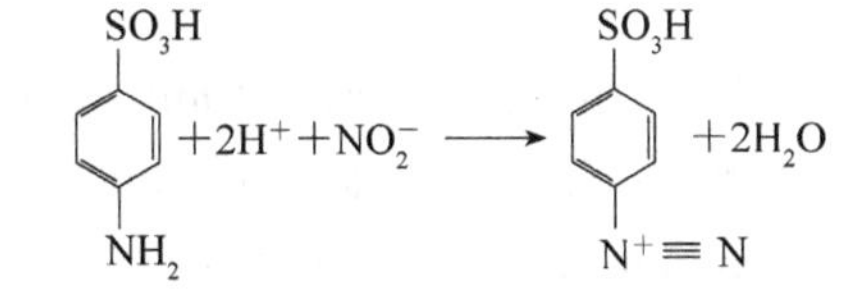

对氨基苯磺酸　　重氮化合物

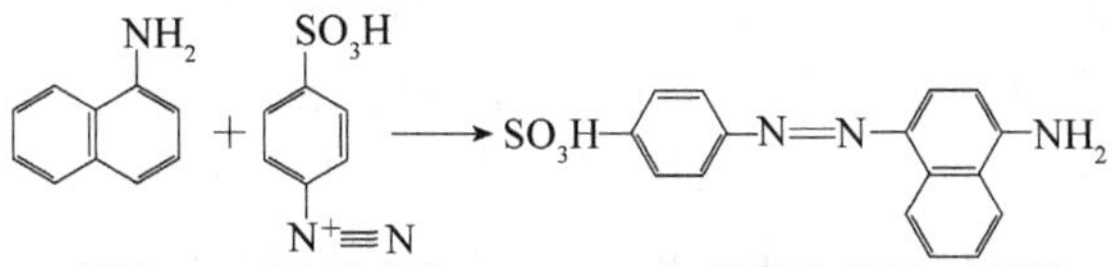

α-萘胺　　重氮化合物　　对-苯磺酸-偶氮-α-萘胺

二、实验目的

熟悉用α-萘胺氧化法测定植物根系活力的原理和方法。

三、实验材料、器材和试剂

1. 实验材料 水稻或小麦等植物根系。

2. 器材 分光光度计，分析天平，恒温箱，锥形瓶，量筒，移液管等。

3. 试剂

（1）α-萘胺溶液：称 10mg α-萘胺，先用约 2mL 95% 乙醇溶解，然后以蒸馏水定容到 200mL，浓度为 50μg/mL。取 150mL 50μg/mL α-萘胺溶液，加蒸馏水 150mL，稀释成 25μg/mL 的 α-萘胺溶液。

（2）0.1mol/L 磷酸缓冲液（pH 7.0）。

（3）1% 对氨基苯磺酸：将 1g 对氨基苯磺酸溶解于 100mL 30% 乙酸溶液中。

（4）亚硝酸钠溶液：称 10mg 亚硝酸钠溶于 100mL 水中。

四、实验步骤

1. 定性观察 从田间挖取水稻植株，用水冲洗根部所附着的泥土，洗净后再用滤纸吸去附着在水稻根上的水分。然后将植株根系浸入盛有 α-萘胺溶液的容器中（α-萘胺溶液的浓度为 25μg/mL），容器的外面用黑纸包裹，静置 24～36h 后，观察水稻根系着色状况。着色深者，其活力较着色浅者大。

2. 定量测定

（1）α-萘胺的氧化：用水洗净挖出的水稻植株根系上的泥土，剪下根系，再用水洗，待洗净后用滤纸吸去根表面的水分，称取 1～2g 根放在 100mL 锥形瓶中。然后加 50μg/mL 的 α-萘胺溶液与磷酸缓冲液（pH 7.0）等体积混合液 50mL，轻轻振荡，并用玻棒将根全部浸入溶液中，静置 10min。吸取 2mL 溶液，测定 α-萘胺含量，作为试验开始时的数值。再将锥形瓶加塞，放在 25℃恒温箱中，经 3h 后，再进行 α-萘胺含量测定。此外，另用一只锥形瓶置同样数量的 α-萘胺溶液与磷酸缓冲液（pH 7.0）的混合液，但不放根，在相同条件下测定，作为 α-萘胺自动氧化的空白，求其自动氧化量的数值。

（2）α-萘胺含量的测定：吸取 2mL 溶液，加入 10mL 蒸馏水，再在其中加入 1mL 1% 对氨基苯磺酸溶液和 1mL 亚硝酸钠溶液，在室温放置 5min，待混合液变成红色后，再用蒸馏水定容至 25mL。在 20～60min 内用分光光度计进行比色。选用 510nm 波长，读取吸光度，查对标准曲线得相应的 α-萘胺浓度。

用试验开始 10min 时的数值减去自动氧化的数值，即溶液中所有的 α-萘胺量，再减去试验结束时 α-萘胺含量，即得试验期间为根系所氧化的 α-萘胺量。

（3）α-萘胺标准曲线的绘制：取浓度为 50μg/mL 的 α-萘胺溶液，配制成浓度为 50μg/mL、45μg/mL、40μg/mL、35μg/mL、30μg/mL、25μg/mL、20μg/mL、15μg/mL、10μg/mL 和 5μg/mL 的一系列溶液，各取 2mL。放入试管中，加蒸馏水 10mL、1% 对氨基苯磺酸溶液 1mL 和亚硝酸钠溶液 1mL，在室温下放置 5min，混合液即变成红色，再加蒸馏水定容到 25mL，在 20～60min 内选用波长为 510nm，读取吸光度 OD_{510}。然后以 OD_{510} 为纵坐标，α-萘胺含量为横坐标，绘制标准曲线。

五、结果与分析

1. α-萘胺法测定植物根系活力标准曲线的绘制（表 2-9）

表 2-9　绘制 α-萘胺法测定植物根系活力标准曲线的实验数据

时间：　　　　　　　　　　记录人：

浓度 / （μg/mL）	0	5	10	15	20	25	30	35	40	45	50
1											
2											
3											

2. 记录实验数据（表 2-10）

表 2-10　α-萘胺法测定植物根系活力时的数据记录

植物：　　　　时间：　　　　天气：　　　　记录人：

组别	对照组	实验组
第一次测定		
第二次测定		

按下列公式计算 α-萘胺的氧化强度，求出根活力大小。

$$\alpha\text{-萘胺的氧化强度}\,[\mu g/(g\cdot h)]=\frac{25x}{mt}$$

式中，x 为氧化的 α-萘胺浓度（μg/mL）；25 为样品中被还原的 α-萘胺定容的量（mL）；m 为鲜样品质量（g）；t 为氧化的时间（h）。

六、注意事项

1. 注意记录 α-萘胺的氧化时间。
2. α-萘胺溶液尽量现配现用。

七、问题讨论

1. 植物的根系活力受哪些因素的影响？
2. 在 α-萘胺法测定根系活力的过程中哪些环节容易产生误差？如何减少这些误差？
3. 为什么要测定根系活力？植物的根与地上部有何关系？

实验 17　根际 pH 的显色测定

一、实验原理

根际是指由于植物根系的生命活动引起周围微域土壤物理、化学和生物环境发生变化，形成不同于原土体的特殊土壤区域，它一般是紧贴于根表几个毫米的土壤（1～5mm）。植物根系进行呼吸作用所释放出的 CO_2 溶于 H_2O 后分解为 H^+、HCO_3^-。植物根系吸收所需的养分必须经历的过程是：H^+和HCO_3^-与土壤溶液中的阳离子和阴离子进行非代谢性交换吸附，由于H^+和HCO_3^-进入土壤溶液中，使土壤中的酸碱性发生改变，从而改变植物根际的营养状况。

本实验是利用pH指示剂在不同酸碱条件下颜色变化的特点，测试根际pH。将pH指示剂加入到一定营养条件下的琼脂溶液中，组成琼脂pH指示剂混合液。植物根系可直接用其作为基质生长，由于根系的吸收和溢泌等生理活动，使根际pH不同于原介质，由此产生不同的显色反应，对照标准pH变色范围，可以确定根际pH上升或下降的幅度。

二、实验目的

了解根际原位的显色方法；掌握根系吸收矿质元素的特点及其机制。

三、实验材料、器材和试剂

1. 实验材料 水培7～10d的水稻苗（根长10～15cm）。

2. 器材 培养皿，电炉，烧杯等。

3. 试剂

（1）琼脂，0.6%溴甲酚紫指示剂，0.01mol/L NaOH，0.01mol/L HCl。

（2）50mg/L NH_4^+的培养液：1000mL水加183mg（NH_4）$_2SO_4$和136mg $CaSO_4$。

四、实验步骤

1. 显色基质的准备 取100mL含50mg/L NH_4^+的培养液，加入1g琼脂和1mL 0.6%的溴甲酚紫指示剂，加热至100℃溶解，冷却至40℃，用0.01mo1/L NaOH或0.01mo1/L HCl调节pH至6.0左右（紫红色）。

2. 显色 将冷却至40℃的培养基倒入培养皿，让其凝固。将水稻根系洗干净，于塑料薄膜上展开，吸干，反贴于培养基上，轻压嵌入培养基，排除气泡，室温条件下光照培养30min，根际pH指示剂呈现颜色变化（紫红色→黄色）。

五、结果与分析

定性观察记录根系各区域根际的颜色变化情况，并作进一步的分析。

六、注意事项

1. 溴甲酚紫需用90%乙醇溶解后，再用蒸馏水稀释定容。
2. 塑料薄膜和根表的水分必须吸干，否则影响显色结果。
3. 溴甲酚紫在pH 5.2～6.8显色（黄色→紫色），适于微酸性条件下使用；甲酚红在pH 7.2～8.3显色（黄色→红色），适于碱性条件下使用。
4. 水稻苗不要折断，让其露在薄膜外，可进行光合作用，提高根系的吸收能力。
5. 在培养基中加入一定量的Ca^{2+}，可以维持渗透压，稳定膜的结构。

七、问题讨论

利用pH指示剂测定根际土壤pH变化的机制是什么？

实验 18　植物根系体积和吸收面积的测定

根系是植物吸收水分和矿质元素的重要器官，而根系的发育状况是影响植物吸收水分和矿质元素的主要因素。因此，可以通过测定植物根系体积和根系表面积来反映根系的发育状况。

Ⅰ. 植物根系体积的测定

一、实验原理

根据阿基米德定律，根系浸没在水中，它排开水的体积即根系本身的体积。利用简单的体积计，用水位取代法，即可测知根系的体积。

二、实验目的

了解植物根系的生长发育状况；掌握植物根系体积的测定方法。

三、实验材料和器材

1. **实验材料**　7～10d（根长为 10～15cm）的水稻苗（水培或土培）。
2. **器材**　长颈漏斗，移液管，橡皮管，铁架台等。

四、实验步骤

1. **连接长颈漏斗和移液管**　用橡皮管连接作为体积计的长颈漏斗和移液管，然后将其固定在铁架台上，使移液管成一倾斜角度，角度越小，仪器灵敏度越高，整个装置如图 2-4 所示。

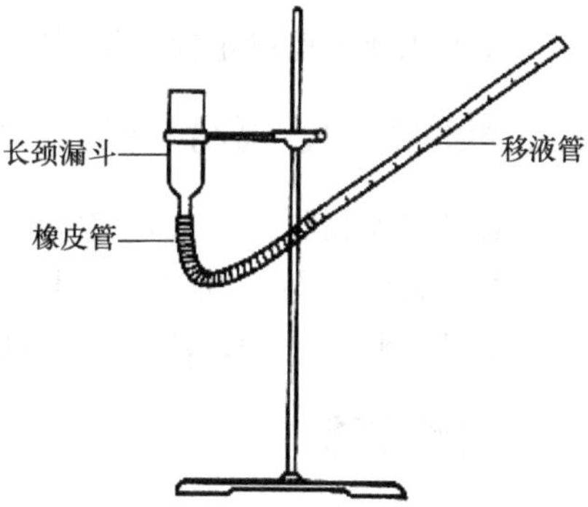

图 2-4　简单体积计

2. **取样**　选取不同生长条件下的植物材料并编号。将待测植物的根系小心挖出，用水轻轻漂洗，除尽根系上的沙土。应尽量保持根系完整无损，切勿弄断幼根，然后用吸水纸小心吸干水分。
3. **测量**　向体积计中加入水，水量以能浸没根系为度，调节刻度移液管位置，以使水面靠近橡皮管的一端，记下读数（A_1）。将吸干水分后的根系浸入体积计中，此时移液管中的液面即上升，记下读数（A_2）。取出根系，此时移液管中水面将降至 A_1 以下，向体积计中加水，使水面回至 A_1 处。用移液管向体积计中加水，使水面自 A_1 升至 A_2，此时加入的水量即代表被测根系的体积。

五、结果与分析

记录和比较植物根系在不同生长条件下的体积大小。

六、注意事项

1. 在挖取植物根系及洗涤时，尽量不要损坏根系。
2. 根系洗净并吸干水分，才能使测量准确。
3. 应根据植物根系的大小选择长颈漏斗的大小。

七、问题讨论

1. 植物根系体积的大小与其生长发育状况有何关系？
2. 比较不同氮素营养植物的根的体积。
3. 测定不同年龄阶段水稻幼苗根系体积的变化。

Ⅱ. 植物根系吸收面积的测定

一、实验原理

植物对溶质的吸收具有表面吸附的特性，被吸附物质在根系表面可形成一层均匀的单分子层；当根系对溶质的吸附达到饱和后，根系的活跃部分能将吸附着的物质进一步转移到细胞中去，并继续在根表产生吸附作用。在测定时常用亚甲蓝作为吸附物质，其被吸附量可以根据吸附前后亚甲蓝浓度的改变算出，亚甲蓝浓度可用比色法测定。已知 1mg 亚甲蓝形成单分子层时覆盖的面积为 $1.1m^2$，据此可算出根系的吸收面积。

二、实验目的

掌握用亚甲蓝测定植物根系吸收面积的原理和方法。

三、实验材料、器材和试剂

1. **实验材料** 植物根系。
2. **器材** 分光光度计，移液管，烧杯，比色管等。
3. **试剂** 0.01mg/L 和 0.0002mol/L（75mg/L）亚甲蓝溶液。

四、实验步骤

1. **亚甲蓝标准曲线的制作** 按表 2-11 用 0.01mg/L 亚甲蓝溶液配制系列标准溶液，于 660nm 处测定吸光度，以亚甲蓝浓度为横坐标，吸光度为纵坐标，绘制标准曲线。

表 2-11 亚甲蓝系列标准溶液的配制

试剂	管号						
	0	1	2	3	4	5	6
0.01mg/L 亚甲蓝溶液 /mL	0	1	2	3	4	5	6
蒸馏水 /mL	10	9	8	7	6	5	4
亚甲蓝浓度 /（μg/mL）	0	1	2	3	4	5	6

2. 测定根系体积　将待测的植物根系洗净沥干，浸在装有一定量水的量筒中，用排水法测定根系的体积（或用体积计测定）。

3. 亚甲蓝溶液定量　将 0.0002mol/L 的亚甲蓝溶液（每毫升溶液中应含 0.075mg 亚甲蓝，为消除溶液配制和比色误差，其含量需要重新进行比色，查标准曲线确定）分别倒入 3 个小烧杯中，编号，每个烧杯中溶液体积约 10 倍于根系的体积。准确记下每个烧杯中的溶液量。

4. 吸附　将洗净的待测根系从量筒中取出，用吸水纸小心吸干，然后放入第一个盛有亚甲蓝溶液的烧杯中，浸 1.5min 后立即取出，使根系上多余的亚甲蓝溶液流回到原杯中去；然后再将此根系放入第二个盛有亚甲蓝溶液的烧杯中，同样浸 1.5min 后立即取出，使根系上多余的亚甲蓝溶液流回到原杯中去；最后再放入第三个盛有亚甲蓝溶液的烧杯中，也浸 1.5min 后取出，并使根系上多余的亚甲蓝溶液流回到原杯中去。

5. 测定　从上述浸过根系的 3 个小烧杯中各吸取亚甲蓝溶液 1mL，放入 3 支试管中用去离子水分别稀释 10 倍，摇匀，于 660nm 处测定吸光度，根据标准曲线，查得各杯浸根后亚甲蓝的浓度。

五、结果与分析

$$总吸收面积（m^2）=[(c_1-c_1')\times V_1+(c_1-c_2')\times V_2]\times 1.1$$

$$活跃吸收面积（m^2）=[(c_3-c_3')\times V_3]\times 1.1$$

$$活跃吸收面积百分比=[根系活跃吸收面积（m^2）/根系总吸收面积（m^2）]\times 100\%$$

$$比表面积（cm^2/cm^3）=根系总吸收面积（cm^2）/根体积（cm^3）$$

式中，c 为各杯未浸泡根系前的亚甲蓝浓度（mg/L）；c' 为各杯浸泡根系后的亚甲蓝浓度（mg/L）；V 为各杯中的溶液量（mL）；1、2、3 为小烧杯编号。

六、注意事项

根系应吸干水分但不能挤压伤及细胞，才能测定准确。

七、问题讨论

亚甲蓝法测定根系吸收面积的过程中哪些环节容易产生误差？如何减少这些误差？

实验 19　植物体内灰分元素的分析测定

植物组织中含有的各种元素，可以利用微量化学分析法定性除碳、氢、氧、氮以外各种元素的存在，以及利用原子吸收分光光度法定量测定除铬以外几乎所有的金属元素的含量。

Ⅰ. 植物体内常量灰分元素的分析测定

一、实验原理

植物组织中含有的各种元素，可以利用微量化学分析进行测定。植物所必需的某些元素，除碳、氢、氧、氮在植物组织干燥和灰化过程中丧失外，其余的元素均能在灰分中检出。通常可以利用元素与特殊试剂进行专一性反应，产生一定形状的结晶或颜色，可在显微镜下做定性鉴定。

二、实验目的

了解植物体内灰分元素的组成；掌握植物体内灰分元素的测定方法。

三、实验材料、器材和试剂

1. 实验材料 菠菜或其他植物材料。

2. 器材 高温电炉，烘箱，显微镜，天平，搪瓷盘，白瓷比色板，载玻片，盖玻片等。

3. 试剂

（1）磷试剂：7g 钼酸铵溶于 50mL 蒸馏水中，加入 50mL 6mol/L HNO_3，放置过夜，取上清液备用。

（2）硫试剂：10% 氯化钡溶液。

（3）钾试剂：2g 亚硝酸钠、0.9g 乙酸铜和 1.6g 乙酸铅溶解在 15mL 0.4% 乙酸溶液中。

（4）钙试剂：5% 硫酸溶液。

（5）镁试剂：5% 磷酸氢二钠溶液。

（6）铁试剂：5% 硫氰化钾溶液或 5% 亚铁氰化钾溶液。

（7）10% 盐酸，1% $MgSO_4$，1% K_2HPO_4，1% $CaCl_2$，1% $FeCl_3$ 溶液。

其中 1% $MgSO_4$、1% K_2HPO_4、1% $CaCl_2$、1% $FeCl_3$ 溶液作为已知元素，用于测定时作对照进行比较。

四、实验步骤

1. 材料灰化 取 50g 菠菜（或其他植物材料），用自来水洗后再用蒸馏水冲洗一次，吸干水分，放在搪瓷盘中，放入 105℃烘箱中烘干。然后置于 550℃高温电炉中进行灰化，直至材料成灰白色为止。

2. 溶解过滤 将灰分 0.5g 溶解于 2mL 10% 盐酸中，过滤后的灰分溶液用于以下的测定。

3. 元素的测出

（1）磷：滴一滴 1% K_2HPO_4 溶液于载玻片上，在煤气灯上用小火烘干，于残迹上加 1 滴磷试剂，盖好盖玻片，用低倍显微镜观察结晶的形状和颜色。然后用灰分溶液做同样试验，观察其结果。

（2）硫：与上述步骤相同，先用 1% $MgSO_4$ 和硫试剂作用，在显微镜下观察结晶的形状和颜色。然后用灰分溶液做同样试验，观察其结果。

（3）钾：与上述步骤相同，先用 1% K_2HPO_4 和钾试剂作用，在显微镜下观察结晶的形状和颜色。然后用灰分溶液做同样试验，观察其结果。

（4）钙：与上述步骤相同，先用 1% $CaCl_2$ 和钙试剂作用，在显微镜下观察结晶的形状和颜色。然后用灰分溶液做同样试验，观察其结果。

（5）镁：与上述步骤相同，先用 1% $MgSO_4$ 和镁试剂作用，在显微镜下观察结晶的形状和颜色。然后用灰分溶液做同样试验，观察其结果。

（6）铁：取 1% $FeCl_3$ 溶液滴于白瓷比色板上，加 1 滴铁试剂观察是否有颜色出现（试剂为硫氰化钾则产生红色，如为亚铁氰化钾则产生蓝色）。然后用灰分溶液做同样试验，观察其结果。

五、结果与分析

将测出结果填入表 2-12。

表 2-12　灰分元素的分析结果

植物：　　　　时间：　　　　天气：　　　　记录人：

元素名称	测定现象
磷	
硫	
钾	
钙	
镁	
铁	

六、注意事项

磷试剂具有强烈的腐蚀性，切勿让其接触显微镜镜头。

七、问题讨论

植物的灰分元素组成与植物的完全溶液培养有何关系？

Ⅱ．植物体灰分中金属元素的分析测定（原子吸收分光光度法）

一、实验原理

除了铬以外，几乎所有的金属均可溶解在一定浓度的硝酸溶液中。因此，可用原子吸收分光光度法测定绝大多数金属元素，而用比色法测定铬元素。将植物样品灰化后，用稀硝酸在低温电炉上加热提取，在硝酸温度提高过程中，灰分中各种金属元素会逐渐溶解在硝酸中。这样，一份样品中所含的多种金属元素可同时被抽提出来。用原子吸收分光光度计，采用不同的金属阴极灯即可测出样品中除铬以外的多种金属元素的浓度。

钾和钙是植物中两种重要的必需矿质元素。将植物样品在 550℃高温下灼烧灰化，使碳水化合物分解挥发，而钾、钙等矿质元素存留在灰分中，用热 HCl 将灰分中的钾和钙溶解出来后，即可用原子吸收分光光度法测定其含量。

二、实验目的

掌握原子吸收分光光度计的操作及原理。

三、实验材料、器材和试剂

1. 实验材料 任意植物材料。

2. 器材 1/10 000电子天平，高温电炉及温度自动控制器，瓷坩埚，100mL容量瓶，洗瓶，漏斗，移液管，原子吸收分光光度计，钾、钙空心阴极灯等。

3. 试剂

（1）1∶1 HCl：浓HCl与去离子水按1∶1（*V*/*V*）混匀即成。

（2）0.5% HCl：5mL浓HCl用去离子水定容至1L。

（3）2% HCl：20mL浓HCl用去离子水定容至1L。

（4）1mol/L HCl：取2mL浓HCl用去离子水定容至100mL。

（5）K标准母液（500mg/L）：准确称取经105℃烘干5h的KCl 0.9534g，用去离子水定容至1L。

（6）Ca标准母液（500mg/L）：准确称取经110℃烘干至恒重的$CaCO_3$ 1.2485g溶解于1mol/L HCl中，除去CO_2后，定容至1L。

（7）3% $LaCl_3$：称取30g分析纯$LaCl_3$，溶解后用去离子水定容至1L。

（8）0.1% EDTA。

四、实验步骤

1. 植物样品的干灰化 用1/10 000电子天平称取烘干植物样品约2g于已知质量的瓷坩埚中（精确至μg），然后将坩埚置于高温电炉中，将坩埚盖倾斜开，加热至200℃，保持0.5h，使样品炭化，然后加热至550℃，灼烧2h，打开电炉门待温度降至约200℃后，用坩埚钳取出坩埚放入干燥器内冷却0.5h，即在电子天平上称重，随后再放入电炉中烧15～30min，同上冷却称重（两次质量之差不大于0.0003g）。

2. 钾、钙的提取 向已干灰化的植物样品中加入5mL热的1∶1 HCl溶解灰分，过滤，滤液收集于100mL容量瓶中。用0.5% HCl洗坩埚数次，过滤至100mL容量瓶，用0.5% HCl定容至100mL。

3. 原子吸收分光光度法测定钾和钙

（1）按《WFX-ID型原子吸收分光光度计操作规程》熟悉使用原子吸收分光光度计的方法，并按表2-13调节测量条件。

表2-13 原子吸收分光光度法测定钾和钙的条件

测量条件	K	Ca
波长/Å	7665	4227
狭缝/mm	0.2	0.2
灯电流/mA	1	2
燃烧器高度/mm	5	6

续表

测量条件	K	Ca
空气压力 / (kg/cm^2)	3	3
乙炔压力 / (kg/cm^2)	0.9	0.9
空气流量 / (L/min)	6.5	6.5
乙炔流量 / (L/min)	1.7	1.7
火焰类型	氧化性蓝色火焰	氧化性蓝色火焰

（2）用标准曲线法测定植物样品中钾和钙的含量。

取 6 个 100mL 容量瓶，编号，分别加入标准 K 母液 0mL、0.2mL、1.0mL、2.0mL、3.0mL、4.0mL，标准 Ca 母液 0mL、0.2mL、0.4mL、1.0mL、1.6mL、2.0mL；每个容量瓶中均加入 3% $LaCl_3$ 10mL，再用 2% HCl 定容，即配制成钾、钙混合标准溶液。

取 10mL 待测液转入 100mL 容量瓶，加入 10mL 3% $LaCl_3$，再用 2% HCl 定容。

先吸去离子水喷洗燃烧器，然后测定 1 号标准液（空白）调 0，再测定 6 号标准液调吸光度 0.90 左右。重新喷洗燃烧器，然后测定 1～6 号标准液，记录吸光度，绘制标准曲线或求得直线回归方程（表 2-14）。

表 2-14　标准曲线测定植物样品中钾和钙的含量

编号	1	2	3	4	5	6
K/（mg/L）	0	1	5	10	15	20
Ca/（mg/L）	0	5	10	15	20	30

吸取经稀释 10 倍的待测液，测定、记录吸光度，由标准曲线或回归方程查得 K、Ca 含量，按下式计算 K、Ca 在植物样品中的百分率。

五、结果与分析

样品 K 含量＝{[K（mg/L）×100×10] / [植物样品干重（g）×10^6]} ×100%

样品 Ca 含量＝{[Ca（mg/L）×100×10] / [植物样品干重（g）×10^6]} ×100%

式中，100 为测定液体积（mL）；10 为稀释倍数。

六、注意事项

1. 按操作规程使用原子吸收分光光度计。
2. 灰化时坩埚盖斜盖于坩埚上，要留一小缝。

七、问题讨论

1. 应用原子吸收分光光度计法测定植物灰分元素的技术要点是什么？
2. 测定植物组织中的金属元素有什么意义？

附：WFX-ID 型原子吸收分光光度计操作规程

（1）先检查仪器各开关是否关闭或调到最低档（逆时针转到头），打开光源室，装上需用的空心阴极灯。

（2）仪器通电、打开主机电源，开关上方指示灯亮。

（3）视所用灯插座号码，开启相应的供电开关，然后顺时针转动灯电流调节旋钮至适当值（注意：不同阴极灯电流大小不同）。

（4）调整狭缝宽度及测定波长。

（5）能量调整：将主机工作开关调至能量档，调节能量旋钮至 20%～50% 时，校正测定波长（即左右调节波长视能量值为最高峰为准），然后调节阴极灯上下、前后位置使能量达最高值，再将能量旋钮调至 80% 左右。

（6）仪器在上述操作后，经预热 15～30min，即可进入测定工作状态。

（7）打开燃烧室排气扇，开启空气压缩机，在有气从气孔排出时，开通助燃气导管开关，调节助燃气流量计至适当位置。

（8）开启燃气（乙炔）开关（注意：先开总开关，再开压力开关），然后调节乙炔气流量计旋钮，点燃燃烧器火焰，将进样管插入去离子水中清洗导管和燃烧器。

（9）标准曲线制作：先将工作开关调至吸光档，用 CK 调零（按一下调零钮），用最高浓度标样调吸光度 0.8～1.0（通过调整火焰角度来调节），并记下读数，然后按标样梯度重复测定 2 次，并记下各自的吸光度。

（10）样品测定：按样品顺序依次测定吸光度（瞬时值或积分值），记下稳定的读数（第 2～3 个积分值）。

（11）关机：样品测定后，先用去离子水冲洗进样管和燃烧器，移出进样管。然后关掉燃气总开关、压力开关，让管道中燃气充分燃尽后，关掉燃气流量计开关。调节能量至最低，再关灯电流及灯开关，最后将工作开关调至能量档，关主机电源及稳压电源开关，拔掉插头。

实验 20　植物根系对矿质离子的选择性吸收

一、实验原理

植物根系对不同离子吸收量是不同的，即使是同一种盐类，对阳离子与阴离子的吸收量也不相同。本实验是利用植物对不同盐类的阴、阳离子吸收量不同，使溶液的 pH 发生改变。

二、实验目的

加深对根系离子吸收特点的理解。

三、实验材料、器材和试剂

1. 实验材料　水稻或小麦植株。

2．器材 pH 计，精密 pH 试纸，移液管，100mL 锥形瓶等。

3．试剂 0.5mg/L（$(NH_4)_2SO_4$），0.5mg/L $NaNO_3$。

四、实验步骤

1．材料准备 在实验前 2～3 周培养根系完好的小麦（或其他植物）植株。

2．溶液初始 pH 的测定 实验开始时吸取 100mL 0.5mg/L（NH_4）$_2SO_4$ 和 100mL 0.5mg/L $NaNO_3$ 分别置于两个 100mL 锥形瓶中，另一个 100mL 锥形瓶中放蒸馏水 100mL。用 pH 计或精密 pH 试纸测定以上各溶液和蒸馏水的原始 pH。

3．样品溶液的 pH 测定 取根系发育完善的、大小相似的小麦植株 3 份，每份数株，但数目相等，分别将其根部放于上述 3 个锥形瓶中，在室温下经 2～3h 后取出植株，并测定溶液的 pH。记录实验结果。

五、结果与分析

按表 2-15 记录实验结果并分析。

表 2-15 pH 测定结果

植物： 时间： 天气： 记录人：

材料编号	$(NH_4)_2SO_4$		$NaNO_3$		H_2O	
	开始前 pH	开始后 pH	开始前 pH	开始后 pH	开始前 pH	开始后 pH
1						
2						
3						

六、注意事项

1．为了避免根系的分泌作用影响实验结果，用蒸馏水作对照，将上述 pH 变化进行修正，即得真实的 pH 变化。

2．增加水稻或小麦植株株数，可缩短实验时间并增加结果的显著性。

七、问题讨论

1．植物根系对不同离子的吸收与根际 pH 的变化有何关系？

2．供给的氮源不同，对根系的吸收有无影响？

3．实验中蒸馏水作对照的主要作用是什么？

实验 21 硝态氮含量的测定

Ⅰ．NO_3^--N 含量的测定

一、实验原理

本实验采用水杨酸硝化法。在浓 H_2SO_4 存在时，NO_3^- 能与水杨酸反应，生成硝基水杨酸。

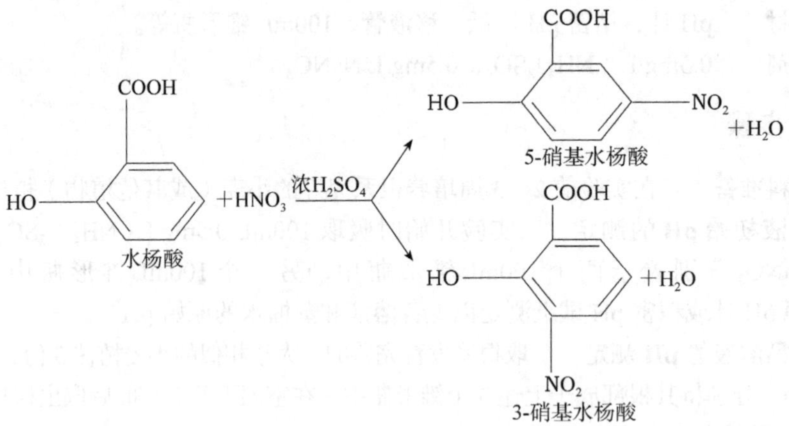

所生成的硝基水杨酸在碱性（pH＞12.0）条件下于410nm处有最大吸收，且在一定范围内与NO_3^--N的含量呈线性关系。此外，NO_2^-、NH_4^+和Cl^-对本实验基本上无干扰。

二、实验目的

供植物利用的氮素有无机氮和有机氮，其中无机氮又分为硝态氮和铵态氮。硝酸盐是植物吸收的主要含氮物质之一。它必须还原成NH_3后才能参加有机氮化合物的合成。硝酸盐在植物体内的还原部位不同，可以在根内，也可以在枝叶内进行，且因植物类别和环境条件而异。因此，测定植物体内硝态氮含量变化对了解氮代谢机制很重要。

三、实验材料、器材和试剂

1. 实验材料　新鲜植物组织或风干样品。

2. 器材　分光光度计，容量瓶，移液管，烘箱，网筛（60目），分析天平，恒温水浴锅，剪刀，锥形瓶，研钵或粉碎机等。

3. 试剂

（1）NO_3^--N标准液：称取0.7217g KNO_3溶于少量重蒸无离子水中，并定容至200mL，其含氮量为500μg/mL。

（2）5%水杨酸-硫酸溶液：称取水杨酸5.00g溶于100mL浓H_2SO_4（相对密度1.84）中，搅拌溶解后贮于棕色瓶内。冰箱中至少可保存1周，最好现用现配。

（3）2mol/L NaOH溶液：称取80g NaOH于500mL硬质烧杯中，加入重蒸无离子水200mL，溶解后定容至1000mL。

（4）活性炭。

四、实验步骤

1. 标准曲线的制作　取50mL容量瓶6只，编号，依次加入NO_3^--N标准液5mL、10mL、15mL、20mL、25mL、30mL，用去离子水定容，则成为50μg/mL、100μg/mL、150μg/mL、200μg/mL、250μg/mL和300μg/mL NO_3^--N的系列标准液。

取50mL锥形瓶6只，分别装入上述系列溶液0.2mL，再取1只50mL锥形瓶加入去离子水 0.2mL 作空白。然后每只锥形瓶加入 5% 水杨酸-硫酸溶液 0.8mL。混匀后静置 20～30min，让其充分反应（显色）。最后每只锥形瓶加入 19mL（2mol/L）NaOH 溶液，混匀。冷却后于 410nm 下测其光密度（以空白作参比液），并绘制标准曲线。

2. NO_3^--N 的提取　取新鲜植物组织 5～10g 研成匀浆（或称取经 70℃烘干磨碎并过 60 目筛的样品 0.5mg），装入 50mL 容量瓶中，加去离子水 30mL，于 45℃恒温水浴中浸提 1h（其间不时摇动），冷却后定容至刻度，然后过滤或离心（如含色素需脱色），滤液备用。

3. NO_3^--N 的测定　取 0.2mL 滤液于 50mL 锥形瓶中，按制作标准曲线的方法加入其他各种试剂进行显色与比色（以标准曲线的空白作参比液）。

五、结果与分析

按下列公式计算实验结果，记录并分析实验结果。

$$A=\frac{C\cdot V}{m}$$

式中，A 为 NO_3^--N 含量（μg/g）；m 为样品重（g）；C 为样品在标准曲线上查得的 NO_3^--N 浓度（μg/mL）；V 为提取液的总体积（mL）。

六、注意事项

如果样品含色素较多需脱色处理，以免干扰测定。

七、问题讨论

1. 不同年龄的植物组织中硝态氮的含量有何差异？
2. 植物敏感部位硝态氮在 24h 内有何变化？

Ⅱ. NO_2^--N 含量的测定

一、实验原理

硝态氮包括硝酸盐和亚硝酸盐。本实验采用磺胺比色法测定 NO_2^--N 含量。NO_2^- 可与磺胺（对氨基苯磺酸）和 α-萘胺结合生成红色的偶氮染料（最大吸收波长 520nm），其颜色深浅与 NO_2^- 量呈线性关系。此法非常灵敏（最低浓度可达 0.5μg/mL NO_2^--N）。其反应如下。

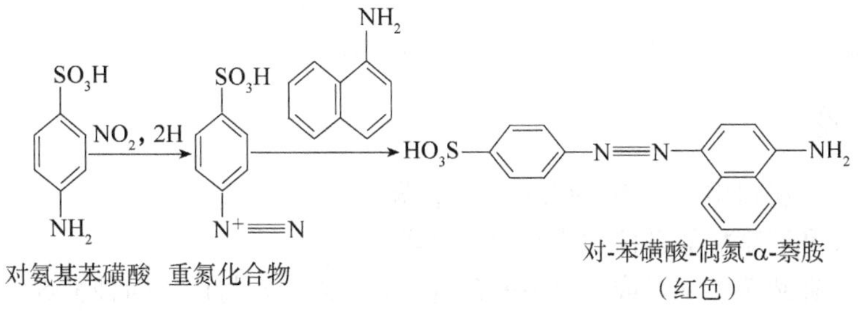

二、实验目的

掌握测定植物组织中 NO_2^--N 的原理和方法。

三、实验材料、器材和试剂

1. 实验材料 植物新鲜组织或风干样品。

2. 器材 分光光度计，恒温水浴锅，试管，移液管等。

3. 试剂

（1）NO_2^--N 标准液：称取 24.65mg 分析纯 $NaNO_2$ 于小烧杯内，用去离子水溶解并定容至 1000mL，其 NO_2^--N 浓度为 5μg/mL。

（2）磺胺试剂：称取分析纯磺胺（对氨基苯磺酸）1g，加浓 HCl 25mL（需用水浴加热溶解），用去离子水定容至 100mL。

（3）α-萘胺试剂：称取分析纯 α-萘胺 0.2g，加浓 HCl 25mL，溶解后定容至 100mL。

四、实验步骤

1. 标准曲线的制作 首先配制含 NO_2^--N 为 0μg/mL、1μg/mL、2μg/mL、3μg/mL、4μg/mL、5μg/mL 的系列溶液。取干燥、洁净试管 6 支（0～5 号），依次加入 $NaNO_2$ 母液 0mL、0.2mL、0.4mL、0.6mL、0.8mL、1.0mL，再依次加入无离子水 1.0mL、0.8mL、0.6mL、0.4mL、0.2mL、0mL，摇匀后再分别向每管加入磺胺试剂 2mL 和 α-萘胺试剂 2mL，混匀后于 35℃条件下显色 30min，520nm 处比色，绘制标准曲线。

2. NO_2^--N 的提取 其方法与 NO_3^- 的提取相同，也可直接使用 NO_3^- 的提取液。

3. NO_2^--N 的测定 取干燥、洁净试管 1 支，依次加入样品提取液 1mL、磺胺试剂 2mL、α-萘胺试剂 2mL，混匀后在 35℃条件下显色 30min，520nm 处比色，于标准曲线上查出 5mL 比色液中 NO_2^--N 的量。

五、结果与分析

按下列公式计算实验结果，记录并分析实验结果。

$$A=\frac{C \cdot V}{m}$$

式中，A 为 NO_2^--N 含量（μg/g）；m 为样品重（g）；C 为样品在标准曲线上查得的 NO_2^--N 浓度（μg/mL）；V 为提取液的总体积（mL）。

六、注意事项

如果样品含色素较多需脱色处理，以免干扰测定。

七、问题讨论

1. 不同植物材料中 NO_2^--N 的含量有何差异？
2. 硝酸盐和亚硝酸盐在植物代谢中有何联系？
3. 硝态氮在蔬菜、饲料或牧草中的含量过高对人、畜将产生何种影响？

实验 22 单盐毒害及离子间的拮抗作用

一、实验原理

离子间的拮抗现象的本质是复杂的，它可能反映不同离子对原生质亲水胶粒的稳定性、原生质膜的透性，以及对各类酶活性调节等方面的相互制约作用，从而维持机体的正常生理状态。

二、实验目的

通过实验说明培养液中各种离子平衡（各种离子及其浓度）对植株的重要性。

三、实验材料、器材和试剂

1. 实验材料 小麦种子。

2. 器材 烧杯，纱布，石蜡等。

3. 试剂 0.12mol/L KCl（8.95g/L），0.06mol/L $CaCl_2$（6.66g/L），0.12mol/L NaCl（7.01g/L）。

四、实验步骤

（1）选择饱满的小麦种子 100 粒，实验前 3～4d 浸种，在室温下萌发，待根长 1cm 时可用作材料。

（2）取 4 个小烧杯，依次分别倒入下列盐溶液：① 0.12mol/L KCl；② 0.06mol/L $CaCl_2$；③ 0.12mol/L NaCl；④ 0.12mol/L NaCl 100mL＋0.06mol/L $CaCl_2$ 1mL＋0.12mol/L KCl 2.2mL。

小烧杯用涂石蜡的纱布盖上。挑选大小等及根系发育一致的小麦幼苗 10 株或 20 株，小心种植在纱布盖的孔眼里，使根系接触到溶液，在室温下培育 2～3 周后，即可看出在单盐溶液中，小麦幼苗生长受阻，特别是它们的根部出现畸形。

五、结果与分析

记录并比较小麦根在单盐毒害和离子拮抗条件下的生长情况（表 2-16）。

表 2-16 小麦根在单盐毒害和离子拮抗条件下的生长情况记录

植物： 时间： 天气： 记录人：

溶液		生长情况		
		每株鲜重 /mg	每株根数 / 个	每株根长度 /cm
单盐毒害	KCl			
	$CaCl_2$			
	NaCl			
离子拮抗 KCl＋$CaCl_2$＋NaCl				

六、注意事项

培养期间注意补充水分，可更换一次培养液。

七、问题讨论

1. 比较小麦在不同盐溶液中的生长情况并解释原因。
2. 所用溶液的浓度为什么不一样？

实验 23 叶绿体色素的提取及定量测定（分光光度法）

一、实验原理

高等植物叶绿体内的光合色素包括叶绿素（叶绿素 a 和叶绿素 b）和类胡萝卜素（叶黄素和胡萝卜素）两大类。由于它们的结构决定了两大类色素均不溶于水，而溶于有机溶剂，故常用乙醇或丙酮等来提取。

提取出来的叶绿体色素，可根据其吸收峰值，用分光光度法测定消光度（光密度）。因叶绿素含量与消光度成正比，故可用公式计算出叶绿素含量。

$$\text{叶绿素浓度}(C)(\text{mg/mL 或 mg/dm}^2)=\frac{OD_{652}}{34.5}$$

$$\text{叶绿素含量（鲜重 \%）}=\frac{C（\text{mg/mL 或 mg/dm}^2）\times \text{提取液总量（mL）}}{\text{叶片鲜重（mg）或叶面积（dm}^2）}\times 100\%$$

式中，OD_{652} 为 652nm 处测得的提取液消光度（光密度）；34.5 为叶绿素 a、叶绿素 b 混合液在 652nm 处的比吸收系数。

叶绿素含量也可用下式表示。

$$\text{叶绿素含量（mg/g）}=\frac{OD_{652}\times V}{34.5\times m}$$

式中，V 为提取液总量（mL）；m 为叶片鲜重（g）。

二、实验目的

叶绿素含量与光合作用及氮素营养有密切关系，在科学施肥、育种及植物逆境生理研究上常有测定的需要。本实验学习叶绿素的提取和定量测定的方法，并比较不同植物或不同条件下叶绿素的含量。

三、实验材料、器材和试剂

1. 实验材料 新鲜的植物叶片。可用植株不同部位的叶片作比较。

2. 器材 研钵 1 个，剪刀 1 把，漏斗 1 个，50mL 或 25mL 容量瓶数个，天平 1 台，石英砂少许，分光光度计 1 台，滤纸，玻棒，滴管等。

3. 试剂 80% 丙酮或 95% 乙醇。

四、实验步骤

1. 叶绿体色素的提取

（1）乙醇提取法：将采集回来的植物叶片，用自来水冲洗干净，再用干净纱布或滤纸擦去水分，剪碎，称 0.2～0.5g 放于研钵中，加 95% 乙醇少量（润湿叶片为度）和少许石英砂（叶片中纤维多的可不加）研磨细碎成叶泥后，再加乙醇 2～3mL，略加研磨稍澄清后，取上层溶液于漏斗滤入容量瓶，钵内残渣再加乙醇反复浸提和冲洗多次，至无绿色（残渣勿入漏斗）。然后再用滴管吸取乙醇，慢慢滴洗滤纸，直至滤纸上无叶绿素为止（即滤纸为原来的白色），最后用乙醇定容为 50mL，滤液即叶绿素提取液。

（2）混合液浸提法：将所测定叶片洗净，去主脉，剪成 4～8mm 的小片或叶条混匀后，称取 0.1～0.2g，放入 25mL 容量瓶，加入浸提液（按丙酮：乙醇：水=4.5：4.5：1 比例混匀即可）至刻度；也可用直径 0.9cm 的打孔器，在叶片主脉两侧各取 5～10 个小圆片，放入 20mL 混合液中。置暗箱（或暗盒）中直接浸提叶绿素 8～12h，其间振摇 2～3 次，直至小圆片或碎片完全空白为止。上层绿色溶液经准确定容并摇匀，澄清后即可用于比色测定。

2. 叶绿素的定量测定——分光光度法

（1）比色：将叶绿素提取液倒入比色皿中（溶液高度为皿的 4/5），以 95% 乙醇（或混合提取液）作参比液，于 721 型分光光度计取波长 652nm 比色测定消光度（光密度）。

（2）计算：按原理中所述公式进行计算。

五、结果与分析

算出所用材料的叶绿素含量。比较分析植株不同部位叶片叶绿素含量的差异。

六、注意事项

叶绿素含量计算公式中的 34.5 是以 80% 丙酮作为叶绿体色素提取液时的比吸收系数，若用 95% 乙醇提取，按此公式计算相差不大，故可代用。

七、问题讨论

1. 为什么叶绿体色素的提取必须用有机溶剂？

2. 叶绿素 a、叶绿素 b 在红光和蓝光区都有一个最大吸收峰值，能否用蓝光区的最大吸收峰值进行叶绿素 a、叶绿素 b 的定量测定，为什么？

附：721 型分光光度计的使用方法简介

（1）用波长调节旋钮将仪器调至所需波长。

（2）打开比色皿箱盖，开启电源开关，预热15min，用零位调节旋钮调节指针于透光度“0”上。

（3）将盛有溶液（充满高度 4/5）的比色皿放入比色皿架，然后放入比色皿暗箱内，关闭暗箱，此时参比溶液处于光路，分别用光量粗调旋钮和细调旋钮将指针调至“100”

透光率上，然后将盛有试样的比色皿推入光路，从仪器的表头上读出该溶液的消光度。如此重复三次，以其平均数为该溶液的平均消光度。

（4）测试完毕后，应将比色皿取出，洗净，用擦镜纸擦干，置比色皿盒中保存；同时应关闭仪器电源，除去比色皿暗盒中的污染物，将仪器放置于安全处。

实验 24　叶绿体色素的分离及理化性质观察

Ⅰ. 叶绿体色素的分离

一、实验原理

纸层析法分离叶绿体色素是一种最简便的方法。其原理是当溶剂不断地从纸上流过时，由于混合物中各成分在两相（流动相和固定相）间具有不同的分配系数，其移动速率不同，因而使样品中不同的色素得以分离。

二、实验目的

叶绿体色素在植物光合作用的光能吸收、传递和转换中有重要的作用。本实验学习叶绿体色素的提取和分离方法。

三、实验材料、器材和试剂

1. 实验材料　新鲜植物叶片或叶干粉。

2. 器材　托盘天平 1 架，研钵 1 套，漏斗 1 个，漏斗架 1 个，剪刀 1 把，锥形瓶（100mL）1 个，小烧杯（50mL）1 只，圆形滤纸 2 张，滤纸条（2cm×1cm）2 条，解剖针 1 个，滴管 1 支，同样大小的培养皿 2 个，塑料内盖 1 个等。

3. 试剂　95% 乙醇，汽油（纯净无色），苯。

四、实验步骤

1. 色素液的制备

（1）取新鲜植物叶片，洗净，放在 60～70℃烘箱中烘干后研成粉末，称取干粉末 2g，加 95% 乙醇 20mL 浸提，待乙醇呈深绿色时，过滤到另一棕色瓶内；滤液即叶绿体色素提取液，可作纸层析用，也可再用乙醇适当稀释作理化性质观察用。

（2）或用鲜叶片 2～3g 以 95% 乙醇研磨提取，过滤于锥形瓶中备用。

2. 点样　取一块直径略大于培养皿的圆形层析滤纸（定性或定量均可），在圆心处滴一小滴叶绿体色素提取液，使色素扩展范围在 1cm 以内，风干后再滴，连续 3～5 次，在点样中心用解剖针穿一小孔，另取滤纸条（1cm×2cm）卷成纸捻插入圆形滤纸的小孔中，风干备用。

3. 展层　在培养皿中放一个小塑料盖，盖中加入适量的汽油和 1～2 滴苯作展层剂，把插有纸捻的圆形滤纸平放在培养皿上，使纸捻浸入汽油中，剪去上端多余的部分，盖好培养皿（图 2-5）。此时，汽油借毛细管引力顺纸捻扩散到圆形滤纸上，并把叶绿体色素沿着滤纸向四周推进，不久即可看到被分离的各种色素同心圆环。叶绿素 b 为黄绿色，叶绿素 a 为蓝绿色，叶黄素为鲜黄色，胡萝卜素为橙黄色。

4．标注　待汽油扩散至培养皿边沿时，取出滤纸，用铅笔标出各色素的位置和名称，分为两半，一半附于实验报告中，另一半色谱纸可用作“光对叶绿素的破坏作用”实验。

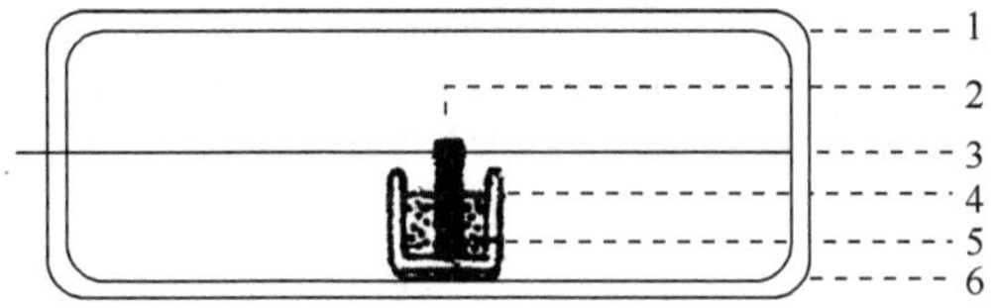

图 2-5　分离叶绿体色素的圆形纸层析装置（侧视图）

1．上培养皿；2．纸捻；3．圆形层析滤纸；4．小塑料盖；5．展层剂；6．下培养皿

五、结果与分析

将标明颜色和名称的层析色谱随作业一起附上，并加以说明为什么会出现 4 层同心圆。

六、注意事项

注意光对叶绿体色素的破坏作用。

七、问题讨论

1．叶片衰老黄化后，其叶绿体色素有什么不同？

2．高等植物和低等植物的光合色素有什么不同？

Ⅱ．叶绿体色素的理化性质观察

一、实验原理

1．叶绿素是一个双羧酸的酯，在碱的作用下，发生皂化作用，生成的盐能溶于水，故可将叶绿素与类胡萝卜素分开。其反应如下。

$$\underset{\text{叶绿素a}}{C_{32}H_{30}ON_4Mg\begin{matrix} \diagup COOCH_3 \\ \diagdown COOC_{20}H_{39} \end{matrix}} + 2KOH \longrightarrow \underset{\text{皂化叶绿素}}{C_{32}H_{30}ON_4Mg\begin{matrix} \diagup COOK \\ \diagdown COOK \end{matrix}} + \underset{\text{甲醇}}{CH_3OH} + \underset{\text{叶绿醇}}{C_{20}H_{39}OH}$$

2．在弱酸作用下，叶绿素分子中的镁为 H^+ 所取代，生成褐色的去镁叶绿素，后者遇铜则成为蓝绿色的铜代叶绿素，铜代叶绿素很稳定，在光下不易被破坏，故常用此法制作浸渍标本。

$$C_{32}H_{30}ON_4Mg\begin{matrix} \diagup COOCH_3 \\ \diagdown COOC_{20}H_{39} \end{matrix} + 2CH_3COOH \longrightarrow \underset{\substack{\text{去镁叶绿素} \\ \text{（褐色）}}}{C_{32}H_{32}ON_4\begin{matrix} \diagup COOCH_3 \\ \diagdown COOC_{20}H_{39} \end{matrix}} + \underset{\text{乙酸镁}}{(CH_3COO)_2Mg}$$

$$C_{32}H_{32}ON_4\left\langle\begin{matrix}COOCH_3\\COOC_{20}H_{39}\end{matrix}\right. + (CH_3COO)_2Cu \longrightarrow C_{32}H_{30}ON_4Cu\left\langle\begin{matrix}COOCH_3\\COOC_{20}H_{39}\end{matrix}\right. + 2CH_3COOH$$

去镁叶绿素（褐色）　乙酸铜　铜代叶绿素（蓝绿色）　乙酸

3．叶绿素和类胡萝卜素都具有光学活性，表现出一定的吸收光谱，可用分光镜检查，叶绿素吸收光量子转变成激发态的叶绿素分子，很不稳定，当其回到基态时可发出红光量子，因而产生荧光。叶绿素化学性质也很不稳定，容易受强光破坏，特别是当叶绿素与叶绿体蛋白质分离后，破坏更快。

二、实验目的

学习了解光合色素的一些重要理化性质。

三、实验材料、器材和试剂

1．实验材料　叶绿体色素的提取液（可用本实验中Ⅰ的提取液）。

2．器材　2mL 和 5mL 移液管各 2 支，移液管架 1 个，100mL 小烧杯 1 个，试管架 1 个，试管（20mm×200mm 1 支，15mm×150mm 7 支），25mL 量筒 1 个，分光镜 1 台等。

3．试剂

（1）20% KOH 甲醇溶液，苯，乙酸铜粉末，95% 乙醇，冰醋酸。

（2）乙酸铜溶液：50% 乙酸 100mL 加乙酸铜 6g 溶解，用蒸馏水稀释 4 倍。

四、实验步骤

1．皂化作用

（1）吸取叶绿体色素提取液 2mL 放入试管内，加入 2mL 20% KOH 甲醇溶液，充分摇动。

（2）片刻后，加入 5mL 苯摇匀（轻轻摇，勿激烈振荡），静置在试管架上，即可看到溶液逐渐分为两层，下层是稀的乙醇溶液，其中溶有皂化叶绿素 a 和皂化叶绿素 b 及少量叶绿素，上层是苯溶液，其中溶有黄色的胡萝卜素和叶黄素。

2．叶绿体色素的吸收光谱　将皂化分开为上下两层色素的试管放在直射光下（日光或灯光），用分光镜观察其吸收光谱，与太阳光谱进行比较，把观察结果以简单图谱表示出来。

3．叶绿素的荧光现象　取适当的叶绿体色素提取液 5mL，放入试管内，在直射光下观察溶液的透射光及反射光的颜色有何不同。

4．光对叶绿素的破坏作用（因时间较长，可提前操作）

（1）取 2 支试管，各加入 5mL 叶绿素提取液，一支放在直射光下，另一支放在黑暗处，1～2h 后，观察两管溶液颜色的变化情况。

（2）将上述实验纸层析所得的色谱图纸对半剪开，一半夹入书中，另一半放在强光下，0.5～1h 后，观察 4 种色素的颜色变化情况。

5. H^+和Cu^{2+}对叶绿素分子中Mg^{2+}的取代作用

（1）吸取叶绿体色素提取液5mL，放入试管中，加冰醋酸10～20滴，摇匀，即可观察到溶液的变化。

（2）当溶液改变颜色后，再加少许乙酸铜粉末，微微加热，这时溶液颜色再次发生变化。

（3）另取新鲜叶一片，放入盛有20mL的乙酸铜溶液的小烧杯中，慢慢加热，可观察到叶片颜色由绿色变成褐色，再由褐色变成蓝绿色。

五、结果与分析

按表2-17，记录叶绿体色素的理化性质实验所观察的现象，并加以解释。

表2-17　叶绿体色素的理化性质

理化性质	观察的现象	解释说明

六、注意事项

叶绿体色素的提取液和光对叶绿素的破坏作用，可用上述叶绿体色素的分离实验的提取液和色谱图纸检测。

七、问题讨论

叶绿体色素的理化性质与光合特性有何联系？

实验25　叶绿体的分离制备及希尔反应活力测定

一、实验原理

英国生物化学家Hill（1937）首先将离体叶绿体加入有适当氢受体（如草酸高铁钾盐、2，6-二氯酚靛酚、NAD^+和$NADP^+$）的水溶液中，照光后即有O_2放出，这就是水的光解，即希尔反应。制备离体叶绿体和测定希尔反应活力是研究叶绿体结构和光反应必不可少的。

叶绿体的分离采用离心分级分离，即利用叶绿体的直径和沉降系数与其他细胞器不同的特点，先用低速离心除去细胞碎片，后用高速离心沉降叶绿体。希尔反应活力的测定是将叶绿体加入铁氰化钾，并照光，水被光解放氧，而溶液中的$Fe(CN)_6^{3-}$被还原成$Fe(CN)_6^{4-}$，后者可使$FeCl_3$变成游离的Fe^{2+}，而Fe^{2+}又可与邻菲啰啉盐酸盐生成红色的络合物，并且Fe^{2+}的浓度与颜色深浅呈线性关系，因而可比色测定。其反应如下。

$$4Fe(CN)_6^{3-} + 2H_2O \xrightarrow[\text{叶绿体}]{\text{光}} 4Fe(CN)_6^{4-} + 4N^{+} + O_2$$

$$Fe(CN)_6^{4-} + Fe^{3+} \longrightarrow Fe(CN)_6^{3-} + Fe^{2+}$$

$$Fe^{2+} + \text{邻菲啰啉盐酸盐} \longrightarrow \text{橘红色络合物}$$

二、实验目的

学习分离制备叶绿体的技术方法；加深对希尔反应的理解及对光合作用机制的认识。

三、实验材料、器材和试剂

1. 实验材料　最常用的是新鲜菠菜叶片，也可用小麦、水稻等植物叶片。

2. 器材　分光光度计，台式离心机，组织捣碎机，方形标本缸，照光装置（2只500W钨灯作为光源，方形玻璃标本缸内放一试管架，并加入适量的水），试管，移液管，烧杯，纱布等。

3. 试剂

（1）叶绿体提取液（STN）溶液：含有0.4mol/L蔗糖、0.05mol/L Tris-HCl缓冲液、0.01mol/L NaCl，用HCl调pH至7.8，贮于冰箱预冷备用。

（2）希尔反应试剂：包括0.5mol/L Tris缓冲液（pH 7.8）、0.05mol/L $MgCl_2$溶液、0.1mol/L NaCl溶液、0.01mol/L $K_3Fe(CN)_6$溶液；上述4种溶液单配分装，不能混合。

（3）显色试剂：0.01mol/L $FeCl_3$溶液（用0.2mol/L乙酸配制）、0.05mol/L邻菲啰啉盐酸盐（$C_{12}H_{18}N_2 \cdot HCl \cdot H_2O$）溶液（先用少量95%乙醇溶解，后用蒸馏水定容）。

（4）亚铁氰化钾系列溶液：5μmol/L、10μmol/L、15μmol/L、20μmol/L、25μmol/L、30μmol/L亚铁氰化钾溶液。

（5）其他试剂：10%三氯乙酸，0.2mol/L柠檬酸钠（$Na_3C_6H_5O_7 \cdot 2H_2O$）溶液，80%丙酮。

四、实验步骤

1. 叶绿体的制备　先将叶绿体提取液（STN）、洗净的植物叶片和研钵等玻璃器具放入4℃冰箱中预冷备用。然后称取去柄和去脉叶片10g剪碎，放在置于冰浴中的研钵内，加入预冷叶绿体提取液20mL研磨2min（或在组织捣碎机中捣碎30s），再加预冷叶绿体提取液20～30mL，4层纱布过滤，滤液装入刻度离心管，先以1500r/min离心1min，上清液转入另一离心管再以4000r/min离心2min，沉淀部分即叶绿体，加入少量叶绿体提取液悬浮沉淀物，并定容至4mL，放冰箱备用。以上过程需在10min内完成。

2. 希尔反应活力的测定

（1）配制反应液：取干燥、洁净试管6支（编号），分别加入希尔反应液中的各种试剂和叶绿体悬浮液各0.1mL，再分别加入蒸馏水0.5mL，摇匀。

（2）照光处理：将3支试管放入预先置于方形玻璃标本缸内的有机玻璃试管架上，缸内注入20℃的水保温，另3支试管放在暗处作为对照；用500W钨灯向标本缸内的试管照光 1～5min 后，立即向所有试管加入 10% 三氯乙酸 0.2mL 终止反应。摇匀后以 300r/min 离心 2min，上清液用于测定 $Fe(CN)_6^{4-}$。

（3）比色测定：取离心上清液 0.7mL，加水 1mL，再依次加入柠檬酸钠溶液 2mL、$FeCl_3$ 溶液 0.1mL、邻菲啰啉盐酸盐 0.2mL，摇匀后室温下暗处静置 20min，于 520nm 下比色。

3. 标准曲线的绘制　取干燥、洁净试管 7 支（0～6 号），分别加入 0μmol/L（水，空白）、5μmol/L、10μmol/L、15μmol/L、20μmol/L、25μmol/L、30μmol/L 亚铁氰化钾系列溶液各 1.7mL，其他试剂及操作步骤与样品比色测定相同，记录 OD 值，绘出标准曲线。

4. 叶绿素含量测定　取叶绿体悬浮液 0.1mL，装入离心管，加入 80% 丙酮 4.9mL，摇匀后以 4000r/min 离心 5min，取上清液于 652nm 下比色，记录 OD 值，并用 Arnon 公式计算叶绿素含量。

$$\text{叶绿素含量（mg/g）}=\frac{OD_{652}\times V}{34.5\times m}$$

式中，V 为提取液总量（mL）；m 为叶片鲜重（g）。

五、结果与分析

按照公式计算并分析结果。

$$A=\frac{b\cdot\frac{d}{h}}{c\cdot n\cdot t}$$

式中，A 为希尔反应活力［μmol $K_4Fe(CN)_6^{3-}$/（mg 叶绿素·h）］；b 为标准曲线查得的 $Fe(CN)_6^{4-}$（μmol）；c 为叶绿体悬浮液叶绿素含量（mg/mL）；d 为 1.2mL（反应液 1mL＋三氯乙酸 0.2mL）；h 为 0.7mL［测 $Fe(CN)_6^{4-}$ 所用体积］；n 为 0.1mL（反应液中叶绿体悬浮液体积）；t 为反应时间（h）。

根据本实验的第一个反应式可以看出，每还原 4mol Fe^{3+} 可释放出 1mol O_2。因此上述计算结果除以 4，即以 O_2 表示的希尔反应活力［μmol O_2/（mg 叶绿素·h）］。

六、注意事项

1. 三氯化铁和邻菲啰啉盐酸盐配制后应放在棕色瓶中。
2. 测定希尔反应时尽量避光，尤其是加入邻菲啰啉盐酸盐后应在暗处静置，方才比色。

七、问题讨论

1. 提取液中的蔗糖起什么作用？可否用其他试剂代替？
2. 为什么反应终止要加入三氯乙酸？

实验 26　植物光合、呼吸和蒸腾速率的测定

一、实验原理

植物光合速率的测定有多种方法，其中包括气体交换法。用气体交换法测量的原理

是通过测量流经叶室的空气中 CO_2 浓度的变化来计算叶室内植物的光合速率。该方法还可同时测定植物的呼吸速率和蒸腾速率等指标。测定方式有开路和闭路两种。

二、实验目的

了解和掌握用普通仪器测定光合、呼吸和蒸腾速率的方法。

三、实验材料和器材

1. 实验材料 大小合适的植物活体叶片。

2. 器材 相关仪器有多种，本实验以 Yaxin-1101 型光合作用测定仪为例介绍。

四、实验步骤

1. 叶室连接 在开机前先连接好叶室（手柄）。

2. 开机预热 按下“电源”开关键（红灯亮表示正常工作），这时 CO_2 分析器开始工作，预热 20～30min。预热时间越长，仪器工作状态越稳定。

3. 参数设置 选择开路测量时要设置气体流量，闭路测量时要设置气体容积。同时根据需要设置叶面积。海拔变化超过 1000m 时还要考虑气压的订正。

4. CO_2 分析器校正

（1）CO_2 分析器调零。每次开机测量都要先对 CO_2 分析器进行调零，具体调零步骤是：开机预热后按下“开路”键，把碱石灰管两端标有“IN”和“OUT”的管子分别与面板上的“IN”和“OUT”接气嘴相连。碱石灰管连接正确后，按下“调零”键调零。

（2）CO_2 分析器调满。对 CO_2 分析器进行调零后还需对 CO_2 分析器进行调满。

仪器在每次开机后都需要进行调零；并且应定期用已知 CO_2 浓度的标准气进行跨度校准（建议每月进行一次，校准越频繁，测量结果越准确）。

5. 测量 Yaxin-1101 型光合作用测定仪具有开路、闭路两种测量方式。

（1）开路测量方式。整个过程是手动操作不同的按键，完成所需参数的测量，由仪器内部软件算出结果并保存。计算结果有表观净光合（呼吸）速率、蒸腾速率、气孔导度、细胞间 CO_2 浓度。

A. 基本原理。以大气中的 CO_2 浓度（必须相对稳定）和相对湿度为基准值。再取其一定流量的气体进入叶室进行气体交换，再采集流出叶室内的 CO_2 浓度和相对湿度与基准值相比较，得到 CO_2 浓度和相对湿度变化量，从而算出该环境条件下净光合（呼吸）速率、蒸腾速率、气孔导度、细胞间 CO_2 浓度。

B. 叶室连接。在开机前应先接好叶室。与叶室相连有航空插头和进出气管，航空插头可直接插到主机上。进出气管与主机上的“IN1”“OUT1”对应连接，要求拧紧不要漏气。

C. 参数设定。

a. 流量设定为 0.3～0.8L/min，常用的流量为 0.4～0.6L/min。设定时按“流量 / 容积”键进入设置，再按“▲”或“▼”键来设置所需要的流量，最后按“确定”键保存设置。

b．叶面积设置是选择 4 个不同面积值（4 种叶室），标配是一个叶室面积只有一个选择。设定时按“叶片面积”键进入设置，再按“▲”或“▼”键来选择标配叶室面积值，最后按“确定”键保存设置。

c．大气压力设定是设置仪器所在当地大气压。设定时按“大气压力”键进入设置，再按“▲”或“▼”键来设置当地的大气压力值。

D．叶片置入。叶室透明窗面上，向前轻推尼龙螺丝叶室便会张开。将叶片平行放入叶室再轻压透明窗口，尼龙螺丝便会锁紧叶室。当测定厚叶片时可调节尼龙螺丝后进行操作。叶片置入叶室锁定后，要求叶室不要漏气。

E．操作按键顺序（开路测量）。

a．按下“开路”键仪器开始显示数据，显示器①为 CO_2 浓度初值（环境中的 CO_2 浓度值），⑤为 RH（相对湿度）值，③为 PAR（光合有效辐射）值，⑦为空气温度，⑧为叶面温度。待显示器①显示 CO_2 浓度值相对稳定不变时再按下“初值”键。所谓“相对稳定”的标准是读数的个位在 1～2 波动。

b．按下“初值”键之后显示器④开始计时显示，①和⑤显示值锁定不变，②显示 CO_2 浓度终值（叶室内 CO_2 浓度值），⑥显示 RH 终值（叶室内相对湿度值）。待显示器②显示 CO_2 浓度值相对稳定不变时再按下“终值”键。

c．按下“终值”键之后所有显示值锁定不变，再按下“完成”键。

d．按下“完成”键之后蓝灯点亮，显示计算值和设定值。①显示 P_n 值，②显示蒸腾值，③显示气孔导度，④显示细胞间 CO_2 浓度，⑥显示流量，⑦显示叶面积，⑧显示大气压力。再按下“确定”键保存。

e．按下“确定”键存储数据，显示器⑤显示存储数据的个数，其他显示值不变。至此开路测量一组数据结束，再按“开路”键继续下一组测量。

f．按下“开路”键开始进行下一组开路测量。重复上次操作（“开路”键→“初值”键→“终值”键→“完成”键→“确定”键）。

注意：没有稳定的参考气源时，可用一个大的缓冲瓶代替。例如，一个装过纯净水的大塑料桶，但其内部一定要干燥，在桶的细颈上罩一个纸杯，杯底捅一个小洞，这样就做成一个很好的缓冲瓶，但在罩纸杯之前要口朝下摇晃桶，加速其内部气体与外部气体的混合，以尽快使内外 CO_2 浓度趋于一致。另外，3m 以上高度的空气中的 CO_2 浓度也比较稳定（前提是场地平坦开阔，微风），因此可以用一根管子将“IN”与 3m 以上高度的空气相连。

（2）闭路测量方式。把标有“IN”和“OUT”的管子两端分别连接面板上的“IN1”和“OUT1”接气嘴，把手柄上的两端标有“IN1”和“OUT1”的管子分别与面板上的“IN1”和“OUT1”接气嘴相连，并把手柄上的航空插头插到面板上的“手柄连接”插座上。仪器预热一段时间后把被测叶片置入叶室，让叶室窗口充分接受光能（光合测量）。

按下“闭路”键，闭路指示灯亮（蓝灯）。

按下“流量 / 容积”键，用“▲”或“▼”键设置气体容积，按“确定”键结束，仪器自动返回闭路测量系统。显示器①显示闭路循环气体的 CO_2 浓度值，⑤显示 RH 值，

③显示 PAR 值，⑦显示循环气体的温度值。

按下“叶片面积”键进入设置，再按“▲”或“▼”键来设置叶面积值，最后按“确定”键保存设置。

接着按下“初值”键，显示器①和⑤显示值锁定不变，显示器②显示 CO_2 浓度终值（叶室内 CO_2 的浓度值），⑥显示 RH 终值（叶室内相对湿度值）。待计时一段时间（根据不同条件选择采集时间，几十秒或几分钟），按下“终值”键停止采集。

按下“终值”键后，所有显示值被锁定不变（显示器⑧始终没显示）。

接着按下“完成”键，蓝灯点亮显示计算值和设定值。显示器①显示 P_n 值，②显示蒸腾值，⑥显示容积，⑦显示叶面积，⑧显示大气压力。

最后按下“确定”键存储数据，显示器⑤显示存储数据的个数，其他显示值不变。

按下“闭路”键开始进行下一组闭路测量。重复上次操作（“闭路”键→“初值”键→“终值”键→“完成”键→“确定”键）。

注意：

A. 在闭路测量时，整株植物光合（呼吸）测量，叶片面积设置为数字“1”，这里“1”代表 1 个单位的叶面积。如果用光合呼吸室做整体闭路测量时，这里“1”代表 1 个“光合单位”，它可以是“株”、“克”、“升”。

B. 当被测叶片的面积无法覆盖整个叶室的“窗口”时，此时需将叶片面积设定为“1”。当测量结束后需手工实测得到真实面积。然后将光合速率值和蒸腾速率值除以真实面积以换算得到真实的测量值。

6. 数据传输　连接传输线，打开电源，与电脑进行数据传输、保存、删除、退出等操作。

7. 开路测定光合速率与呼吸速率的简易方法举例

（1）开路测定光合速率：叶室手柄插入面板→按下“电源”→设置 0.6L/min 的流量→设置 6.25cm^2 的叶面积→ CO_2 分析器调零→叶片置入叶室→测量→按下“开路”→ CO_2 浓度初值稳定→按下“初值”键→ CO_2 浓度终值稳定→按下“终值”键→按下“完成”键→记下各显示器的值。

（2）遮光测定呼吸速率：叶片置入叶室→测量→按下“开路”→ CO_2 浓度初值稳定→按下“初值”键→ CO_2 浓度终值稳定→按下“终值”键→按下“完成”键→记下各显示器的值。

五、结果与分析

根据下列公式分析实验结果。

1. 开路系统的净光合速率 P_n[μmol/(m^2·s)]

$$P_n=-\frac{V}{60}\times\frac{273.15}{T_a}\times\frac{P}{1.013}\times\frac{1}{22.41}\times\frac{10\,000}{A}\times(C_o-C_i)=-w\times(C_o-C_i)$$

$$w[\mathrm{mol/(m^2\cdot s)}]=\frac{V}{60}\times\frac{273.15}{T_a}\times\frac{P}{1.013}\times\frac{1}{22.41}\times\frac{10\,000}{A}$$

式中，各符号含义见表 2-18。

表 2-18 测定开路系统的净光合速率符号含义

V：体积流速 /（L/min）	可调整，可从流量计读出
T_a：空气温度 /K	待测
P：大气压力 /MPa	一般认为 1 标准大气压
A：叶面积 /cm^2	固定为叶室窗口面积
C_o：出气口 CO_2 浓度 /（μL/L）	待测
C_i：进气口 CO_2 浓度 /（μL/L）	待测

2. 闭路系统的净光合速率 P_n[μmol/（m^2 · s）]

$$P_n=-\frac{V}{\Delta t}\times\frac{273.15}{T_a}\times\frac{P}{1.013}\times\frac{1}{22.41}\times\frac{10\ 000}{A}\times(C_O-C_i)=-w\times(C_O-C_i)$$

$$w[\text{mol/}(\text{m}^2\cdot\text{s})]=\frac{V}{\Delta t}\times\frac{273.15}{T_a}\times\frac{P}{1.013}\times\frac{1}{22.41}\times\frac{10\ 000}{A}$$

式中，各符号含义见表 2-19。

表 2-19 测定闭路系统的净光合速率符号含义

V：叶室容积 /L	固定，不同型号叶室容积不同
Δt：时间间隔 /s	待测
T_a：空气温度 /K	待测
P：大气压力 /MPa	一般认为 1 标准大气压
A：叶面积 /cm^2	固定为叶室窗口面积
C_o：终止时 CO_2 浓度 /（μL/L）	待测
C_i：初始时 CO_2 浓度 /（μL/L）	待测

3. 蒸腾速率 E 计算

$$E[\text{mol/}(\text{m}^2\cdot\text{s})]=\frac{e_o-e_i}{P-e_o}\times w\times 10^3$$

$$e_o=\text{RH}_o\times e_s\qquad e_i=\text{RH}_i\times e_s$$

$$e_s=6.137\ 53\times 10^{-3}\times\exp\left(T_a\times\frac{18.564-\dfrac{T_a}{254.57}}{T_a+255.57}\right)$$

式中，各符号含义见表 2-20。

表 2-20 测定蒸腾速率符号含义

e_o（e_i）：出（进）气口水汽压 /MPa	待测，计算
P：大气压力 /MPa	一般认为 1 标准大气压
e_s：空气温度下的饱和水汽压 /MPa	待测，计算
RH_o（RH_i）：出（进）气口的相对湿度 /%	待测
T_a：空气温度 /℃	待测

这里的 w 在开路测定时与开路系统的净光合速率的 w 一致，为

$$w[\mathrm{mol/(m^2 \cdot s)}]=\frac{V}{60}\times\frac{273.15}{T_a}\times\frac{P}{1.013}\times\frac{1}{22.41}\times\frac{10\,000}{A}$$

w 在闭路测定时与闭路系统的净光合速率的 w 一致，为

$$w[\mathrm{mol/(m^2 \cdot s)}]=\frac{V}{\Delta t}\times\frac{273.15}{T_a}\times\frac{P}{1.013}\times\frac{1}{22.41}\times\frac{10\,000}{A}$$

4. 胞间 CO_2 浓度 C_{int}（μL/L）计算

$$C_{int}=C_i-1.6\times P_n\ (R_b+R_{leaf})$$

式中，$R_{leaf}=\dfrac{1}{c_{leaf}}$，为叶片气孔阻抗（$\mathrm{m^2 \cdot s/mol}$）。

5. 气孔导度 c_{leaf} [$\mathrm{mmol/(m^2 \cdot s)}$] 计算

$$c_{leaf}=\frac{w}{\dfrac{e_{leaf}-e_o}{e_o-e_i}\times\dfrac{P-e_o}{P}-R_b \cdot w}\times 1000$$

$$e_{leaf}=6.137\,53\times10^{-3}\times e^{T_{leaf}\times\frac{18.564-\frac{T_{leaf}}{254.4}}{T_{leaf}+255.57}}$$

式中，各符号含义见表 2-21。

表 2-21 测定胞间 CO_2 浓度符号含义

e_{leaf}：叶温下的饱和水汽压 /MPa	待测，计算
T_{leaf}：叶温 /℃	待测
R_b：叶片边界层阻抗 /（$\mathrm{m^2 \cdot s/mmol}$）	一般用 $0.3\mathrm{m^2 \cdot s/mmol}$

六、注意事项

1．调零、调满完成后不要随意按“调零”键和“调满”键。

2．不要在任何一个进气通道（IN、IN1）的气路被堵塞或严重受阻的情况下操作该仪器，如果这样操作将会损坏泵。

3．不要在任何一个进气通道（IN、IN1）没有接三通连接器（用第三个口排放多余气体）的情况下与压缩气源相连。进气口的压力过大可能会吹掉内部连接管路或损坏泵。

正确的连接如图 2-6 所示。

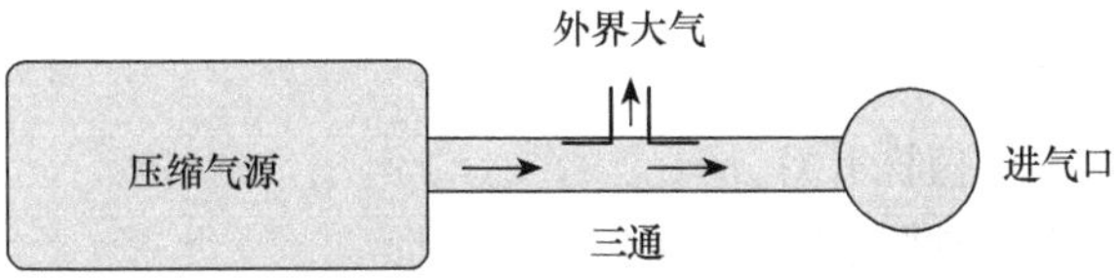

图 2-6 三通连接器

4. 仪器内部无论气路还是电路绝对不允许进水。另外，在田间测量时要避免在多尘的条件下使用该仪器。建议把仪器保存在干燥阴冷的地方。在极端的湿度下使用该仪器将会影响仪器操作及读数的正确性。

5. 叶室窗口和 PAR 探头保持清洁，测量时不要折叠连接气室的两个气管，避免用力拉扯叶室以免扯断与主机相连的信号线。

6. 仪器使用后应及时充电以便下次使用，长期不用应充满电放置。

七、问题讨论

1. 你知道还有哪些方法可以测定植物的光合速率吗？
2. 讨论怎么用本仪器测定和计算总光合速率、表观光合速率、呼吸速率，为什么？

实验 27 光合速率-光强响应曲线的测定

一、实验原理

随光强增加，光合速率上升的曲线称为光合速率-光强响应曲线。暗条件下叶片不能进行光合作用，只有呼吸作用释放 CO_2。随着光强的增加，光合速率相应提高，当达到某一光强时，叶片的光合速率与呼吸速率相等，净光合速率为零，这时的光强称为光补偿点（light compensation point）。在一定范围内，光合速率随光强增加而成比例增加；超过一定光强后，光合速率变慢；当达到某一光强时，光合速率就不再随光强而增加，呈现光饱和现象（light saturation）。开始达到光合速率最大值时的光强称为光饱和点（light saturation point）。

不同植物具有不同的光合速率-光强响应曲线，光补偿点和光饱和点也有很大差异。一般来说，光补偿点高的植物，其光饱和点也高。草本植物的光补偿点与光饱和点通常高于木本植物；阳生植物的光补偿点和光饱和点高于阴生植物；C_4 植物的光饱和点高于 C_3 植物。光补偿点和光饱和点是植物需光特征的两个重要指标，光补偿点低的植物较耐阴，如大豆的光补偿点仅 0.5klx，适合与玉米间作。

影响测定的主要因素除了光强外，还有测定时叶室的温度与 CO_2 浓度，叶室温度控制在室温 25℃，叶室 CO_2 浓度一般设定为大气 CO_2 浓度，即 380μmol/mol。

二、实验目的

植物光合速率的测定有多种方法，本实验用 Li-6400 便携式光合测定仪测定；掌握 Li-6400 便携式光合测定仪测定植物光合速率-光强响应曲线的方法；了解 C_4 植物与 C_3 植物光合效率的差异。

三、实验材料和器材

1. **实验材料** 活体植株叶片。
2. **器材** Li-6400 便携式光合测定仪等。

四、实验步骤

挑选长势一致的5盆幼苗，每株选取成熟叶片两片做好标记。叶片在1000μmol/（m^2·s）的光强下先诱导20min。叶室为红蓝光源叶室，测定温度为（25±0.5）℃，CO_2浓度为（380±10）μmol/mol，设光强梯度为2000μmol/（m^2·s）、1800μmol/（m^2·s）、1500μmol/（m^2·s）、1200μmol/（m^2·s）、1000μmol/（m^2·s）、800μmol/（m^2·s）、600μmol/（m^2·s）、400μmol/（m^2·s）、200μmol/（m^2·s）、100μmol/（m^2·s）、50μmol/（m^2·s）、20μmol/（m^2·s）、0μmol/（m^2·s），以光量子通量密度为横轴，净光合速率为纵轴绘制光合速率-光强响应曲线。

随光强增加，P_n不再增加，此时纵坐标的P_n即最大净光合速率（P_{max}），此时横坐标的光合有效辐射中的光通量密度（PPFD）值即光饱和点（LSP）。曲线中低光强部分，P_n与光强呈直线关系，做直线回归方程$y=Bx+C$，其中直线与x轴的交点为光补偿点（LCP），与y轴的交点为暗呼吸（Rd），直线的斜率为表现量子效率（AQY）。测定同一株植物的不同叶片的光合速率-光强响应曲线，计算平均值和误差。

五、结果与分析

（1）绘制植物幼苗的光合速率-光强响应曲线图。

（2）比较分析C_4植物（如玉米等）与C_3植物（如花生等）叶片的光合速率-光强响应曲线（表2-22）。

表2-22 光合速率-光强响应曲线数据

植物	LSP/[μmol/（m^2·s）]	LCP/[μmol/（m^2·s）]	AQY/（μmol/μmol）	Rd/[μmol/（m^2·s）]	P_{max}/[μmol/（m^2·s）]
玉米					
花生					

六、注意事项

Li-6400便携式光合测定仪属于贵重仪器，使用时应非常小心，严格遵守仪器的操作规程。

七、问题讨论

影响本实验结果的主要因素有哪些？如何避免？

实验 28　核酮糖-1，5-二磷酸羧化酶 / 加氧酶活性的测定

核酮糖-1，5-二磷酸羧化酶 / 加氧酶（EC 4.1.39，Rubisco）是光合作用中的一个关键酶，也是一个双功能酶。它在卡尔文循环中催化 CO_2 的固定，生成 2 分子的 3-磷酸甘油酸（3-PGA），同时它又能催化将 O_2 加在核酮糖-1，5-二磷酸（RuBP）的 C-2 位置上生成 1 分子的磷酸乙醇酸和 1 分子的 3-磷酸甘油酸，这两个反应的速率由细胞内 O_2 和 CO_2 相对浓度调节。

Ⅰ. 核酮糖-1，5-二磷酸羧化酶 / 加氧酶羧化活性的测定

一、实验原理

在核酮糖-1，5-二磷酸羧化酶的催化下，1 分子的核酮糖-1，5-二磷酸（RuBP）与 1 分子的 CO_2 结合，产生 2 分子的 3-磷酸甘油酸（PGA），PGA 可通过外加的 3-磷酸甘油酸激酶和甘油醛-3-磷酸脱氢酶的作用，产生甘油醛-3-磷酸，并使还原型辅酶 I（NADH）氧化，反应如下。

$$\text{RuBP}+CO_2+H_2O \xrightarrow[Mg^{2+}]{\text{RuBP 羧化酶}} \text{2PGA}$$

$$\text{PGA}+\text{ATP} \xrightleftharpoons{\text{3-磷酸甘油酸激酶}} \text{甘油酸-1，3-二磷酸}+\text{ADP}$$

$$\text{甘油酸-1，3-二磷酸}+\text{NADH}+H^+ \xrightleftharpoons{\text{甘油醛-3-磷酸脱氢酶}} \text{甘油醛-3-磷酸}+NAD^++\text{Pi}$$

这里 1 分子 CO_2 被固定，就有 2 分子还原型辅酶 I 被氧化。因此，由辅酶 I 氧化的量可计算 RuBP 羧化酶的活性，从 340nm 吸光度的变化可计算还原型辅酶 I 氧化的量。

为了使 NADH 的氧化与 CO_2 的固定同步，还需要加入磷酸肌酸（Cr～P）和磷酸肌酸激酶的 ATP 再生系统。

$$\text{ADP}+\text{Cr}\sim\text{P} \xrightleftharpoons{\text{磷酸肌酸激酶}} \text{ATP}+\text{Cr}$$

二、实验目的

学习 RuBP 羧化酶的测定方法，加深对相关知识的理解。

三、实验材料、器材和试剂

1. 实验材料　菠菜、小麦及水稻叶片等。

2. 器材　紫外分光光度计，冷冻离心机，匀浆器，移液管，秒表等。

3. 试剂

（1）5mmol/L NADH，25mmol/L RuBP，0.2mol/L $NaHCO_3$，160U/mL 磷酸肌酸激酶溶液，160U/mL 磷酸甘油醛脱氢酶溶液，50mmol/L ATP，50mmol/L 磷酸肌酸，160U/mL 3-磷酸甘油酸激酶溶液。

（2）RuBP 羧化酶提取介质：40mmol/L Tris-HCl 缓冲液（pH 7.6），内含 10mmol/L

$MgCl_2$、0.25mmol/L EDTA、5mmol/L 谷胱甘肽。

（3）反应介质：100mmol/L Tris-HCl 缓冲液，内含 12mmol/L $MgCl_2$ 和 0.4mmol/L $EDTA\text{-}Na_2$，pH 7.8。

四、实验步骤

1. 酶粗提液的制备 取新鲜菠菜叶片 10g，洗净擦干，放入匀浆器中，加入 10mL 预冷的提取介质，高速匀浆 30s，停 30s，交替进行 3 次；匀浆经 4 层纱布过滤，滤液于 20 000*g* 4℃条件下离心 15min，弃沉淀；上清液即酶粗提液，置 0℃保存备用。

2. RuBP 羧化酶活力测定 按表 2-23 配制酶反应体系。

表 2-23 各溶剂含量及配制

试剂	加入量 /mL	试剂	加入量 /mL
5mmol/L NADH	0.2	反应介质	1.4
50mmol/L ATP	0.2	160U/mL 磷酸肌酸激酶溶液	0.1
酶提取液	0.1	160U/mL 3-磷酸甘油酸激酶溶液	0.1
50mmol/L Cr～P	0.2	160U/mL 磷酸甘油醛脱氢酶溶液	0.1
0.2mol/L $NaHCO_3$	0.2	蒸馏水	0.3

将配制好的反应体系摇匀，倒入比色杯内，以蒸馏水为空白，其反应体系在紫外分光光度计上 340nm 处的吸光度作为零点值。将 0.1mL RuBP 加于比色杯内，并马上计时，每隔 30s 测一次吸光度，共测 3min。以零点到第一分钟内吸光度下降的绝对值计算酶活力。

由于酶提取液中可能存在 PGA，会使酶活力测定产生误差，因此除上述测定外，还需做一个不加 RuBP 的对照。对照的反应体系与上述酶反应体系完全相同，不同之处只是把酶提取液放在最后加，加后马上测定此反应体系在 340nm 处的吸光度，并记录前 1min 内吸光度的变化量，计算酶活力时应减去这一变化量。

五、结果与分析

$$\text{RuBP 羧化酶的酶活力}[\mu\text{mol}/(\text{mL}\cdot\text{min})]=\frac{\Delta \text{OD}\cdot N\cdot 10}{6.22\times 2d\Delta t}$$

式中，ΔOD 为反应最初 1min 内 340nm 处吸光度变化的绝对值（减去对照液最初 1min 的变化量）；*N* 为稀释倍数；6.22 为每微摩尔 NADH 在 340nm 处的吸光系数；2 为每固定 1mol CO_2 有 2mol NADH 被氧化；Δt 为测定时间 1min；*d* 为比色光程（cm）。

六、注意事项

RuBP 很不稳定，特别是在碱性环境下，因而使用不超过 2～4 周，且应在 pH 5～6.5 保存于－20℃冰箱。

七、问题讨论

C_4 植物与 C_3 植物的 RuBP 羧化酶有什么特点？

Ⅱ．核酮糖-1,5-二磷酸羧化酶/加氧酶加氧活性的测定

一、实验原理

核酮糖-1,5-二磷酸羧化酶/加氧酶不仅在卡尔文循环中催化CO_2的固定，还能催化将O_2加在核酮糖-1,5-二磷酸（RuBP）的C-2位置上生成1分子的磷酸乙醇酸和3-磷酸甘油酸。Rubisco加氧反应是典型的单加氧反应，RuBP的加氧反应中，将CO_2的2个氧原子分别掺入H_2O和磷酸乙醇酸中。因而加氧酶的活性可用氧电极法以氧的消耗来确定。而RuBP在有Mn^{2+}参与的酶的加氧反应中首先被烯醇化，这时RuBP的C-2位置被调整为1个负碳离子，当与分子氧反应后形成过氧化离子，然后该中间产物中的电子又从氧回到烯醇化的RuBP，再生成负碳离子并产生单线态氧。而这单线态氧可以利用分光光度计来检测。分光光度计法测定加氧酶活性比氧电极法灵敏度高70倍，可在研究中作相对比较。但如果要测定酶加氧活性的绝对值，则要用氧电极法先行标定。

二、实验目的

学习RuBP加氧酶的测定方法，加深对相关知识的理解。

三、实验材料、器材和试剂

1．实验材料　菠菜、小麦及水稻叶片等。

2．器材　氧电极测氧装置，FG-300型分光光度计，冷冻离心机，组织捣碎机等。

3．试剂

（1）提取缓冲液：100mmol/L Tris-HCl，pH 7.8；1mmol/L EDTA；20mmol/L KCl。

（2）重悬缓冲液：25mmol/L Tris-HCl, pH 7.8；1mmol/L EDTA；5mmol/L 巯基乙醇；20mmol/L KCl。

（3）氧电极法反应液：100mmol/L Tris-HCl，pH 8.2；0.4mmol/L EDTA；20mmol/L $MgCl_2$。

（4）分光光度计法反应液：50mmol/L Tris-HCl，pH 8.0；1.0mmol/L $MnCl_2$；1.0mmol/L $NaHCO_3$。

（5）其他：亚硫酸钠，0.1mmol/L二硫苏糖醇（DTT），硫酸铵，NaCl，10mmol/L RuBP贮备液（pH 6.5）。

四、实验步骤

1．Rubisco的提取及纯化

（1）植物粗提液的制备：将5～7g叶片加入10mL预冷到4℃的提取缓冲液（100mmol/L Tris-HCl，pH 7.8；1mmol/L EDTA；20mmol/L KCl）中匀浆，15 000*g*离心10min，取上清液备用。

（2）酶的纯化：将上述得到的粗提液用40%饱和度的硫酸铵进行分部沉淀，8000*g*、

4℃冷冻离心 20min。然后取上清液加硫酸铵至 70% 的饱和度，10 000*g*，冷冻离心 20min 后取沉淀，用少量重悬缓冲液（25mmol/L Tris-HCl，pH 7.8；1mmol/L EDTA；5mmol/L 巯基乙醇；20mmol/L KCl）溶解，再经 Sephadex G-25 脱盐后上 DEAE（DE52）柱，用含 0～0.5mmol/L NaCl 的重悬缓冲液进行梯度洗脱，收集 0.2～0.25mmol/L NaCl 分部。70% 硫酸铵沉淀保存于－20℃，待测活性前以 8mg/mL 溶于重悬缓冲液中备用。

2. 氧电极测定法

（1）溶氧量的标定：将 2mL 反应液［100mmol/L Tris-HCl（pH 8.2），0.4mmol/L EDTA，20mmol/L $MgCl_2$］加入反应室，25℃，在大气中搅拌 10min，使溶液中的溶解氧与大气平衡。然后把电极放在反应室上，调节测氧仪的灵敏度旋钮，使记录仪至满刻度，再加入 0.1mL 饱和的亚硫酸钠，除尽水中的氧，指针退回到接近 0 点，根据指针退回的格数和 25℃水的溶解氧量，就可以计算出每格记录纸所代表的氧量。25℃时的水溶氧量为 0.26μmol/mL。每格记录纸代表的溶氧量 *N* 计算如下。

N（μmol O_2/格）＝0.26（μmol O_2/mL）× 溶液体积（mL）/ 指针退回的格数

（2）活力测定：将 2mL 空气饱和的溶液加入反应室，加入 0.1mL 酶液（8mg/mL），在 25℃保温 10min 后，装好电极，记录由 DTT 氧化所消耗氧的空白速度，最后加入 0.01mL/RuBP 贮备液（10mmol/L，pH 6.5）开始反应，记录反应速度，反应速度以每分钟多少格子记录纸来表示。加氧酶的活力就可通过以下公式计算。

加氧酶活力［μmol O_2/（mg 蛋白质·min）］

＝*N*×（加酶后的反应速度－空白速度）/酶的总量

3. 分光光度计法测定　先在比色杯中加入 25μL RuBP 贮备液，放入分光光度计反应暗室中，然后在 1.4mL 反应液（50mmol/L Tris-HCl，pH 8.0；1.0mmol/L $MnCl_2$；1.0mmol/L $NaHCO_3$）中加入 10μL 酶液的混合液在 25℃保温 10min，然后注入比色杯开始反应，自动记录发光曲线。发光强度为任意单位，以峰高来表示（mm）。

五、结果与分析

计算 RuBP 加氧酶的活力，并与 RuBP 羧化酶的活力作比较。

六、注意事项

RuBP 很不稳定，特别是在碱性环境下，因而使用不超过 2～4 周，且应在 pH 5～6.5 保存于－20℃冰箱。

七、问题讨论

C_4 植物与 C_3 植物中的 RuBP 加氧酶与 RuBP 羧化酶各有什么特点？

实验 29　磷酸烯醇式丙酮酸羧化酶活性的测定

一、实验原理

磷酸烯醇式丙酮酸羧化酶（PEP carboxylase，PEPC）是 C_4 植物和 CAM 植物固定

CO_2的关键酶。

本测定采用酶偶联法测 PEPC 活性，其原理是：在 Mg^{2+}存在下，PEPC 可催化磷酸烯醇式丙酮酸（phosphoenol pyruvate，PEP）与 HCO_3^-形成草酰乙酸（oxaloacetic acid，OAA），后者在苹果酸脱氢酶（MDH）催化下，可被 NADH 还原为苹果酸（MAL）。其反应如下。

$$PEP + HCO_3^- \xrightarrow{\text{PEP 羧化酶}} OAA + Pi$$

$$OAA + NADH \xrightarrow{MDH} MAL + NAD^+$$

通过在 340nm 处测 NADH 的消耗速率进一步推算出 PEPC 的活性。

二、实验目的

了解磷酸烯醇式丙酮酸羧化酶的作用。

三、实验材料、器材和试剂

1. 实验材料　玉米、高粱等 C_4 植物的叶片。

2. 器材　紫外分光光度计，冷冻离心机，组织捣碎机，Sephadex G-25 柱（2cm×45cm），DEAE-纤维素（DE-52，1cm×30cm）柱，紫外检测仪，部分收集器，蠕动泵等。

3. 试剂

（1）提取缓冲液：0.1mol/L Tris-H_2SO_4 缓冲液（pH 7.4），内含 7mmol/L 巯基乙醇，1mmol/L EDTA，5% 甘油。

（2）平衡缓冲液：10mol/L Tris-H_2SO_4 缓冲液（pH 8.2），内含 0.2mmol/L EDTA，0.2mol/L DTT，5% 甘油。

（3）反应缓冲液：0.1mol/L Tris-H_2SO_4 缓冲液（pH 9.2），内含 0.1mol/L $MgCl_2$。

（4）反应试剂：100mmol/L $NaHCO_3$，40mmol/L PEP，1mg/mL NADH（pH 8.9），苹果酸脱氢酶（MDH），硫酸铵粉末等。

四、实验步骤

1. 粗酶液的提取　取玉米或高粱新鲜叶片，洗净并吸去外附水分，去掉中脉，称取 20g 放入冰箱中过夜，次日剪碎放入组织捣碎机中，加入提取缓冲液（已预冷）80mL，20 000r/min 匀浆 2min（运行 30s、间歇 10s，反复匀浆），用 4 层纱布过滤，取滤液于高速冷冻离心机上 11 000*g* 离心 10min，上清液即 PEPC 的粗酶液。以上过程均在 0～4℃条件下进行。

2. 酶的纯化

（1）硫酸铵分步沉淀：将上述粗酶液装入烧杯，于搅拌器上搅拌，缓慢加入固体硫酸铵粉末达到 35% 饱和度，在冰箱中静置 1h，于 11 000*g* 条件下离心 10min；取上清液再缓慢加入固体硫酸铵粉末达到 55% 饱和度，冰箱静置 1h，再于 11 000*g* 条件下离心 10min，弃上清液，沉淀用 8mL 平衡缓冲液复溶。

（2）Sephadex G-25 柱层析：先用平衡缓冲液平衡 Sephadex G-25 柱（2cm×45cm）。将下层溶液上柱，压样 2 次，用平衡缓冲液洗脱，洗脱速度为 50mL/h，通过检测仪，收集有酶活性的部分，于 11 000*g* 条件下离心 10min，上清液即 PEPC 的部分纯化酶液。

（3）DEAE- 纤维素柱层析：把转型的 DEAE-52 装入 1cm×30cm 的层析柱，用平衡缓冲液平衡 2h，将上述已部分纯化的酶液上 DEAE-52 柱，压样 2 次，用平衡缓冲液洗脱，通过紫外检测仪，用部分收集管收集。用平衡缓冲液配制 0～0.6mol/L NaCl 溶液进行连续性梯度洗脱（速度为 30mL/h），收集有酶活性的部分即纯化的 PEPC，用于酶活性的测定。

3. 活性测定 取试管 1 支，依次加入反应缓冲液 1.0mL，40mmol/L PEP、1mg/mL NADH（pH 8.9）、苹果酸脱氢酶和 PEPC 已纯化提取液各 0.1mL，蒸馏水 1.5mL，在所测温度（如 30℃）条件下恒温水浴保温 10min，在 340nm 下测定光密度值（OD_0）；然后加入 100mmol/L $NaHCO_3$ 0.1mL 启动反应，立即计时，每隔 30s 测定一次光密度值（OD_1），记录其变化。

五、结果与分析

$$\text{PEPC 活性}\ [\mu\text{mol/(mL·min)}] = \frac{\Delta \text{OD} \cdot m \cdot v}{d \cdot \varepsilon \cdot 0.1}$$

式中，v 为测定混合液总体积（3mL）；d 为比色杯光程（cm）；0.1 为反应混合液中酶液用量（mL）；m 为酶液稀释倍数；$\Delta OD = OD_0 - OD_1$；ε 为 NADH 于 340nm 处的摩尔消光系数 6.22×10^3 [/(mol · cm)]。

六、注意事项

酶液提取等过程均在低温下进行。

七、问题讨论

C_4 植物和 CAM 植物的 Rubisco 与 PEPC 各有什么作用？

实验 30 植物呼吸酶的简易测定

一、实验原理

呼吸作用可以认为是一系列的氧化和还原作用，其中间步骤是靠各种氧化和还原酶类促进的，根据它们的氧化还原的特性，选用特殊的底物或受氢体，反应后能产生特殊的颜色，从而辨别呼吸酶的存在。

1．脱氢酶是呼吸链中参加电子和氢传递的重要酶之一，包括烟酰胺脱氢酶和黄素脱氢酶。还原型的黄素脱氢酶可被某些试剂氧化，如亚甲蓝与黄素酶作用可发生下列变化。

$$\text{E-FADH}_2 + \text{亚甲蓝} \longrightarrow \text{E-FAD} + \text{甲烯白}$$

还原型黄素酶　（蓝色）　氧化型黄素酶　（无色）

2. 氧化酶能从代谢物上脱氢，并使其与氧直接结合，变成水或过氧化氢，如细胞色素氧化酶、抗坏血酸氧化酶、多酚氧化酶等。

3. 过氧化物酶是卟啉环中含有铁的金属蛋白质。过氧化物酶与过氧化氢形成一种化合物，在这种化合物中的过氧化氢被活化，从而能氧化酚类化合物，其作用如同氢的受体一样。

4. 过氧化氢酶属血红蛋白类，其组成中含有铁，能催化过氧化氢分解为水和分子氧。在此过程中，辅基中的铁原子进行氧化和还原的交替变化。

二、实验目的

了解植物呼吸作用相关酶的简易测定方法。

三、实验材料、器材和试剂

1. 实验材料 马铃薯块茎，黄瓜，豌豆叶，洋葱，甘薯等。

2. 器材 温箱，试管，研钵等。

3. 试剂

（1）0.025% 亚甲蓝溶液，液体石蜡，硝酸钙或氯化钙。

（2）1.5% 愈创木酚乙醇溶液：1.5g 愈创木酚溶于足够的 95% 乙醇溶液，定容至 100mL。

（3）3% H_2O_2：取 30% 的 H_2O_2 10mL，用蒸馏水稀释至 100mL，溶液的有效期为 3～5d。

四、实验步骤

1. 脱氢酶实验

（1）取马铃薯块茎去皮，切成 10 块 5mm 见方的小块，分成两组，其中一组煮沸 20min，然后两组分别放入两个试管中，每个试管中各加入 15mL 0.025% 的亚甲蓝溶液，并在液面上各加一薄层液体石蜡，以阻止空气接触亚甲蓝。

（2）将试管移入 25℃的温箱中，2d 后观察溶液及马铃薯块茎的变化，未经煮沸的试管内溶液会变为无色，而另一管仍为蓝色。然后将试管内液面上的液体石蜡吸去，取出管内的马铃薯小块，放在纸上暴露于空气中，再观察颜色的变化。并说明变化的原因。

2. 氧化酶实验

（1）取去皮的新鲜马铃薯块茎 5～10g，放在研钵中加 15mL 蒸馏水研碎，静置 15min 后，用纱布或脱脂棉过滤。

（2）取去皮的黄瓜 20g，放在研钵中加 15mL 蒸馏水研碎，静置 15min，用纱布或脱脂棉过滤。

（3）观察以上两种滤液的颜色变化，如溶液颜色发生变化，如产生紫色、红色即证明这种材料中既有底物（如酚类物质）又含氧化酶类。在没有发生变化的材料中加入愈创木酚溶液观察颜色变化，如产生红色、紫色时，则表示含氧化酶。氧化程度不同，会表现出不同颜色。如没有颜色变化，则表示没有氧化酶。

另用豌豆叶、洋葱、甘薯等重复上述实验，将其中不能立即使愈创木酚溶液氧化的材料，做下面的实验。

3. 过氧化物酶实验 取上面实验中不能使愈创木酚氧化的植物材料，加水磨碎（加少量硝酸钙或氯化钙），过滤后，分别取滤液 5mL，加到两个试管中，其中一个先煮沸数分钟，然后各加入 10 滴新鲜配制的 1.5% 愈创木酚乙醇溶液和 5mL 3% H_2O_2 溶液，如有褐色或蓝色发生，即表示有过氧化物酶存在。

另取一支试管，只加 H_2O_2 及愈创木酚乙醇溶液，观察有何结果。

4. 过氧化氢酶实验 取新鲜马铃薯块茎去皮，切成边长约 5mm 的小块，分为两组，其中一组煮沸 10min，然后两组分别加到盛有 5mL 3% H_2O_2 的试管中，观察有什么变化，并加以说明。

几分钟后，在未经煮沸的试管中，加 10 滴新鲜的愈创木酚乙醇溶液，观察有什么变化，并加以解释。

五、结果与分析

观察几种呼吸酶在实验中的变化，并说明原因。

六、注意事项

为了使实验效果更明显，注意不同的呼吸酶取用材料有所不同。

七、问题讨论

1. 过氧化物酶与氧化酶的作用有何不同？为什么在过氧化物酶中必须加过氧化氢才能使愈创木酚氧化？

2. 过氧化氢酶与过氧化物酶的作用有何不同？以方程式表示过氧化氢酶对 H_2O_2 的作用。

3. 在做氧化酶试验时，取材用陈年马铃薯与新鲜马铃薯相比，结果有什么不同？为什么？

实验 31 抗坏血酸氧化酶活性的测定

一、实验原理

抗坏血酸氧化酶在有氧情况下，能氧化抗坏血酸（ascorbic acid，AsA）成脱氢抗坏血酸，同时促进氢与空气中的氧结合成水。

抗坏血酸氧化酶的测定是在该酶的最适 pH 及适宜的温度下，向反应瓶中加入一定量的底物 AsA 及酶提取液，让酶作用一段时间，然后测定底物被消耗的数量来计算酶的活性。抗坏血酸被消耗的量，可用碘液滴定剩余的抗坏血酸来测定。

二、实验目的

了解植物体内的末端氧化酶及其与环境条件的关系。通过实验，掌握一种简便快速测定抗坏血酸氧化酶活性的原理和方法。

三、实验材料、器材和试剂

1. 实验材料　水稻黄化幼苗，马铃薯块茎。

2. 器材　50mL 量筒，50mL 锥形瓶，微量滴定管，滴定架，移液管，移液管架，恒温水浴锅，洗耳球，研钵，脱脂棉花等。

3. 试剂

（1）pH 6.0 磷酸盐缓冲液，0.1% 抗坏血酸（实验当天配制），10% 三氯乙酸，1% 淀粉溶液。

（2）16.7mmol/L 碘酸钾溶液：称取 0.3567g 碘酸钾溶于蒸馏水，溶解后定容至 100mL。

（3）0.833mmol/L 碘液配制：称取碘化钾 2.5g 溶于 200mL 蒸馏水中，加冰醋酸 1mL，再加 16.7mmol/L 碘酸钾 12.5mL，最后加蒸馏水至 250mL。

四、实验步骤

1. 酶液提取　称取新鲜样品（水稻黄化苗 2～3g 或者马铃薯块茎 5g）剪碎置于研钵中，加少量石英砂及 pH 6 的磷酸缓冲液，迅速研磨成匀浆（事先将缓冲液用冰水冷却，不使研磨时温度增高）。把全部材料用缓冲液洗入 50mL 容量瓶中，定容至刻度。放在 18～20℃水浴上浸提 30min（其间摇动数次）。然后用脱脂棉花过滤于干净的锥形瓶中备用。

2. 酶活性的测定　取 3 个 50mL 锥形瓶，编号 1～3，先在各瓶中加入 pH 6 磷酸缓冲液 4mL，0.1% 抗坏血酸 2mL，并向 3 号瓶中加入 10% 三氯乙酸 1mL，间隔 1min 在各瓶中依次加入酶液 3mL（视酶活性增减酶用量），准确记录加入酶液的时间，摇匀后将各瓶在 18～20℃水浴中酶促反应 5min，反应时间到后立即加入 10% 三氯乙酸溶液 1mL，以终止酶的活动，然后各瓶加入 1% 淀粉液 3 滴作指示剂，用微量滴定管以 0.833mmol/L 碘液进行滴定，出现浅蓝色为滴定终点。记录滴定值。

五、结果与分析

按下式计算酶活性。

$$\text{抗坏血酸氧化酶活性}[\text{mgAsA}/(\text{g FW}\cdot\text{min})]=\frac{\left(3-\dfrac{1+2}{2}\right)\times 0.44\times\text{酶提取液总量}}{\text{样品重}\times\text{测定时间}\times\text{测定时酶液用量}}$$

式中，0.44 为 1mL 0.833mmol/L 碘液氧化抗坏血酸毫克数；1、2 分别为酶活性测定 1、2 号瓶碘液滴定用量（mL）；3 为空白测定 3 号瓶碘液滴定用量（mL）。

六、注意事项

1. 用棉花过滤时，应提前将棉花拉伸成薄片铺在漏斗内，挤成团易堵塞，根据用量过滤一定量即可，瓶内沉渣无需倒入漏斗。

2. 间隔 1min 在各瓶中依次加入酶液是为了有充裕的时间准确操作，保证各瓶酶促时间一致。

3. 滴定管活塞转动顺畅，是控制滴定流速的必要条件，使用前须检查，必要时重新涂抹凡士林。

七、问题讨论

1. 实验中，抗坏血酸被消耗的量是用对照（空白）剩余量减样品剩余量而得，能否用加入的抗坏血酸量减样品剩余量而得？为什么？

2. 植物细胞内除了抗坏血酸氧化酶外，还有哪些末端氧化酶？末端氧化酶多样性的意义是什么？

实验 32　植物组织中可溶性糖含量的测定（蒽酮法）

一、实验原理

可溶性糖在硫酸作用下生成糖醛或羟甲基糠醛化合物，后者可与蒽酮作用形成蓝绿色络合物（糠醛衍生物），在一定范围内，其颜色深浅与糖含量有定量关系，在 625nm 条件下的吸光度与可溶性糖含量呈正相关（图 2-7）。由于蒽酮试剂与糖反应的呈色强度随时间有变化，故必须在反应后立即在同一时间内比色。该实验方法简便，但没有专一性，绝大部分的糖类都能与蒽酮试剂反应，产生颜色。

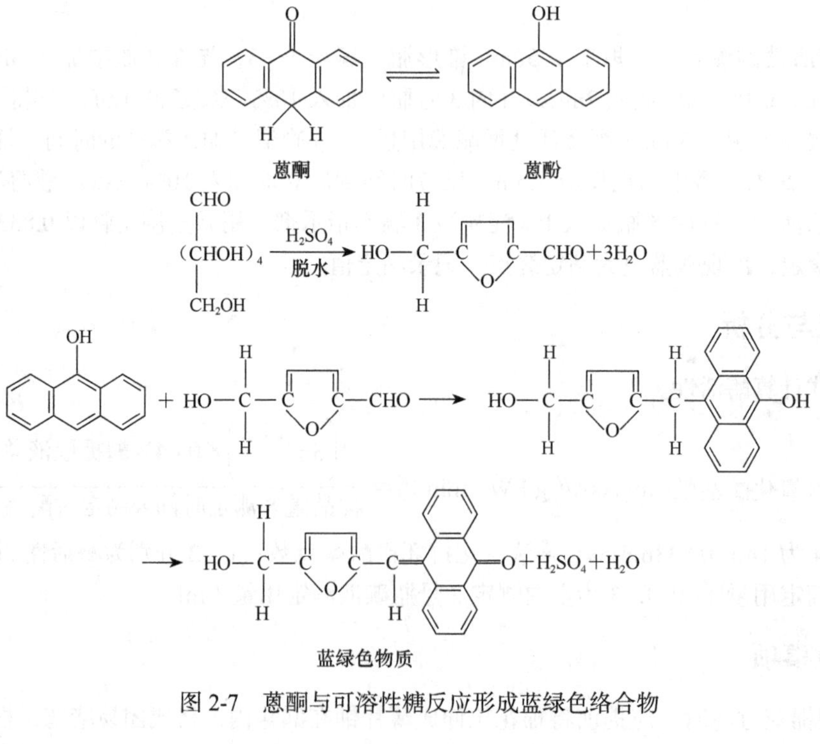

图 2-7　蒽酮与可溶性糖反应形成蓝绿色络合物

二、实验目的

掌握蒽酮法测定植物组织中可溶性糖含量的原理和方法；了解植物体内可溶性糖水平。

三、实验材料、器材和试剂

1. 实验材料 植物叶片或种子。

2. 器材 分光光度计 1 台，恒温水浴锅 1 个，电子天平 1 台，烘箱 1 台，离心机 1 台，10mL 刻度离心管 2 支，漏斗 1 个，带塞试管 10 支等。

3. 试剂

（1）80% 乙醇，活性炭。

（2）葡萄糖标准溶液：称取已在 80℃烘箱中烘至恒重的 D-葡萄糖 100mg，用 80% 乙醇配制成 1000mL 溶液，即得每毫升含糖 100μg 的标准液。

（3）蒽酮试剂：100mg 分析纯蒽酮溶于 100mL 硫酸溶液（将 76mL 相对密度为 1.84 的浓硫酸用蒸馏水稀释到 100mL）中，储存在棕色瓶中，当日配制使用。

四、实验步骤

1. 可溶性糖的提取 将植物叶片或种子在 110℃烘箱中烘 15min，然后把烘箱温度调至 70℃过夜。干叶片磨碎后称取 50mg 样品，倒入 10mL 刻度离心管内，加入 4mL 80% 乙醇，置于 80℃水浴中不断搅拌 40min，离心，收集上清液，其残渣加入 2mL 80% 乙醇重复提 2 次，合并上清液。在上清液中加入 10mg 活性炭，80℃脱色 30min，用 80% 乙醇定容至 10mL，过滤后取滤液测定。

2. 绘制标准曲线 取 20mL 带塞试管 7 支，从 0～6 分别编号，按表 2-24 加入溶液和水。然后按顺序向试管内加入 5mL 蒽酮试剂，摇匀，盖上盖子，在沸水浴煮沸 10min（水浴重沸后开始计时），取出，立即用水冷却至室温，在 625nm 波长处，分别测定各管的 OD 值，用 0 管调零。以 OD 值为纵坐标，葡萄糖含量为横坐标，绘制标准曲线，求出回归方程。

3. 测定 吸取上述糖提取液 1mL，加入 5mL 蒽酮试剂，摇匀，用上述同样的方法，在 625nm 波长处，分别测定各管的 OD 值，用 0 管调零（表 2-24）。从标准曲线查出提取液中的可溶性糖含量。

表 2-24 各试管加溶液和水的量

管号	0	1	2	3	4	5	6
100μg/mL 葡萄糖标准溶液 /mL	0	0.1	0.2	0.4	0.6	0.8	1.0
蒸馏水 /mL	1.0	0.9	0.8	0.6	0.4	0.2	0
葡萄糖量 /μg	0	10	20	40	60	80	100

五、结果与分析

采用下述公式，计算样品中可溶性糖含量。

$$可溶性糖含量（mg/g）=\frac{C\times V_T}{m\times V_1\times 10^3}$$

式中，C 为标准方程求得的糖量（μg）；V_1 为吸取糖样品液的体积（mL）；V_T 为糖提取液的总体积（mL）；m 为样品鲜重（g）；10^3 为 μg 换算为 mg。

六、注意事项

1. 实验中的显色液是强酸溶液，使用中注意安全，不要溅到身上和设备上。
2. 样品的显色条件包括温度、时间、体积等要与标准曲线的一致。

七、问题讨论

1. 蒽酮法测定可溶性糖含量的原理是什么？如何用此法进行准确地测定？
2. 植物组织中的可溶性糖有哪些？是否所有的可溶性糖都可以用蒽酮法测定？
3. 除了蒽酮法外，测定植物可溶性糖含量的方法还有哪些？其原理是什么？

实验 33 总淀粉含量的测定

Ⅰ. 蒽 酮 法

一、实验原理

淀粉是由葡萄糖残基组成的多糖，在酸性条件下加热使其水解成葡萄糖，然后在浓硫酸的作用下，使单糖脱水生成糠醛类化合物，利用蒽酮试剂与糠醛化合物的显色反应，即可进行比色测定。

二、实验目的

掌握蒽酮法测定植物组织中总淀粉含量的原理和方法；了解植物体内总淀粉含量。

三、实验材料、器材和试剂

1. 实验材料 种子或其他植物材料。

2. 器材 分光光度计 1 台，电子天平 1 台，电炉 1 个，漏斗 1 个，50mL 容量瓶 2 个，15mL 带塞试管 10 支，恒温水浴锅 1 个，离心机 1 台，微量加样枪 1 支等。

3. 试剂 浓 H_2SO_4（相对密度 1.84），9.2mol/L $HClO_4$，蒽酮试剂（同实验 32），80% 乙醇，4.6mol/L 和 9.2mol/L 高氯酸。

四、实验步骤

1. 标准曲线制作 同实验 32。

2. 样品提取 称取 50～100mg 粉碎过 100 目筛的烘干样品，置于 15mL 刻度试管中，加入 6～7mL 80% 乙醇，在 80℃水浴中提取 30min，取出离心（3000r/min）5min，收集上清液。重复提取两次（各 10min）同样离心，收集三次上清液合并于烧杯，置于 85℃恒温水浴锅中，使乙醇蒸发至 2～3mL，转移至 50mL 容量瓶，以蒸馏水定容，供可溶性糖的测定。向沉淀中加蒸馏水 3mL，搅拌均匀，放入沸水浴中糊化 15min。冷却后，加入 2mL 冷的 9.2mol/L 高氯酸，不时搅拌，提取 15min 后加蒸馏水至 10mL，混匀，离心 10min，上清液倾入 50mL 容量瓶。再向沉淀中加入 2mL 4.6mol/L

高氯酸，搅拌提取 15min 后加水至 10mL，混匀后离心 10min，收集上清液于容量瓶中。然后用水洗沉淀 1～2 次，离心，合并离心液于 50mL 容量瓶，用蒸馏水定容供测淀粉用。

3. 测定　取待测样品提取液 1.0mL 于试管中，再加蒽酮试剂 5mL，快速摇匀，然后在沸水浴中煮 10min，取出冷却，在 620nm 波长下，用空白调零测定光密度，从标准曲线查出糖含量（μg）。

五、结果与分析

$$淀粉含量（mg/g）=\frac{C\times V_T\times 0.9}{m\times V_1\times 10^3}$$

式中，C 为从标准曲线查得的葡萄糖量（μg）；V_T 为样品提取液总体积（mL）；V_1 为显色时所取样品液的体积（mL）；m 为样品重（g）；0.9 为由葡萄糖换算为淀粉的系数［由于淀粉（$C_6H_{10}O_5$)$_n$ 水解时吸收了 n 个水分子］。

六、注意事项

1．实验中的显色液是强酸溶液，使用中注意安全，不要溅到身上和设备上。

2．实验过程中淀粉应充分分解为葡萄糖，否则实验结果会偏低。

七、问题讨论

1．蒽酮法测定总淀粉含量和可溶性糖含量的原理和方法有何异同点？如何进行准确地测定？

2．除了蒽酮法外，测定植物总淀粉含量的方法还有哪些？其原理是什么？

Ⅱ．碘-淀粉比色法

一、实验原理

对于淀粉含量较少的植株样品，可采用碘-淀粉比色法。淀粉在加热情况下能溶于硝酸钙溶液中，当碘化钾和硝酸钙共存时，碘能以碘-淀粉蓝色化合物沉淀全部淀粉。将此沉淀溶于碱液，并在酸性条件下与碘作用形成蓝色溶液进行比色。

二、实验目的

掌握碘-淀粉比色法测定植物组织中总淀粉含量的原理和方法；了解植物体内总淀粉含量。

三、实验材料、器材和试剂

1. 实验材料　种子或其他植物材料。

2. 器材　分析天平 1 台，研钵 1 个，100mL 和 50mL 容量瓶各 2 个，量筒 2 个，锥形瓶 2 个，恒温水浴锅 1 个，小漏斗 2 个，离心机 1 台，离心管 10 支等。

3. 试剂

（1）80% 硝酸钙溶液，0.1mol/L NaOH，1mol/L HCl。

（2）0.5% 碘液：称 5.00g 结晶碘和 10.00g 碘化钾，放入研钵混合干研，然后加 10mL 蒸馏水研至全部碘溶解，将溶液全部转入 1000mL 容量瓶定容后，贮于磨口试剂瓶。

（3）5% 含碘硝酸钙溶液：取 10mL 80% 硝酸钙溶液，加入 160mL 水，再加入 3mL 0.5% 碘液混匀，现用现配。

（4）标准淀粉溶液：称取纯淀粉 50mg 于研钵中，加 3mL 80% 硝酸钙溶液，研细并转移到 100mL 的锥形瓶中，用 15mL 80% 硝酸钙溶液冲洗研钵，无损失地收集于锥形瓶中。将锥形瓶置于沸水浴中煮沸 5min，冷却后全部转入 50mL 容量瓶中并定容。此液为 1mg/mL 的标准淀粉溶液。

四、实验步骤

1. 淀粉胶体溶液的制备　称取 1～3g 材料，放入研钵，加 5mL 80% 硝酸钙溶液，研磨成糊状移入 100mL 的锥形瓶中，用 10mL 80% 硝酸钙冲洗研钵，无损失地收集于锥形瓶中，瓶口盖上小漏斗，在沸水浴上煮沸 3～5min（材料含淀粉少的 3min，含淀粉多的 5min），使样品中淀粉转变为胶体溶液。

2. 淀粉的提取　给锥形瓶中加 20mL 蒸馏水，混合液转入离心管中离心（2000～3000r/min）2～3min，将离心后的淀粉胶体浑浊液移入 100mL 容量瓶（淀粉含量少时，可移入 50mL 容量瓶），锥形瓶及离心沉淀物用 5～10mL 热蒸馏水冲洗并同样离心，离心液并入容量瓶中（共洗 2～3 次）定容，即淀粉提取液。

3. 淀粉的测定　取 5mL 淀粉待测液，加入到盛有 2mL 0.5% 碘液的离心管中，混匀静置 15min 后离心（3000r/min）5min，弃上清液。沉淀用 5% 含碘硝酸钙溶液冲洗两次，向冲洗后的沉淀中加入 10mL 0.1mol/L NaOH 混匀，将离心管浸入沸水内 5min，使沉淀溶解。将溶液转入 50mL 容量瓶中，加入 0.3mL 0.5% 碘液，用 30mL 左右的水冲洗并入容量瓶，加入 2mL 1mol/L 盐酸，用水定容并显色，在 590nm 波长处测定光密度。

4. 绘制标准曲线　取标准淀粉溶液（1mg/mL）0mL、0.5mL、1.0mL、2.0mL、3.0mL、4.0mL、5.0mL 于 6 个离心管中，用 80% 硝酸钙溶液将各管的体积补足至 5mL，再向各管加入 2mL 0.5% 碘液，混匀静置 15min 后离心，其他操作同样品测定步骤，显色后在 590nm 波长下测定光密度。此系列溶液的淀粉含量分别为 0mg、0.5mg、1.0mg、2.0mg、3.0mg、4.0mg、5.0mg，然后以光密度为横坐标，淀粉含量为纵坐标绘制标准曲线。

五、结果与分析

$$淀粉含量（mg/g）=\frac{C\times V_T}{m\times V_1}$$

式中，C 为从标准曲线查得的葡萄糖量（mg）；V_T 为样品提取液总体积（mL）；V_1 为显色时所取样品液体积（mL）；m 为样品重（g）。

六、注意事项

实验过程中确保样品中的淀粉全部转变为胶体溶液，否则实验结果会偏低。

七、问题讨论

1. 蒽酮法和碘-淀粉比色法测定总淀粉含量的原理和方法有何异同点？如何进行准确地测定？

2. 除了碘-淀粉比色法外，测定植物总淀粉含量的方法还有哪些？其原理是什么？

Ⅲ. 旋 光 仪 法

一、实验原理

淀粉是粮食作物种子胚乳的主要组成部分，为种子的萌发及幼苗的生长提供最基本的营养。淀粉是由葡萄糖聚合而成的，在盐酸的作用下转化成葡萄糖。葡萄糖存在不对称的碳原子，具有旋转偏振光的性质，因此通过旋光仪测定水解液的旋光度，可测定种子中的总淀粉含量。

二、实验目的

掌握用旋光仪法测定植物中的淀粉含量；了解不同植物器官中的淀粉水平。

三、实验材料、器材和试剂

1. 实验材料　干种子或其他植物器官。

2. 器材　磨粉机 1 台，电子天平 1 台，恒温水浴锅 1 个，旋光仪 1 台，旋涡混合器 1 台，20mL 刻度试管 2 支等。

3. 试剂　0.33mol/L HCl 溶液，30% 硫酸锌溶液，15% 亚铁氰化钾溶液，95% 乙醇。

四、实验步骤

1. 磨粉　取 20g 去壳干种子磨粉，磨至 95% 的粉样通过 0.25mm 筛。

2. 淀粉的提取　称取 1g 粉样（精确到 1mg），放入 20mL 刻度试管中。加入 5mL 0.33mol/L HCl 溶液，振荡混匀后，继续加入 5mL 0.33mol/L HCl 溶液。将试管置于沸水中煮沸 10min。取出冷却后，加入 0.5mL 30% 硫酸锌溶液，振荡混匀，释出蛋白质。加入 0.5mL 15% 亚铁氰化钾溶液（若有泡沫加几滴 95% 乙醇），振荡混匀。定容到 20mL 刻度处，摇匀后过滤。

3. 淀粉的测定　在 20～25℃的环境中，用空白液调整旋光仪的零点，测定样品液的旋光度。

五、结果与分析

根据下列公式计算总淀粉含量。

$$\text{总淀粉含量（风干基）}=\frac{20\times\alpha\times100\%}{\alpha_{\mathrm{D}}^{20}\times L\times m(1-H)}$$

式中，α 为样品液的旋光度；20 为样品液总体积（mL）；L 为旋光管的长度（dm）；m 为样品的质量（g）；H 为水分含量；α_D^{20} 为淀粉的比旋度，因不同作物而异。

六、注意事项

1. 盐酸的浓度必须控制在 0.31～0.33mol/L。
2. 蛋白质含量高的作物应适当增加硫酸锌溶液的用量。
3. 淀粉的比旋度因不同作物略有差异。

七、问题讨论

试比较蒽酮法、碘-淀粉比色法和旋光仪法测定总淀粉含量的原理和方法的异同点。如何分别进行准确地测定？

实验 34 直链淀粉和支链淀粉含量的测定

一、实验原理

直链淀粉和支链淀粉是淀粉的两个组成部分，都可以同碘形成碘-淀粉络合物。直链淀粉与碘形成蓝色络合物，而支链淀粉与碘形成棕红色络合物。一般直链淀粉与碘形成络合物的颜色变化大，在一定范围与直链淀粉的含量呈正相关。而支链淀粉与碘形成络合物的颜色变化小，随着溶液 pH 的不同，吸光度也不同，且受直链淀粉的干扰较大，因此，支链淀粉的测定一般是通过测定总淀粉含量及直链淀粉含量之后，扣除总淀粉中的直链淀粉含量而得到的。

二、实验目的

掌握测定直链淀粉和支链淀粉的原理和方法；了解不同植物品种中直链淀粉和支链淀粉的含量。

三、实验材料、器材和试剂

1. 植物材料 干种子或其他植物器官。

2. 器材 磨粉机 1 台，电子天平 1 台，分光光度计 1 台，旋涡混合器 1 台，烘箱 1 台，恒温水浴锅 1 个，真空干燥器 1 个，50mL 具塞试管 4 支，100mL 容量瓶 10 个等。

3. 试剂

（1）碘贮备液及碘试剂：2g 碘，20g 碘化钾用蒸馏水溶解并定容至 100mL，为贮备液；取 10mL 碘贮备液用蒸馏水稀释至 100mL，即碘试剂。

（2）1mg/mL 直链淀粉标准溶液：取 0.1000g 烘干（55～56℃真空干燥）的马铃薯直链淀粉纯品，加入 1mL 无水乙醇湿润样品后，再加入 9mL 1mol/L NaOH 溶液，于沸水浴煮 10min，冷却，定容至 100mL。

（3）1mg/mL 支链淀粉标准溶液：选择与待测样品相近的蜡质标准品，称取 0.1000g，与直链淀粉的制备方法一样。

（4）1mol/L 和 0.09mol/L NaOH，无水乙醇，1mol/L 乙酸，石油醚。

四、实验步骤

1. 磨粉　取去除表皮层的胚乳，用磨粉机将样品粉碎，全部通过 0.177mm 筛。

2. 绘制标准曲线　取 6 个 100mL 容量瓶，分别加入 1mg/mL 直链淀粉标准溶液（0mL、0.25mL、0.50mL、1.00mL、1.50mL、2.00mL），依次加入 1mg/mL 支链淀粉标准溶液 5.00mL、4.75mL、4.50mL、4.00mL、3.50mL、3.00mL，另用 5mL 0.09mol/L NaOH 溶液作空白。然后，加入 50mL 蒸馏水、1mL 1mol/L 乙酸和 1mL 碘试剂，混合 10min 后，在 620nm 处比色，绘制标准曲线或建立回归方程。

$$Y=a+bX$$

式中，Y 为直链淀粉的含量（风干基）；a 为截距；b 为斜率；X 为吸光度。

3. 淀粉的测定　称取 0.1000g 粉样，加入 1mL 无水乙醇湿润样品后，加入 9mL 1mol/L NaOH 溶液，于沸水浴煮 10min，冷却，定容至 100mL。取 20mL 于 50mL 具塞试管中，加入 7～10mL 石油醚，旋涡振荡 10min，静止 15min，分层后吸去石油醚层，重复操作 2～3 次。取脱脂液 5mL，于 100mL 容量瓶中，加入 50mL 蒸馏水、1mL 1mol/L 乙酸和 1mL 碘试剂。摇匀，定容至 100mL，10min 后比色测定，计算直链淀粉含量。

五、结果与分析

1. 根据下列公式计算直链淀粉含量

$$\text{直链淀粉含量（风干基）}=\frac{C\times V_T\times 100\%}{V_1\times m\times(1-H)}$$

式中，C 为从回归方程中求出的直链淀粉含量（mg/mL）；V_T 为提取的淀粉溶液的总体积（mL）；V_1 为用于显色的淀粉溶液的体积（mL）；m 为样品的质量（g）；H 为水分含量。

2. 根据下列公式计算支链淀粉含量

支链淀粉含量（风干基）＝总淀粉含量－直链淀粉含量

总淀粉含量测定见实验 33 旋光仪法。

六、注意事项

脂肪对直链淀粉的显色有较大影响，因此对种子中含油量较高的部分要除尽。如测定结果依然偏低，应用甲醇处理粉样。

七、问题讨论

如何测定植物组织中的总淀粉、直链淀粉和支链淀粉的含量？

实验 35　植物粗纤维含量的测定

一、实验原理

测定粗纤维是用硫酸、碱、乙醇、乙醚相继处理样品。硫酸水解某些不溶解的糖类，碱能使蛋白质转变成可溶态，并除去脂肪及溶解不能被酸溶解的半纤维素和某些木质素。

乙醇和乙醚能抽出树脂、单宁、色素及剩余的脂肪和蛋白质。

二、实验目的

掌握测定植物粗纤维的原理和方法；了解植物体内粗纤维的含量。

三、实验材料、器材和试剂

1. 实验材料 植物叶片或果实。

2. 器材 电子天平 1 台，烘箱 1 台，容量瓶 2 个，称量瓶 2 个，锥形瓶 2 个，漏斗 2 个等。

3. 试剂

（1）70%～80% 乙醇，1.25% NaOH。

（2）1.25% 硫酸溶液：取相对密度为 1.84 的浓硫酸 13mL，加水稀释到 1L。

四、实验步骤

1. 称量 将磨碎的样品 3g，装入已知质量的称量瓶中，在电子天平上准确称量，无损失地倒入锥形瓶里。于已知质量的称量瓶中烘干滤纸。

2. 酸处理 在烧瓶外壁上，相当 200mL 容量瓶处用记号笔做记号。将 200mL 1.25% 的硫酸倒入瓶中，加热至沸腾再继续 30min，加热时为防止剧烈沸腾，应连续搅拌。每 5min 向瓶内倒入沸水，使其内容物达到记号，以便保持酸浓度不变。

3. 过滤 煮沸之后，用带有已知质量滤纸的漏斗过滤，并用蒸馏水冲洗烧杯及漏斗，直至滤液用石蕊试纸测定为中性反应为止。

4. 碱处理 用 1.25% NaOH 将滤纸上的沉淀物完全洗入瓶内，将其加热至沸腾再继续 30min，同上操作。

5. 洗涤 煮沸冷却后，用原来所用的已知质量的滤纸过滤，用蒸馏水冲洗 2～3 次，再用乙醇冲洗 2～3 次，直至滤液无色。

6. 烘干 将滤纸和沉淀放入已知质量的称量瓶中，在 100～105℃的烘箱中烘至恒重并称重。

五、结果与分析

已知滤纸质量为 m_1，滤纸及纤维质量为 m_2，则

$$粗纤维的含量=(m_1/m_2)\times 100\%$$

六、注意事项

在强酸强碱处理加热时，为防止剧烈沸腾，应连续搅拌。同时应及时补足沸水，以便保持酸碱浓度不变。

七、问题讨论

1. 粗纤维的测定还有哪些测定方法？其原理是什么？

2. 如何用此法准确测定植物粗纤维?

实验 36 抗坏血酸含量的测定(双吡啶法)

一、实验原理

在酸性条件下,还原型抗坏血酸可以把铁离子还原成亚铁离子,亚铁离子与双吡啶反应,形成红色螯合物,对 525nm 波长的吸收值与 AsA 含量呈正相关,故可用比色法测定。氧化型抗坏血酸(DHA)可由 DTT 还原成 AsA,而多余的 DTT 又可被乙基马来酰亚胺清除。测定 AsA 总量,从中减去还原型 AsA 即 DHA 含量。

二、实验目的

掌握双吡啶法测定植物组织中抗坏血酸含量的原理和方法;了解植物体内抗坏血酸的水平及生理意义。

三、实验材料、器材和试剂

1. 实验材料 植物叶片或水果。

2. 器材 分光光度计 1 台,恒温水浴锅 1 个,电子天平 1 台,离心机 1 台,研钵 1 个,微量加样枪 1 支,漏斗 1 个,带塞试管 12 支等。

3. 试剂 5% 磺基水杨酸,1.84mol/L 三乙醇胺,内含 2.5mmol/L EDTA 的 50mmol/L 磷酸缓冲液(pH 7.5),10% 三氯乙酸(TCA),44% 磷酸,4% 双吡啶(用 70% 乙醇配制),3% $FeCl_3$,10mmol/L DTT,0.5% 乙基马来酰亚胺,2.5mmol/L 乙二胺四乙酸二钠(EDTA)。

四、实验步骤

1. 抗坏血酸的提取 称取植物材料 1g,加入预冷的 5% 磺基水杨酸 5mL 和少许石英砂,充分冰浴研磨后,转入离心管中,于 4℃条件下 10 000g 离心 20min,将上清液定容到 5mL,直接进行 AsA/DHA 分析,或分装后于−85℃液氮冷冻保存备用。

2. 总的抗坏血酸(AsA+DHA)的测定 取 100μL 上清液,加入 24μL 1.84mol/L 三乙醇胺以中和样液,加入 250μL 50mmol/L 磷酸缓冲液(pH 7.5,内含 2.5mmol/L EDTA),加入 50μL 10mmol/L DTT,25℃保温 10min,使 DHA 还原为 AsA,加入 0.5% 乙基马来酰亚胺 50μL,混匀,以除去剩余的 DTT,此时分别加入 10% TCA、44% 磷酸和 4% 双吡啶各 200μL,混匀,加入 3% $FeCl_3$ 100μL,混匀,40℃水浴 40min,在 525nm 处测出 OD 值。

3. AsA 的测定 操作步骤同上,只要把上述的 DTT 和乙基马来酰亚胺用等体积的蒸馏水替代即可。以 5% 磺基水杨酸为溶剂配制浓度为 0mg/L、2mg/L、4mg/L、6mg/L、8mg/L、10mg/L 的 AsA 系列标准溶液,用同样的方法制作 AsA 标准曲线。

五、结果与分析

从标准曲线中查出相应的 AsA 的浓度,用 μmol/g FW 分别表示总的抗坏血酸(AsA+

DHA）含量、还原型抗坏血酸（AsA）含量和氧化型抗坏血酸（DHA）含量。

$$\text{AsA 含量（μmol/g）}=\frac{C}{m}\times V_{\mathrm{T}}$$

式中，C 为标准曲线上查出的 AsA 浓度（μmol/mL）；V_{T} 为提取液的总体积（mL）；m 为材料的鲜重（g）。

六、注意事项

1. 离心后的上清液应定容到一个准确的体积，以便于含量的计算。
2. 抗坏血酸的提取液（AsA 粗提液）pH 应中和到 7.0 左右后，才能进行显色反应。

七、问题讨论

1. 除了此法外，你还知道哪些测定 AsA 的方法？
2. 实验中为何要加入 DTT 和乙基马来酰亚胺？若不加这两种试剂，实验结果将如何？

实验 37　硝酸还原酶活性的测定

Ⅰ. 活 体 法

一、实验原理

硝酸还原酶（nitrate reductase，NR）是植物氮素代谢的关键酶，与作物吸收和利用氮肥有关。它以 NO_3^- 为底物，使之还原为 NO_2^-。

$$NO_3^- + NADH + H^+ \xrightarrow{NR} NO_2^- + NAD^+ + H_2O$$

产生的 NO_2^- 可以从组织内渗透到外界溶液中，并积累在溶液中，测定反应液 NO_2^- 的增加，即表现该酶活性的大小。这种方法简便易行，在一般条件下都能做到。

NO_2^- 含量的测定用磺胺（对氨基苯磺酸胺）比色法。在酸性溶液中磺胺与 NO_2^- 形成重氮盐，后者进一步与 α-萘胺偶联形成红色的偶氮染料。反应液的酸度大则提高重氮化作用的速率，氮降低偶联作用的速率，颜色比较稳定。升高温度可以提高反应速率，氮降低重氮盐的稳定度，所以反应需要在相同条件下进行。这种方法非常灵敏，能测定每毫升含 0.25μg 的 $NaNO_2$。

二、实验目的

掌握活体法测定植物组织中硝酸还原酶活性的原理和方法；了解植物体内硝酸还原酶活性的大小及生理意义。

三、实验材料、器材和试剂

1. **实验材料**　蓖麻、向日葵、锦葵、小麦、棉花等植物叶片。
2. **器材**　分光光度计 1 台，真空泵 1 个，温箱 1 个，电子天平 1 台，真空干燥器

1个，钻孔器1个，锥形瓶2个，微量加样枪1支，试管10支等。

3. 试剂

（1）0.1mol/L pH 7.5 磷酸缓冲液。

（2）0.2mol/L KNO_3：溶解 20.22g KNO_3 于 1000mL 蒸馏水中。

（3）磺胺试剂：1g 磺胺加 25mL 浓盐酸，用蒸馏水稀释至 100mL。

（4）α-萘胺试剂：0.2g α-萘胺溶于含 1mL 浓盐酸的蒸馏水中，稀释至 100mL。

（5）$NaNO_2$ 标准溶液：1g $NaNO_2$ 用蒸馏水溶解成 1000mL。然后吸取 5mL，再加蒸馏水稀释成 1000mL，此溶液含 $NaNO_2$ 5μg/mL，用时稀释。

四、实验步骤

1. 酶促反应 用水洗净新鲜取回的叶片，用吸水纸吸干，然后用钻孔器钻成直径约 1cm 的叶圆片，用蒸馏水洗涤 2～3 次，吸干水分，然后称取等重的叶圆片两份，每份 0.3～0.4g，分别放于含有下列溶液的锥形瓶中：① 0.1mol/L pH 7.5 磷酸缓冲液 5mL＋蒸馏水 5mL，作为对照组；② 0.1mol/L pH 7.5 磷酸缓冲液 5mL＋0.2mol/L KNO_3 5mL，作为实验组。然后将锥形瓶置于真空干燥器中，接上真空泵抽气 5min 左右，放气后叶圆片沉于溶液中（若无真空泵，也可以用注射器代替，反应液和叶圆片放入注射器后，用手堵住出口，反复拉放注射器，直至叶圆片沉入溶液为止）。将锥形瓶置于 30℃温箱中，避光进行酶促反应 30min，然后分别吸取反应液 1mL，以测定 NO_2^- 含量。

注意：取样前叶子要进行一段时间的光合作用，以积累糖类，如果组织中糖类含量低，会使酶活性降低，此时则可在反应液中加入 30μg 3-磷酸甘油醛或 1,6-二磷酸果糖，能显著增加 NO_2^- 的产生。

2. NO_2^- 含量的测定 保温 30min 结束后，吸取反应液 1mL，加入磺胺试剂 2mL，混合摇匀后再加入 α-萘胺试剂 2mL，再次混合摇匀，静止 30min，用分光光度计于 520nm 处测定光密度，记下 OD 值，从标准曲线上查出 NO_2^- 浓度，再计算酶活力。

3. 绘制标准曲线 吸取不同质量浓度的 $NaNO_2$ 溶液（0μg/mL、0.5μg/mL、1μg/mL、2μg/mL、3μg/mL、4μg/mL、5μg/mL）各 1mL 于试管中，加入磺胺试剂 2mL 及 α-萘胺试剂 2mL，混合摇匀，静止 30min（或于一定温度水浴保温 30min），立即用分光光度计于 520nm 处比色。以 OD 值为纵坐标，$NaNO_2$ 质量浓度为横坐标，绘制 OD-质量浓度标准曲线，求出标准曲线方程。

五、结果与分析

采用下述公式，计算样品中 NR 活性。

$$\text{硝酸还原酶活性}\left[\mu g/(g \cdot h)\right] = \frac{C \times V}{m \times t}$$

式中，C 为标准曲线上查出的 NO_2^- 浓度（μg/mL）；V 为样品反应液的总体积（mL）；m 为样品鲜重（g）；t 为反应时间（h）。

Ⅱ. 离 体 法

一、实验原理

同活体法。

二、实验目的

掌握离体法测定植物组织中硝酸还原酶活性的原理和方法；了解植物体内硝酸还原酶活性的大小及生理意义。

三、实验材料、器材和试剂

1. 实验材料 蓖麻、向日葵、锦葵、小麦、棉花等植物叶片。

2. 器材 分光光度计 1 台，冷冻离心机 1 台，温箱 1 个，电子天平 1 台，研钵 1 个，微量加样枪 1 支等。

3. 试剂

（1）提取液：25mmol/L pH 7.4 磷酸缓冲液，内含 1mmol/L EDTA（292mg/L）、10mmol/L 半胱氨酸（1.21g/L）。

（2）0.1mol/L KNO_3：溶解 10.11g KNO_3 于 1000mL 蒸馏水中。

（3）2mg/L NADH：2mg NADH 溶于 1L 水中。

（4）磺胺试剂、α-萘胺试剂和 $NaNO_2$ 标准溶液同活体法。

四、实验步骤

1. 酶液的提取 把材料剪下，洗净，用吸水纸吸干，切成小块。称取 0.5g 于研钵中，冷冻 30min。然后加入适量的石英砂和提取液 2mL，研磨匀浆。匀浆用二层纱布过滤，在 0～4℃、5000r/min 离心 20min，得到的上清液即酶粗提液。

2. NO_2^- 含量的测定 吸取酶粗提液 0.2mL 于一试管中，加入 0.5mL KNO_3 溶液和 0.3mL NADH，混合后 25℃保温 30min。保温结束后立即加入磺胺试剂 2mL 及 α-萘胺试剂 2mL，混合摇匀，静止 15min（或于一定温度水浴保温 15min），用分光光度计于 520nm 处测定光密度，记下 OD 值，以不加 NADH 的（加水 0.3mL）作为空白对照。从标准曲线上查出 NO_2^- 含量，再计算酶活力。

3. 绘制标准曲线 同活体法。

五、结果与分析

采用下述公式，计算样品中 NR 活性。

$$\text{NR 活性}\ [\mu g/(g\cdot h)] = \frac{C \times V_T}{m \times V_1 \times t}$$

式中，C 为标准曲线上查出的 NO_2^- 含量（μg/mL）；V_T 为酶粗提液的总体积（mL）；V_1 为吸取酶粗提液的体积（mL）；m 为样品鲜重（g）；t 为反应时间（h）。

六、注意事项

1．为了提高 NR 活性，实验前一天可以用硝酸盐灌根或喷施叶片。

2．样品的显色条件包括温度、时间、体积等要与标准曲线的一致。

七、问题讨论

1．试比较不同植物叶片的酶活性。

2．为什么取样前植物必须进行充分的光合作用，而酶促反应过程中又必须在黑暗条件下进行？

3．试比较活体法和离体法的优缺点。

实验 38　植物对矿质离子的运输

一、实验原理

实验标本中示踪核素所放出的射线作用于 X 线底片时，可使底片上的卤化银颗粒“感光”，并经过底片加工，使“感光”卤化银颗粒中的 Ag^+ 还原为金属银原子，从而得到黑色的痕迹。通过观察底片上的黑点，就可得知极微量放射性示踪原子在植物组织或器官中的位置和分布密度，从而了解植物对矿质离子的运输情况。

二、实验目的

学习放射自显影技术；了解磷在植物体内的运输途径。

三、实验材料、器材和试剂

1．实验材料　水稻或小麦等的植株。

2．器材　烘箱，暗室，X 线底片，X 线暗盒，培养缸，玻璃纸等。

3．试剂

（1）^{32}P 完全营养液：以 ^{32}P-NaH_2PO_4 制剂加入到营养液中配制成比活度为 18.5～37kBq/mL 的 ^{32}P 完全营养液。

（2）显影液：800mL 水中（35～45℃）加入 2.2g 对甲氨基酚硫酸盐、72g 无水亚硫酸钠、8.8g 对苯二酚和 4g 溴化钾，加水至 1000mL。

（3）酸性坚膜定影液：500mL 水中（50℃）加入 240g 硫代硫酸钠（海波）、15g 无水亚硫酸钠、7.5g 硼酸、48mL 28% 乙酸和 15g 钾矾，加水至 1000mL。

四、实验步骤

1．材料培养　取水稻、小麦或其他植物的幼苗数株，用水洗去根部的泥沙，插入比活度为 18.5～37kBq/mL 的 ^{32}P 完全营养液中培养 24h。

2．材料处理　取出培养的植株，充分洗去表面吸附的放射性物质，用滤纸吸干，整形后放在垫有草纸和吸水纸的木质标本夹中间，并固定标本夹，然后置于烘箱中 60℃

烘干。

3. 曝光 将烘干的植物样品取出并固定在纸板上，然后放入X线暗盒中，放置的顺序如下：打开暗盒垫入2张草纸，将标本置于草纸上，上盖一张玻璃纸。

在暗室中安全灯下将裁好的X线底片放在玻璃纸上，位置必须与植物标本相对应，其上再覆盖一层玻璃纸。

关闭暗盒，存放于干燥且无放射源的地方曝光。曝光时间的长短与放射源的比活度和种类、植物的生理活性、X线底片的灵敏度等因素有关。一般选用实验曝光法。所谓实验曝光法，就是多制备一些自显影标本，每隔一定的时间取片冲洗，直至选到影像最佳的片子，此时的时间定为最佳的曝光时间。本实验曝光时间为8～24h。

4. 显影和定影 曝光到适当时间之后，在暗室中从X线暗盒里取出X线底片进行显影和定影。18℃条件下显影3～4min，定影15min即可。定影后将片子在流水中冲洗数十分钟，取出在室温下晾干。

五、结果与分析

观察自显影片以影像中的黑度来判断标本中放射性^{32}P的分布与数量，确定磷的运输途径。

六、注意事项

1. 洗净植物体表黏附的放射性物质。
2. 曝光期间防止X线暗盒漏光及标本和X线底片之间的位移。
3. 确定适当的曝光时间。
4. 控制显影时间。

七、问题讨论

1. 自显影曝光时间的长短取决于哪些因素？
2. 标本与X线底片之间为什么要隔一层玻璃纸？

实验39 应用^{32}P测定磷在植物体内的运输与分布

一、实验原理

应用^{32}P研究植物对磷的吸收及其在植物体内的运输、分布、积累、有机物质转化与再分配等，是非常方便且有效的手段。^{32}P衰变时能放出高能（1.71MeV）β射线，所以，它在植物体内的行迹易被盖革计数器或闪烁计数器等放射线检测仪器检出。例如，小麦在分蘖期根部吸收的营养元素大部分分配在主茎，呈现出主茎优势，也有一部分分配给分蘖。分蘖和主茎之间营养物质随营养状况和分蘖势的不同，有不同的相互转运状况。利用^{32}P示踪法可以很方便地了解主茎和分蘖之间的物质分配和转运的动态关系。

用^{32}P示踪法研究磷在植物体内的运输和分布，其^{32}P引入方法主要有以下几种。

1. 孔灌法　在植株两侧离株10～15cm处的表土层上，各打两个孔，孔深15～20cm（视植株大小而定），直径2～3cm，两孔相隔5cm左右，然后每孔中注入比活度为111～185kBq/mL的^{32}P-NaH_2PO_4溶液10mL，立即将孔堵死。

2. 涂叶法　在植株功能叶或分别在不同部位的叶片上，滴加比活度为1480kBq/mL的^{32}P-NaH_2PO_4溶液0.1mL，立即用细玻棒轻轻涂布于叶面上，注意涂的部位和面积要一致。为易于附着，也可先用少量5%甘油涂叶面，或先放一层薄薄的脱脂棉，而后均匀地加^{32}P-NaH_2PO_4溶液于其上。

3. 包茎法　在植株茎基部周围，轻轻刮去一层薄皮（不要剥去韧皮部），用脱脂棉吸收^{32}P-NaH_2PO_4溶液（比活度为1480kBq/mL，每株0.5mL，木本植物应提高比活度），包于茎上，外面盖上塑料布用线扎好。

4. 注射法　禾谷类茎中空，可用比活度为370kBq/mL左右的^{32}P-NaH_2PO_4直接注入让其吸收运转。

二、实验目的

观察^{32}P在植物体内运输、分布的动态及^{32}P在植物体内的再分配与植物生长中心的关系。

三、实验材料、器材和试剂

1. 实验材料　盆栽或水培的小麦或菜豆幼苗。

2. 器材　DBX-1A型野外定标器1台，FH408型定标器（或FH463B型智能定标器）1台，盖革计数器1台，射线防护设备1个，烘箱1台，磨粉机1台，剪刀1把，测样盘1个，镊子1把，搪瓷盘1个，粗滤纸1张，烧瓶1个等。

3. 试剂　脱脂棉1包，^{32}P-NaH_2PO_4（37MBq），5%甘油等。

四、实验步骤

1. ^{32}P示踪剂引入　取盆栽带有1～2个分蘖的盆栽小麦，采用涂叶法在心叶下一叶引入^{32}P-NaH_2PO_4放射性溶液，其中标记主茎叶5～10株，第一分蘖叶10～20株，第二分蘖叶10～30株。

引入^{32}P-NaH_2PO_4 10～72h内，可用野外定标器检测标记情况。^{32}P-NaH_2PO_4标记主茎叶者测分蘖，^{32}P-NaH_2PO_4标记分蘖叶者测主茎（测量时要注意屏蔽标记部分）。

2. ^{32}P植物样品的制备　引入^{32}P-NaH_2PO_4后72h，连根挖出示踪小麦，仔细地冲洗标记叶片表面黏附的放射性物质和根部的泥土。

将植株按部位分离：主茎的新叶、标记叶、其他各叶及根；分蘖的标记叶和其他各叶，同样处理的各植株的相同部分合并在一起，剪下后分别装入有标号的牛皮纸袋内。

将样品置于烘箱中110℃杀青15～20min，再降温至80℃烘干至恒重。

取出烘干样品分别称量、剪碎，在磨粉机或研钵中磨成细粉。然后各称取100mg，铺样于直径约为1.5cm的测样盘中待测。

3. ^{32}P样品的测量　将各样品置于盖革计数器下测定其相对放射性活度（cpm）。

五、结果与分析

1. 校正 按 ^{32}P 衰变公式，对所测数据进行衰变校正，校正到便于比较的时刻。

$$I=I_0 e^{-0.693\times\frac{t}{T}}$$

式中，I_0为原始放射性活度（cpm）；I为现时放射性活度（cpm）；t为时间（d）；T为半衰期（^{32}P 为 14.3d）。

2. 列表比较 由所测得的并经衰变校正的数据列表，以每干物质放射性比活度表示（cpm/g），并根据各部分干物质质量计算其相对放射性总活度（cpm），然后进行比较，仔细分析主茎和分蘖之间物质的分配和转移，阐明主茎和分蘖之间物质的分配关系。

六、注意事项

在整个实验过程中，均需严格按放射性工作操作规程进行。

七、问题讨论

^{32}P 在主茎和分蘖之间的吸收、转移和分配情况如何？

实验 40 花色素苷的提取纯化及其光谱分析

一、实验原理

花色素苷是一类水溶性黄烷类植物色素，存在于植物的液泡中，赋予水果、蔬菜、花卉红色、蓝色、粉红色、紫色等五彩缤纷的颜色，也为现代食品工业提供诱人的天然食用色素，与人工合成的食用色素相比，花色素苷具有营养、保健和安全等特点。

花色素苷是一种糖苷，其非糖部分称为花色素，花色素的母核为 2-苯基苯并吡喃，不同花色素是苯并吡喃环 3、5、7 的羟基取代物和 2-苯环 3、4、5 的羟基或甲氧基取代物（图 2-8），游离的花色素极偶见，常与一至几个单糖以 β-糖苷键形成花色素苷，成苷位置在 3 位和 5 位，最常见成苷的单糖是葡萄糖，另外还有鼠李糖、半乳糖、木糖和阿拉伯糖，成苷的二糖主要有芸香二糖和芦丁糖。

花色素苷的颜色归因于其发色团——花色素。不同的花色素具有不同的颜色，如天竺葵素、矢车菊素和芍药色素为红色，飞燕草素为蓝色，牵牛花素为紫色。即使是同一花色素的

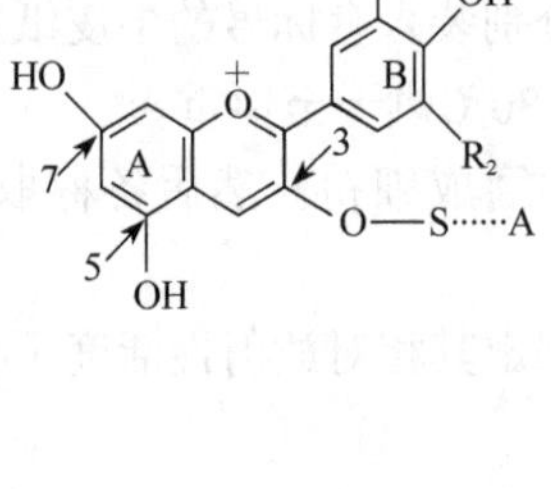

S—— 糖 (suger)，A—— 酸 (acid)

花色素分子	取代基	R_1	R_2
Pg天竺葵素		H	H
Cy矢车菊素		OH	H
Dp飞燕草素		OH	OH
Pn芍药色素		OCH_3	H
Pt牵牛花素		OH	OCH_3
Mv锦葵色素		OCH_3	OCH_3

图 2-8 花色素苷的结构

颜色也会有变化，主要是受介质 pH 的影响，偏酸性时呈红色，偏碱性时呈蓝色。另外，介质中的金属离子、辅色素也会影响花色素苷的颜色。因此，植物界呈现丰富多彩的颜色。

本实验根据花色素苷可溶于水和在低 pH 下较稳定、带正电荷等特性，用 0.5mol/L 的 HCl 浸提花瓣花色素苷，通过 Amberlite XAD-7 树脂吸附层析柱除去其他杂质，得到初步纯化的花色素苷。Amberlite XAD-7 树脂是一种人工合成的中等极性的非离子型大网格丙烯酸树脂，它的比表面积达 $450m^2/g$，孔径约 9nm，虽然它是多孔的，但溶解物质穿透进孔内的能力很弱，吸附作用主要发生在吸附剂表面。由于 Amberlite XAD-7 树脂对在低 pH 下带正电荷的花色素苷有较强的吸附力，而对其他不带电荷的杂质如糖类、有机酸等吸附力较弱，因此这些杂质可通过洗涤除去，然后用甲醇将被吸附的花色素苷洗脱下来，达到花色素苷初步纯化的目的。

花色素苷在不同的 pH 下呈现不同的颜色是因为花色素苷在不同的 pH 下呈不同的结构。当 pH<3 时，花色素苷以红色的锌盐阳离子存在；随着 pH 升高至 4～5，红色的锌盐阳离子转变成无色的非离子型，继而转变成假碱式花色素苷；当 pH>7 时，花色素苷以蓝紫色的阴离子存在。在一定 pH 下，花色素苷的两种结构之间存在动态平衡，它们之间的比例由具体的 pH 而定。例如，pH 1 下锌盐阳离子比例比 pH 3.5 的高，颜色较红。对不同 pH 下的花色素苷进行光谱分析，可在一定程度上理解花色素苷在不同 pH 下的颜色与结构的变化。

二、实验目的

掌握花色素苷的提取纯化方法；了解花色素苷的吸收光谱及生理意义。

三、实验材料、器材和试剂

1. 实验材料　红玫瑰花瓣或其他红色花瓣。

2. 器材　层析柱（1cm×40cm）1 个，旋转蒸发仪 1 台，紫外分光光度计 1 台等。

3. 试剂　0.5mol/L HCl，Amberlite XAD-7，0.1% HCl 甲醇，pH 1.0 0.4mol/L KCl/HCl，pH 3.0、pH 5.0、pH 7.0 的 0.4mol/L 柠檬酸 / 磷酸氢二钠缓冲液等。

四、实验步骤

1. 花色素苷的提取　将 10g 玫瑰花瓣剪碎，加入 100mL 0.5mol/L 的 HCl 中浸提过夜，过滤得玫瑰花色素苷提取液。

2. Amberlite XAD-7 树脂吸附层析柱的装填　吸附层析柱一般为玻璃管或有机玻璃管，柱下端有一块烧结玻璃，管内装吸附剂，管顶有磨口塞，通过胶管可与样品溶液、洗脱液连接进行加样、洗涤和洗脱，管下端为排出管，可用胶管与连接收集器连接。将 Amberlite XAD-7 树脂用蒸馏水溶胀，沿玻棒慢慢地倒入层析柱，用柱下端胶管的螺旋夹控制出水口保持较慢的流速，使装填物均匀地自然下降。注意柱的任何部分不能流干，即在柱的表面始终保持着一层水。柱高度可控制在离上端 8cm 左右。装好后可在柱上端放上一张与柱宽度相近的圆形滤纸。

3. 玫瑰花色素苷的初步纯化　将玫瑰花色素苷提取液上 Amberlite XAD-7 树脂吸附层析柱（1cm×40cm），上完样后用 300mL 蒸馏水洗柱以除杂质，然后用 0.1% HCl 甲醇洗脱，收集红色的洗脱液，用减压旋转蒸发仪在低于 40℃条件下浓缩和除去甲醇。

4. 玫瑰花色素苷在不同 pH 下的光谱分析 取一定量玫瑰花色素苷浓缩液分别用 pH 1.0 的 0.4mol/L KCl/HCl，pH 3.0、pH 5.0、pH 7.0 的 0.4mol/L 柠檬酸 / 磷酸氢二钠缓冲液稀释至 50mL，平衡 30min 后，用紫外可见分光光度计测定不同 pH 下的可见光吸收光谱。

五、结果与分析

比较不同 pH 下花色素苷的可见光吸收光谱。

六、注意事项

1. 实验中的显色液是强酸溶液，使用中注意安全，不要溅到身上和设备上。
2. 样品的显色条件包括温度、时间、体积等要与标准曲线的一致。

七、问题讨论

1. 为什么不同 pH 下花色素苷的可见光吸收光谱不同？
2. 提取纯化花色素苷过程中应注意哪些问题？

实验 41 植物组织可溶性蛋白质含量的测定（考马斯亮蓝法）

一、实验原理

考马斯亮蓝 G-250 测定蛋白质含量属于染料结合法的一种。考马斯亮蓝 G-250 在游离态下呈红色，当它与蛋白质的疏水区结合后变为青色，前者最大光吸收在 465nm，后者在 595nm（图 2-9）。在一定蛋白质浓度范围内（0～100μg/mL），蛋白质-色素结合物在 595nm 波长下的光吸收与蛋白质含量成正比。故可用于蛋白质的定量测定。蛋白质与考马斯亮蓝 G-250 结合在 2min 左右的时间内达到平衡，完成反应十分迅速，其结合物在室温下 1h 内保持稳定。该反应非常灵敏，可测微克级蛋白质含量，所以是一种比较好的蛋白质定量法。

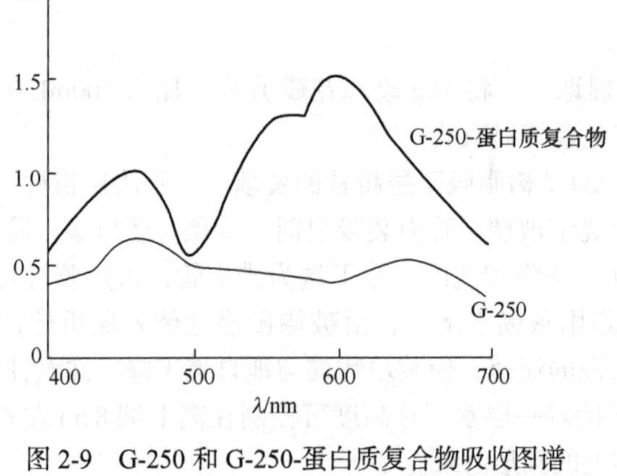

图 2-9 G-250 和 G-250-蛋白质复合物吸收图谱

二、实验目的

掌握用考马斯亮蓝测定可溶性蛋白质的原理与方法；了解植物体内可溶性蛋白质的水平。

三、实验材料、器材和试剂

1. 实验材料 植物根、茎、叶等材料。

2. 器材 分光光度计 1 台，高速冷冻离心机 1 台，微量加样枪 1 支，分析天平 1 台，研钵 1 个，试管 10 只等。

3. 试剂

（1）1000μg/mL 和 100μg/mL 牛血清白蛋白（BSA，一般 10mg/mL 的浓度下，OD_{280}=6.61）。

（2）考马斯亮蓝 G-250：称取 100mg 考马斯亮蓝 G-250 溶于 50mL 95% 乙醇中，加入 85%（*m*/*V*）磷酸 100mL，最后用蒸馏水定容至 1000mL。此溶液在常温下可放置一个月。

（3）95% 乙醇，85% 磷酸。

四、实验步骤

1. 标准曲线的绘制

（1）0～100μg/mL 标准曲线的制作：取 6 支试管，按表 2-25 数据配制 0～100μg/mL 血清白蛋白溶液各 1mL。准确吸取所配各管溶液 0.1mL，分别放入 10mL 具塞试管中，加入 5mL 考马斯亮蓝 G-250 试剂，盖塞，反转混合数次，放置 2min 后，在 595nm 下比色，绘制标准曲线。

表 2-25 配制 0～100μg/mL 血清白蛋白溶液

管号	1	2	3	4	5	6
100μg/mL 牛血清白蛋白量 /mL	0	0.2	0.4	0.6	0.8	1.0
蒸馏水量 /mL	1.0	0.8	0.6	0.4	0.2	0
蛋白质量 /mg	0	0.02	0.04	0.06	0.08	0.10

（2）0～1000μg/mL 标准曲线的制作：另取 6 支试管，按表 2-26 数据配制 0～1000μg/mL 牛血清白蛋白溶液各 1mL。与步骤（1）操作相同，绘出 0～1000μg/mL 的标准曲线。

表 2-26 配制 0～1000μg/mL 血清白蛋白溶液

管号	7	8	9	10	11	12
1000μg/mL 牛血清白蛋白 /mL	0	0.2	0.4	0.6	0.8	1.0
蒸馏水量 /mL	1.0	0.8	0.6	0.4	0.2	0
蛋白质量 /mg	0	0.2	0.4	0.6	0.8	1.0

2. 蛋白质的提取 精确称取样品 0.25～0.50g，用 5mL 蒸馏水研磨成匀浆后离心，上清液备用。

3. 蛋白质浓度的测定 吸取样品提取液 0.1mL（视蛋白质含量适当增减），放入具塞刻度试管中（设两个重复管），加入 5mL 考马斯亮蓝 G-250 试剂，充分混合，放置 2min 后在 595nm 下比色，记录吸光度，通过标准曲线查得蛋白质含量。

五、结果与分析

根据下列公式计算样品蛋白质含量。

$$蛋白质含量（mg/g）=\frac{m_{蛋}\times V_T}{m\times V_1}$$

式中，$m_{蛋}$为查标准曲线所得的每管蛋白质量（mg）；V_T为提取液的总体积（mL）；V_1为测定所取提取液的体积（mL）；m为取样量（g）。

六、注意事项

1．实验中应根据样品中的蛋白质含量，选用相应的标准曲线和测定方法。

2．定容后的考马斯亮蓝 G-250 试剂，过滤后方可使用，以减少测定中悬浮颗粒的干扰。

七、问题讨论

1．蛋白质与考马斯亮蓝 G-250 试剂反应的化学本质是什么？

2．除了考马斯亮蓝染色法以外，还有哪些测定蛋白质含量的方法？它们的优缺点分别是什么？

3．考马斯亮蓝除了考马斯亮蓝 G-250 以外，还有考马斯亮蓝 R-250，它们在使用中有何不同？

实验 42 植物组织中可溶性蛋白质及热稳定蛋白质含量的测定

一、实验原理

Folin-酚法是一种灵敏度极高的快速测定蛋白质含量的方法。其原理是，Folin-酚试剂由两部分组成：试剂甲相当于双缩脲试剂，能与蛋白质中的肽键起显色反应；试剂乙为磷钨酸与磷钼酸混合液，在碱性条件下极不稳定，易被酚类化合物还原，生成钨蓝与钼蓝混合物。由于蛋白质存在着含酚基的氨基酸，故也有此反应。其颜色深浅与蛋白质含量成正比。

二、实验目的

热稳定蛋白质的含量和植物抗性有一定关系，通过本实验，了解植物组织中热稳定蛋白质的含量；掌握用 Folin-酚法测定蛋白质的原理和方法。

三、实验材料、器材和试剂

1．实验材料　谷物及豆类的籽粒，粉碎、磨细、过 80 目筛。

2．器材　分光光度计，恒温水浴锅，具塞试管，分析天平，离心机，电炉，漏斗，容量瓶，移液管等。

3．试剂

（1）Folin 试剂。

试剂甲——A 液：称取无水 Na_2CO_3 10g、NaOH 2g、酒石酸钾钠 0.25g，先分别用少量蒸馏水溶解，后混合并定容至500mL。B液：称取$CuSO_4 \cdot 5H_2O$ 0.5g，用蒸馏水溶解并定容至100mL。每次用前将A液50份与B液1份混合即成，有效使用期为1d。

试剂乙——容积为1500mL的磨口回流器中加入钨酸钠（$Na_2WO_4 \cdot 2H_2O$）100g、钼酸钠（$Na_2MoO_4 \cdot 2H_2O$）25g、蒸馏水700mL、85% H_3PO_4 50mL、浓HCl（相对密度1.19）100mL，充分混合后接上回流冷凝管，以小水回流10h。然后加入硫酸锂150g、蒸馏水50mL与数滴液体溴（Br_2），开口继续煮沸15min，驱除过量的Br_2，冷却后溶液呈黄色（倘若仍为绿色，须重新加液体Br_2数滴，继续煮沸15min）。稀释至1000mL，过滤，滤液装入棕色瓶中保存。使用时约加水1倍，使终浓度相当1mol/L酸。

（2）蛋白质标准溶液：精确称取牛血清白蛋白0.0250g，用少量蒸馏水溶解，并定容至100mL，其浓度为250μg/mL，作为贮备液。

（3）0.5mol/L NaOH溶液。

四、实验步骤

1. 标准曲线的绘制　取干燥、洁净的具塞试管6支（0～5号），依次加入蛋白质标准溶液0mL（空白、水）、0.2mL、0.4mL、0.6mL、0.8mL、1.0mL（每管含蛋白质依次为0μg、50μg、100μg、150μg、200μg、250μg）和蒸馏水1.0mL、0.8mL、0.6mL、0.4mL、0.2mL、0mL，再分别加入试剂甲5mL，混合后于室温下静置10min，再加试剂乙0.5mL，立即混匀（动作要快，否则会使显色程度减弱），30min后于650nm下比色，记录OD值并绘制曲线。

2. 样品的提取　精确称取样品0.25～0.35g，装入具塞大试管中，加入0.5mol/L NaOH溶液4mL，摇匀后加塞置90℃水浴中保温15min，取出冷却至室温，将样品全部转移至100mL容量瓶中，定容至刻度，摇匀，过滤。

3. 可溶性蛋白质含量的测定　取干燥、洁净的具塞试管2支，依次分别加入样液1mL、试剂甲5mL，以下步骤与绘制标准曲线的操作完全相同。记录650nm下的OD值。

4. 热稳定蛋白质含量的测定　取适量提取液煮沸10min后，于4000r/min离心20min，上清液为热稳定蛋白质，沉淀部分为热不稳定蛋白质，各部分按照上述3的方法测定其含量。

五、结果与分析

按照以下公式计算实验结果。

$$C=\frac{A \cdot V \cdot 10^{-3}}{m}$$

式中，C为样品蛋白质含量（mg/g）；V为样品提取液总量（100mL）；A为从标准曲线查得的蛋白质浓度（μg/mL）；m为样品质量（g）；10^{-3}为μg换算成mg。

六、注意事项

热稳定蛋白质的分离要小心，否则结果不准确。

七、问题讨论

热稳定蛋白质在植物中有何功能？

第三单元　植物生长发育实验

实验 43　植物激素的提取、分离与纯化

一、实验原理

提取、分离植物激素最常用的方法是萃取法。利用生长素（auxin，IAA）、赤霉素（gibberellin，GA）、细胞分裂素（cytokinin，CTK）和脱落酸（abscisic acid，ABA）能溶解于有机溶剂（如丙酮、甲醇）的特性进行提取，将粗提物经过一系列的分离技术（如萃取、薄层层析或纸层析等），使 IAA、GA、CTK、ABA 与其他成分分离。为了获得一定量的植物激素，提取的材料应有一定的量，同时提高提取过程的回收率，并尽可能避免污染。

二、实验目的

植物激素是植物体内天然存在的有机化合物，虽然含量很低，但它们与植物生长发育的基本规律和代谢过程的调控都密切相关。植物内源激素的研究是植物生理学领域中的重要内容之一，它们在植物体内的分布和含量的准确测定，对植物生命活动和作物遗传育种、栽培等领域的研究具有重要意义。本实验主要学习植物内源激素（IAA、GA 和 ABA）分离提纯的方法。

三、实验材料、器材和试剂

1. 实验材料　选择植物内源激素含量比较丰富的部位，如根、茎、叶、花粉、果实、种子、花器官等新鲜材料作为提取分离的材料。为了避免植物激素的降解，材料称重后，迅速用液氮冷冻，并保存于－80～－20℃的冰箱中。

2. 器材　组织捣碎器，冰箱，液氮罐，研钵，离心机，旋转蒸发仪，干燥器，分液漏斗，DEAE-纤维素柱，微量移液器，16cm×9cm 玻璃板，23cm×13cm×8cm 层析缸，紫外检测仪（245nm），光照培养室（箱），5～10W 绿色灯泡，带盖搪瓷盘，镊子，培养皿，记号笔，细玻璃丝，带毫米主格纸的玻璃板，简易切断器（可用木、钢或有机玻璃和两片双面刀片制成，刀片间距离为 6mm），刻度吸管，镊子，蛭石，烧杯，单面刀片，培养皿，滤纸，电子天平（0.1mg），移液管，洗耳球，高压灭菌锅，小镊子，刻度尺等。

3. 试剂

（1）甲醇，50% 甲醇，80% 甲醇，冰醋酸，浓硫酸，三氯甲烷，50% 丙酮，石油醚，乙酸乙酯，正丁醇，异丙醇，聚乙烯醇，1mol/L HC1，0.05mol/L Na_2SO_4，95% 乙醇，3mol/L 氨水。

（2）带荧光的氧化铝粉（aluminum oxide GF254）（type E），90% 乙醇硅胶粉，漂白粉。

（3）含有 2% 蔗糖的磷酸-柠檬酸缓冲液（pH 5.0）：取 K_2HPO_4 1.74g＋蔗糖（分析

纯）20g＋柠檬酸 1.019g，溶于蒸馏水中，定容至 1000mL。

（4）吲哚乙酸标准溶液：精确称取 17.5mg 吲哚乙酸，溶于上述（3）的酸缓冲液中，定容到 100mL，配成吲哚乙酸溶液浓度为 10^{-3}mol/L 的标准溶液。

（5）分离纯化内源激素液：配置 100mg/L 吲哚乙酸溶液时，先取吲哚乙酸 10mg 置于容量瓶，稍微加热或超声波溶解于蒸馏水中，定容，摇匀，贮于冰箱中待用。

（6）500μmol/L GA_3 母液：称取 8.6mg GA_3（相对分子质量为 346.38）溶于少量无水乙醇或 95% 乙醇中，再用水稀释至 50mL，用蒸馏水稀释母液配制 0.1μmol/L、1μmol/L、10μmol/L、100μmol/L 的标准溶液。

（7）200μg/mL ABA 母液的配制：称取 20mg ABA，溶于少量乙醇，以无离子水定容至 100mL。

四、实验步骤

1. 植物内源激素样品的提取

（1）称取新鲜材料或贮存材料 10g（置于－10℃冰箱中用 100% 甲醇固定的材料），均匀剪碎，加入 60mL 冰浴冷却的 80% 甲醇溶液（＜0℃），在组织捣碎器中捣碎，匀浆 5min。

（2）将匀浆液在 4℃条件下振荡或搅拌 24h，过滤，残渣再用 20mL 甲醇液振荡或搅拌 1h，合并滤液，使之混合均匀。

（3）将滤液在旋转蒸发仪上干燥减压蒸发（36～38℃）至原体积一半，再加入 10～20mL 石油醚，转入分液漏斗，用力震荡，静置片刻使之分层，弃去上层石油醚相（一般为绿色，如色素含量高，可再用石油醚萃取）。

（4）将下层甲醇液取出，继续浓缩至水溶液。在此水溶液中含有 IAA、ABA、GA 和 CTK 等化合物。

2. 植物内源激素样品的萃取　将以上提取出的水溶液用 1mol/L HCl 调 pH 至 2.8～2.5，并加入与水溶液等体积的乙酸乙酯，用力摇动使提取液与乙酸乙酯交混，将混合溶液装入分液漏斗，静置，分离水相和乙酸乙酯相；取水相再用乙酸乙酯萃取 2 次，合并乙酸乙酯溶液；此时水相含有 CTK，乙酸乙酯中存在 IAA、GA 和 ABA。

3. 利用薄板层析法分离和纯化植物内源激素　将乙酸乙酯溶液用旋转蒸发仪浓缩至干，用 100% 甲醇 2mL 溶解残留物。

（1）制板：称取氧化铝粉 3g 于小烧杯中，加入 0.4% 聚乙烯醇 5.8mL，用玻棒调匀，均匀铺板，室内干燥后，在 110℃活化 30min，保存于干燥器中备用。

（2）点样：将制好的薄板左右两边各留 1cm，在距下方 2cm 处用微量移液器在同一水平上分别点上标准 IAA、GA_3 和 ABA 溶液 100μL，标样与样品之间保持一定的距离。样点大小不超过 3mm，用电吹风吹干。

（3）展层：用异丙醇-28% 氨水-水（10∶1∶1，*V/V/V*）或正丁醇-异丙醇-氨水-水（2∶8∶1∶1，*V/V/V/V*）作为展层剂，并根据层析缸大小加入适量展开剂。当前沿至玻璃板顶端 0.5cm 处即停止展层。

（4）定位：层析完毕后，吹干玻璃板并在紫外灯下观察色带，将与标准 IAA、GA_3 和 ABA 的 R_f 值相同或相近的色带，作为初纯后的 IAA、GA 和 ABA 条带。

（5）样品的洗脱：将 IAA、ABA 和 GA 带分别刮下（或剪下），用 95% 乙醇浸提 3

次。溶液经减压蒸干后，即可进一步作生物学测定或气相色谱测定之用。

五、结果与分析

比较分析上述实验结果，IAA、ABA 和 GA 的含量如何？

六、注意事项

1. 由于植物激素含量极低，应尽可能地使用植物激素含量丰富的材料并提高提取过程中激素的回收率。

2. 提取时，材料与溶剂之间需保持适当比例［如材料与溶剂比可以为 1∶8（*m*/*m*）］，以便反复提取，充分提净植物激素。

3. 为抑制降解植物激素的酶活性，实验需在低温下进行，溶剂应在 0℃条件下预冷。

七、问题讨论

1. 不同植物材料或同一植物不同部位的激素有何差异？

2. 分离提取植物激素要注意哪些问题？

实验 44　植物生长调节剂生理效应的测定

一、实验原理

植物生长调节剂（plant growth regulator）是与植物激素具有相似生理和生物学效应的外源物质。在生产上合理使用植物生长调节剂，可有效调节植物的生长发育过程，达到稳产增产、改善品质、增强作物抗逆性等目的。

二、实验目的

了解植物生长物质在农业中的作用及应用。

三、实验材料、器材和试剂

1. 实验材料　绿豆幼苗，植物枝条，水稻幼苗，香蕉等。

2. 器材　烧杯，刀片，剪刀，镊子，温箱，培养皿，沙盆等。

3. 试剂

（1）吲哚乙酸 50mg/L，赤霉素 100mg/L，苄基腺嘌呤 100mg/L，吲哚丁酸（或萘乙酸），乙烯利，凡士林，琼脂（1.5%）。

（2）吲哚丁酸（或萘乙酸）：先配成 100mg/L 母液再稀释成 20mg/L、50mg/L。

（3）乙烯利：先配成 10g/L 母液，使用前再稀释为 100mg/L、500mg/L 和 1000mg/L 溶液。

四、实验步骤

1. 吲哚丁酸（或萘乙酸）促进插枝生根反应　选取苗高约 12cm 绿豆幼苗 8 株

（幼苗的两片初生叶全张开），从子叶节下 3cm 处切去根系。将 4 株放在 20mg/L 吲哚丁酸（或萘乙酸）溶液中（浸下胚轴高度约 2cm），另 4 株放在蒸馏水中作对照（浸下胚轴）；12h 后取出幼苗，分别插在洗干净的沙中（深约 2cm）培养，6d 后取出该两组幼苗，观察它们的发根情况，记录并比较结果（根数和根长度）。

取月季花（或其他可扦插繁殖植物）10 枝，每枝长 15～18cm，基部剪成斜面，分为两组，每组 5 枝。一组浸在 50mg/L 吲哚乙酸（或萘乙酸）溶液中，浸基部约 2cm 高；另一组浸在水中。两组均经常保持湿润、温暖和通气，一周后观察发根情况，记录并比较结果（根数和根长度）。注意：此实验应在春季树木发芽前进行。

2．赤霉素类打破种子休眠　取新收获的莴苣种子 3 份，每份 100 粒。第一份用 100mg/L 苄基腺嘌呤浸种 4min，第二份用 100mg/L 赤霉素溶液浸种 4min，第三份用蒸馏水浸种作对照。48h 后分别观测三个处理的发芽势和发芽率。

取大小均匀、芽相同和分布一致的新收获中等马铃薯块茎 20 个（每个约量 50g），每 10 个为一组，每组每个均按照"＋"字形切为 4 块，使每块芽眼数目相同。切好后，分别用冷水将切面淀粉洗净，沥干水分，一组快速浸入 0.5mg/L 赤霉素溶液浸泡 30min，取出和第二组一起置于湿沙中，放置在 20℃左右室温下催芽，1 周后比较 2 组的发芽情况。

3．乙烯利对果实的催熟作用　取未成熟的香蕉若干条，分成两份。其中一份各涂上 500mg/L（或 1000mg/L）乙烯利溶液；另一份涂上蒸馏水作对照。分别放在纸箱内，3～4d 后观察香蕉的成熟程度。

摘取即将进入成熟期的柿子 20 个，每 10 个一组，将一组浸蘸入加有 0.1% 中性洗涤剂（使溶液均匀分布在果实上）的 200mg/L 乙烯利溶液，另一组浸蘸入加有 0.1% 中性洗涤剂的蒸馏水 1～2min 中作对照，两组取出后用保鲜袋密封，置于 20～25℃室温下，观察颜色和硬度变化，1 周后，记录比较结果。

4．乙烯利促使雌花的形成　培育黄瓜幼苗，当出现两片真叶时，选择生长一致的幼苗 4 株，将之分为两个组，每组 2 株，于晴天下午分别作如下处理：第一组用 100mg/L 乙烯利溶液滴在生长点处；第二组用蒸馏水滴在生长点处。第二天下午再重复一次处理（注意：乙烯利溶液或水必须保留在生长点上，使其慢慢吸收），以后观察并记录两组处理黄瓜苗开花后雌花的比例。

五、结果与分析

统计上述实验中用植物生长调节剂处理和对照的数据，分析其原因。

六、注意事项

1. 乙烯利和赤霉素的施用部位一定是幼苗的生长点。
2. 根据不同目的，一定要把握好用植物生长调节剂处理材料的时期和浓度。

七、问题讨论

1. 植物生长物质分为哪几种类型？主要作用有哪些？
2. 合理使用植物生长调节剂应注意哪些事项？

实验45　赤霉素诱导α-淀粉酶的形成

一、实验原理

植物种子在萌动过程中，通过胚释放出的赤霉素诱导糊粉层细胞中基因的表达，合成α-淀粉酶，并分泌到胚乳中催化淀粉水解为糖，供种子萌发利用。外源赤霉素也可诱导这一过程。可通过碘试法比色测定淀粉在酶催化反应过程中的消耗量，定量分析α-淀粉酶的活力与赤霉素诱导之间的关系。

二、实验目的

了解赤霉素诱导淀粉种子中α-淀粉酶形成的过程。

三、实验材料、器材和试剂

1. 实验材料　大麦或小麦种子。

2. 器材　可见分光光度计，恒温箱，恒温水浴锅，移液管，烧杯，试管，青霉素小瓶，镊子，刀片等。

3. 试剂

（1）1%次氯酸钠溶液，0.1%淀粉溶液，1×10^{-3}mol/L乙酸缓冲液，2×10^{-5}mol/L赤霉素溶液，I_2-KI溶液。

（2）0.1%淀粉磷酸盐溶液：取1g淀粉和8.16g KH_2PO_4，用蒸馏水配制成1000mL的溶液，再分别配制为0mg/mL、1mg/mL、2mg/mL、3mg/mL、4mg/mL、5mg/mL、6mg/mL、7mg/mL的淀粉溶液。

（3）2×10^{-5}mol/L赤霉素溶液：称取6.8mg的GA_3放入烧杯中，加少量95%乙醇使其溶解，移入1000mL容量瓶中，用蒸馏水定容至刻度，摇匀。取其溶液稀释成2×10^{-6}mol/L、2×10^{-7}mol/L和2×10^{-8}mol/L三种浓度的赤霉素溶液。

（4）1×10^{-3}mol/L乙酸缓冲液（pH 4.8）：取0.2mol/L（11.55mL冰醋酸稀释至1000mL）乙酸缓冲液2mL、0.2mol/L（16.4g无水乙酸钠配成1000mL）乙酸钠3mL和1g链霉素，定容至1000mL，摇匀，即每毫升缓冲液中含1mg链霉素。

（5）I_2-KI溶液：取0.6g KI和0.06g I_2溶于1000mL 0.05mol/L的HCl中。

四、实验步骤

1. 取样　选取大小一致、健康的大麦种子100粒，用刀片将每粒种子横切成两半，使成无胚的半粒和有胚的半粒，分别装入2个小烧杯中。

2. 表面消毒　用新配制的1%次氯酸钠溶液，加入2个小烧杯中，使其浸没种子，进行消毒15min后，用无菌水冲洗数次，备用。

3. 处理浓度及方法　取6只青霉素小瓶进行编号，按表2-27中处理分别加入溶液和材料，溶液混匀后，于25℃条件下培养24h（小瓶需要振荡培养，如无条件，须经常摇动小瓶，使溶液均匀）。

表 2-27　不同赤霉素浓度及处理方法

小瓶编号	赤霉素溶液		乙酸缓冲液 /mL	实验材料
	浓度 /（mL/L）	用量 /mL		
1	0	1	1	20 个无胚半粒
2	0	1	1	20 个有胚半粒
3	2×10^{-5}	1	1	20 个无胚半粒
4	2×10^{-6}	1	1	20 个无胚半粒
5	2×10^{-7}	1	1	20 个无胚半粒
6	2×10^{-7}	1	1	20 个无胚半粒

4. 淀粉酶活性分析　24h 后，从每个小瓶中吸取培养液 0.1mL，分别置于盛有 1.9mL 0.1% 淀粉磷酸盐的溶液中，摇匀，在 30℃温箱或水浴中精确保温 10min，然后加 I_2-KI 溶液 2mL、蒸馏水 5mL，充分摇匀，于波长 580nm 下测定吸光度 OD 值，以蒸馏水为空白校正设备零点。读数，从标准曲线查得淀粉含量，以被分解的淀粉量作为淀粉酶的活性。

5. 标准曲线的制作　各取不同浓度（0～7mg/mL）淀粉溶液 2mL，按照步骤 4 过程，各加 I_2-KI 溶液 2mL、蒸馏水 5mL，充分摇匀，于 580nm 处测定吸光度 OD 值（以蒸馏水作空白对照），以淀粉浓度为横坐标,OD 值为纵坐标绘制标准曲线，或直接计算直线回归方程。

五、结果与分析

根据吸光度 OD 值从标准曲线上查得或使用直线回归方程计算出各处理中淀粉含量。第 1 瓶为淀粉的原始量（X），第 2 瓶为带胚半粒种子反应后淀粉的剩余量（Y），第 3～6 瓶为无胚半粒种子加入不同浓度赤霉素溶液反应后淀粉的剩余量（Y）。

$$被水解淀粉的含量=[(X-Y)/X]\times100\%$$

以被水解的淀粉量衡量淀粉酶活性大小，绘制赤霉素浓度与淀粉酶关系曲线，并解释实验结果。

六、注意事项

切成两半的无胚和有胚种子不要混淆。

七、问题讨论

1. 实验中为何要用 1% 次氯酸钠溶液处理大麦种子？为何要在乙酸缓冲液中加入链霉素？

2. 本实验为何要将大麦种子分成有胚和无胚的半粒？为何 1 号和 2 号瓶中都没有加入赤霉素溶液，但反应完后两者溶液的吸光度却不同？

实验 46　生长素类物质对水稻根、芽生长的不同影响

一、实验原理

生长素对植物的作用具有双重性，即在低浓度促进生长，而超过最适浓度则抑制生

长。不同的植物或同一植物的不同器官，对不同浓度生长素的反应有差异。因此，生长素类物质对调节器官生长有一个最佳浓度。对同一浓度的生长素，植物的不同器官对其反应不同，一般敏感性为根＞芽＞茎。萘乙酸（NAA）是一类人工合成的生长素类物质，本实验观测萘乙酸的不同浓度对水稻在根、芽生长上的不同影响。

二、实验目的

了解生长素对植物根、茎生长的促进或抑制作用，以及植物不同部位对生长素浓度反应的差异。

三、实验材料、器材和试剂

1. 实验材料 水稻种子。

2. 器材 恒温箱，9cm 培养皿 10 套，1mL 和 10mL 移液管，9cm 定性滤纸，镊子，直尺等。

3. 试剂 10mg/L 萘乙酸：称取 10mg NAA 于小烧杯中，加少量乙醇溶解，用 50mL 左右的蒸馏水稀释，搅拌均匀后，用 1000mL 容量瓶定容，即 10mg/L 萘乙酸母液。

其他浓度萘乙酸：取母液 10mL 用蒸馏水定容至 100mL，为 1mg/L 的萘乙酸；取 1mg/L 的萘乙酸 10mL 定容至 100mL，即 10^{-1}mg/L 萘乙酸，依次配置不同浓度。

四、实验步骤

1. 配制 NAA 浓度梯度 将 10 套培养皿编号，在①号皿中加 9mL 10mg/L NAA 溶液；在②号皿中加 1mL 10mg/L NAA，再加 9mL 蒸馏水，混匀，配成 1mg/L NAA 溶液；从②号皿中吸取 1mL 于③号皿中，加 9mL 蒸馏水，配成 0.1mg/L NAA 溶液；依次使①～⑨号皿中 NAA 浓度配制为 10mg/L、1mg/L、10^{-1}mg/L、10^{-2}mg/L、10^{-3}mg/L、10^{-4}mg/L、10^{-5}mg/L、10^{-6}mg/L、10^{-7}mg/L，从最后的⑨号皿中吸弃 1mL 溶液。⑩号皿中加入 9mL 蒸馏水作对照。在每个皿中加入一张圆形滤纸。

2. 种子培养 取露白、大小一致的水稻种子 100 粒，每皿 10 粒，沿培养皿四周均匀地摆放，加盖后放入 25℃恒温箱中黑暗培养 3d。

3. 测定 3d 后取出各号皿中种子，量取各粒种子的根数、最长根长、芽长，记入表 2-28 并计算平均数。

表 2-28 不同浓度 NAA 对水稻幼苗根、芽生长的影响记录表

组号	NAA 浓度 /（mg/L）	平均根长 /（cm/ 株）	平均根数 /（条 / 株）	平均芽长 /（cm/ 株）
1	10			
2	1			
3	10^{-1}			
4	10^{-2}			
5	10^{-3}			
6	10^{-4}			

续表

组号	NAA 浓度 /（mg/L）	平均根长 /（cm/ 株）	平均根数 /（条 / 株）	平均芽长 /（cm/ 株）
7	10^{-5}			
8	10^{-6}			
9	10^{-7}			
10	蒸馏水			

五、结果与分析

根据表 2-28 中的数据，分别作出不同浓度的柱形图，并分析 NAA 对根、芽生长的不同影响。

六、注意事项

在实验中，培养皿的盖子需盖严，如果有水分挥发，将对实验结果产生影响。

七、问题讨论

1. 为何要从 9 号皿中吸去 1mL 溶液？
2. 在该实验中使用移液管时，应注意些什么？

实验 47　乙烯对黄瓜雌花的诱导作用

一、实验原理

乙烯是普遍产生于各种植物组织中的激素，是植物体内正常的代谢产物，具有多种生理功能，如对果实的催熟、调控性别转化、诱导雌花的形成等。植物生长物质对植物花器官的性别分化有明显的影响，其中乙烯可以促进黄瓜雌花的分化。由于乙烯呈气态，生产上多用人工合成的乙烯利（其化学名称为 2-氯乙基膦酸）作调控植物的处理，乙烯利会在 pH＞4.1 时释放出乙烯气体，其反应式如下。

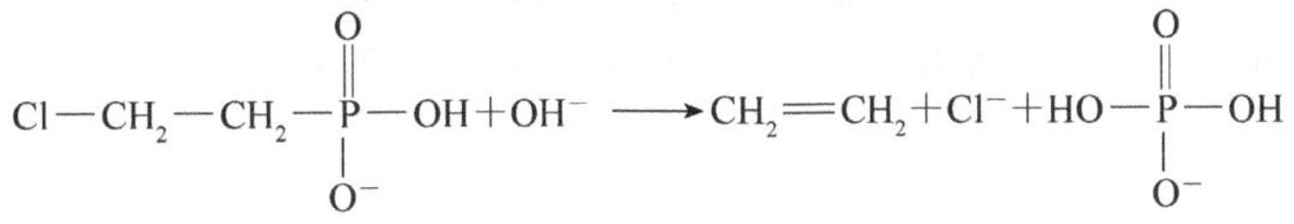

乙烯利　　　　乙烯

二、实验目的

学习采用乙烯利处理黄瓜幼苗，促使早期产生多的雌花以增加结瓜数的方法。

三、实验材料、器材和试剂

1. 实验材料　黄瓜幼苗。

2. 器材　花盆，滴管，喷雾器等。

3. 试剂 40%乙烯利原液。

1000mg/L乙烯利母液的配制：吸取40%乙烯利原液1.25mL，加蒸馏水定容至500mL。

其他浓度乙烯利溶液：将1000mg/L乙烯利母液分别稀释成100mg/L、200mg/L乙烯利溶液。

四、实验步骤

1. 培育材料 将黄瓜幼苗培育出2～3片真叶时，选择长势一致的幼苗分栽于盆中，每盆种植一株或在温室中分行种植。

2. 设置处理 将盆栽或温室种植的黄瓜幼苗分成三组。分别作H_2O（CK），100mg/L、200mg/L乙烯利3个处理。在每盆或每行标上标签，每处理重复三次。

3. 喷洒乙烯利 于晴天下午4点左右分别按不同处理将乙烯利喷雾在幼苗生长点上，对照喷水，喷雾至植株表面湿润为宜，使之慢慢吸收。盆栽幼苗也可用滴管把不同浓度乙烯利滴2滴在生长点上试验，对照滴水。

4. 观测记录 当黄瓜主茎长至10个左右节位时，根据表2-29分别统计各种处理的开花日期、开花节位和花朵性别及数目，记入表2-29中，并根据实验结果分析讨论。

五、结果与分析

按表2-29记录不同处理黄瓜开花情况，根据实验结果进行分析和讨论。

表2-29 乙烯利对黄瓜性别分化的影响记录表

处理	日期	♀花数/10株		♂花数/10株		备注
		1～10节	11～20节	1～10节	11～20节	
CK						
100mg/L乙烯利						
200mg/L乙烯利						

六、注意事项

1. 黄瓜长出卷须后用细竹竿搭棚让其攀援，保持通风透光。
2. 黄瓜处理后，需提供充足的养分和水分，使黄瓜健康生长。

七、问题讨论

1. 除乙烯外，与植物性别分化相关的植物激素还有哪些？如何影响植物的性别？
2. 为何在下午4点左右喷施乙烯利？

实验48 生长素对绿豆下胚轴插条生根的调控

一、实验原理

生长素及人工合成的类似物质既可促进胚芽鞘与茎的细胞伸长及果实的发育，又可促进根的形成。在一定浓度范围内，发生的根数与生长素浓度呈正相关，浓度过高则起抑制作用。

二、实验目的

了解生长素类物质诱导植物不定根形成的原理和方法。

三、实验材料、器材和试剂

1. 实验材料　饱满完好的绿豆种子。

2. 器材　光照培养箱，100mL 容量瓶，50mL 烧杯，带盖搪瓷盘，石英砂，烧杯，剪刀，尺子，刻度吸管，培养皿，镊子，单面刀片，记号笔等。

3. 试剂　准确称取 10mg 吲哚乙酸于小烧杯中，用适量微微加热的水溶解，转入 100mL 容量瓶中，定容至刻度，即 100mg/mL IAA 母液，贮冰箱中备用。

四、实验步骤

1. 绿豆苗的培养　选取完好的绿豆种子，用 80℃水淋洗后，浸种 12h，使种子吸胀饱和，放在垫有湿润滤纸的培养皿中，上面覆盖一薄层石英砂粒，于 25℃恒温箱内使其萌发，24h 后，挑选萌发整齐的绿豆幼苗播种在湿润的石英砂中，放在 25℃、光照为 700～750lx 条件下培养至 2 叶 1 心（10d 左右），备用。

2. 配制 IAA 溶液浓度梯度　取 100mg/mL IAA 母液，分别稀释成 100mg/L、10mg/L、1mg/L、0.1mg/L、0.01mg/L 的系列浓度溶液。

3. 诱导绿豆苗发根的培养　选取长势一致的 2 叶 1 心绿豆幼苗 60 株，从子叶节起保留 3cm 下胚轴，其余下胚轴和残留子叶并除。

取 6 个干净的 50mL 烧杯，编号，对照（CK）加 20mL 蒸馏水，其他 5 个分别加入 100mg/L、10mg/L、1mg/L、0.1mg/L、0.01mg/L 的 IAA 溶液 20mL，每个烧杯为一个处理，每个处理放 10 株。

将 6 个处理放在透光通风良好的地方培养 10d 左右，期间观察发根时间及发根数，并随时注意补充蒸馏水使烧杯中的培养液位基本不变。

五、结果与分析

10d 左右后，根据表 2-30 观测记录不同处理发根情况，并分析比较结果。

表 2-30　不同生长素浓度处理对绿豆幼苗发根的影响

生长素浓度 /（mg/L）	平均株高 /（cm/ 株）	平均发根数 /（条 / 株）	平均根长 /（cm/ 株）	根粗细（－、＋、＋＋）	根鲜重 /（mg/10 株）
0					
0.01					
0.1					
1					
10					
100					

注：“－”表示根细；“＋”表示根较粗；“＋＋”表示根粗壮

六、注意事项

在培养期间随时注意补充蒸馏水使烧杯中的培养液位基本不变。

七、问题讨论

本实验依据的是生长素的什么原理?

实验 49 利用多效唑培育水稻壮秧

一、实验原理

植物生长延缓剂多效唑能有效地抑制植物体内赤霉素的生物合成，延缓茎亚顶端分生组织的分裂和伸长，从而使节间缩短而不减少节间数，不影响叶和花的分化发育，并可促进形成层细胞分裂，还能增加叶绿素含量，提高光合效率。因而，施用多效唑能显著地影响幼苗生长，使苗矮化，根系发达，茎增粗，增强抗性，达到壮苗的目的。

二、实验目的

多效唑是目前农业上广泛应用的植物生长延缓剂，可有效地用于培育作物壮苗，提高植物抗逆性。本实验比较不同浓度多效唑对水稻幼苗生长的影响，了解和掌握多效唑对培育水稻壮苗的原理和方法。

三、实验材料、器材和试剂

1. 实验材料 水稻种子。

2. 器材 电子分析天平，搪瓷盘（24cm×18cm），小型喷雾器，天平，直尺，300mL 烧杯等。

3. 试剂 多效唑试剂有两种：一种为 15% 可湿性粉剂，另一种为纯白色结晶。

1000mg/L 的多效唑母液配制如下。

用 15% 可湿性多效唑粉剂配制：称取粉剂 6.67g 加蒸馏水溶解，用 1000mL 容量瓶定容，即得 1000mg/L 的多效唑母液，贮冰箱中备用，稀释和使用过程注意摇匀。

用纯品结晶多效唑配制：称取纯品 1g，十二烷基硫酸钠 1g，吐温 8mL 搅匀，再加 90mL 乙醇加热溶解后用蒸馏水定容至 1000mL，即得 1000mg/L 的多效唑母液，贮冰箱中备用，根据需要稀释。

四、实验步骤

1. 浸种法 系列浓度多效唑溶液配制：取 1000mg/L 的多效唑母液，分别稀释成 10mg/L、50mg/L、100mg/L 多效唑溶液。

种子处理：取水稻种子经水浸泡去掉秕粒，以 0.1% 升汞浸种消毒约 10min 后，用蒸馏水漂洗几次。将稻种分别放入 H_2O（CK）和 10mg/L、50mg/L、100mg/L 多效唑溶液中浸种约 5h，溶液以浸没种子为宜。

幼苗培养：浸种到预定时间后，每处理用蒸馏水漂洗 3 次，然后分别播入 4 个处理的搪瓷盘（24cm×18cm）中，加适量水，在 25～30℃自然光下培养 15～20d（其间经常补充适量水，防止干旱）。

测量结果：各处理取 30 株测量平均株高、地上部鲜重、根鲜重、根长度、根条数，按表 2-31 记录实验结果。

表 2-31　不同浓度多效唑对水稻幼苗生长的影响

处理方法	多效唑浓度 /（mg/L）	株高 /cm	地上部鲜重 /mg	根鲜重 /mg	根长度 /cm	根条数 / 条
浸种法	0					
	10					
	50					
	100					
喷施法	0					
	10					
	100					
	200					

2. 喷施法　系列浓度多效唑溶液配制：取 1000mg/L 的多效唑母液，分别稀释成 10mg/L、100mg/L、200mg/L 多效唑溶液。

水稻苗培养及处理：取水稻种子经水浸泡去掉秕粒后，以 0.1% 升汞浸种消毒约 10min，用蒸馏水漂洗几次，然后播于数个搪瓷盘（24cm×18cm）中并保持一定水分，在 25～30℃自然光下培养至幼苗生长到 1 针或 1 叶 1 针进行不同浓度多效唑处理。

取 4 盘幼苗，编号，分别用喷雾器喷施 H_2O（CK）和 10mg/L、100mg/L、200mg/L 多效唑溶液至幼苗表面挂有水珠为宜，然后置于光下培养 15～20d（其间经常补充适量水，防止干旱）。

测量结果：培养 10～15d 后，各处理取 30～50 株测量平均株高、地上部鲜重、根鲜重、根长度、根条数，并将结果记录于表 2-31 中。

五、结果与分析

根据表 2-31 结果，分析多效唑对水稻幼苗生长的影响，并讨论其在农业生产上应用的意义。

六、注意事项

喷施和浸种方法的施用浓度不同。

七、问题讨论

1. 比较多效唑喷施法和浸种法的效果并分析其原因。
2. 与常规培育壮苗相比，利用植物生长物质调节的优势和缺点是什么？

实验 50　水杨酸、多效唑对非洲菊切花的保鲜作用

一、实验原理

非洲菊（*Gerbera jamesonii* Bolus）是菊科多年生草本植物，别名太阳花、猩猩菊、日头花，其花朵硕大，花色有红色、白色、黄色、橙色、紫色等，备受消费者青睐。但非洲菊采摘后易发生花头下垂、花茎弯折、鲜重丧失、花瓣脱落、萎蔫等现象。水杨酸（邻羟基苯甲酸）是植物的次生代谢产物，在植物体内以游离态和葡糖苷的形式存在，具有生理调节作用；多效唑能抑制植物内源赤霉素的合成，减少植物细胞的分裂和伸长。两者均可用作非洲菊鲜切花的保鲜剂。

二、实验目的

掌握保鲜剂的施用方法；通过测定花朵的生理指标，了解不同保鲜剂对花朵的保鲜效果。

三、实验材料、器材和试剂

1. 实验材料　非洲菊。

2. 器材　锥形瓶，量筒，烧杯，保鲜薄膜，剪刀等。

3. 试剂　水杨酸，多效唑，蔗糖，8-羟基喹啉等。

四、实验步骤

1. 配制不同的保鲜剂　用 500mL 锥形瓶 12 个，根据表 2-32 配制为 250mL 的 4 个处理，每处理 3 次重复，并用塑料薄膜封口，瓶身用锡箔纸或牛皮纸包裹避光，备用。

表 2-32　不同处理保鲜剂配制

处理	保鲜剂
CK	蒸馏水
1	3% 蔗糖＋200mg/L 8-羟基喹啉
2	3% 蔗糖＋200mg/L 8-羟基喹啉＋10mg/L 多效唑
3	3% 蔗糖＋200mg/L 8-羟基喹啉＋10mg/L 水杨酸

2. 材料处理　选取花朵健壮、大小一致的花枝 36 枝，剪切为 27cm 的高度，分别放入以上 12 个瓶子中，每瓶 3 枝，瓶口用塑料薄膜封紧以防水分蒸发，置于室内散射光下。

3. 瓶插指标测定　处理第一天记为 0d（第一次），每 3d 测定各指标。

水分平衡：采用称重法。即从切花插瓶当天开始，每 3d 测定水分平衡值。

水分平衡值＝吸水量－失水量

失水量＝前一次“花枝＋溶液＋瓶”质量－后一次“花枝＋溶液＋瓶”质量

吸水量＝前一次“溶液＋瓶”质量－后一次“溶液＋瓶”质量

花枝鲜重：从切花插瓶当天称量每一朵切花，每 3d 称重 1 次，计算花枝鲜重变化率；

用直尺测量花朵直径；花枝寿命以整朵花中约 50% 舌状花凋零或花梗折断为寿命终止。

花枝鲜重变化率＝（初始鲜重－测定日鲜重）/ 初始鲜重 ×100%

花茎变化率＝（初始花径－测定日花径）/ 初始花径 ×100%

花枝的弯茎程度：可以分为 0～5 级。

0 级：花梗无任何弯曲，夹角为 0°。

1 级：花梗弯曲角度与竖直方向夹角在 0°～30°。

2 级：花梗弯曲角度与竖直方向夹角在 30°～45°。

3 级：花梗弯曲角度与竖直方向夹角在 45°～60°。

4 级：花梗弯曲角度与竖直方向夹角在 60°～90°。

5 级：花梗弯曲角度与竖直方向夹角大于直角或花枝折断。

五、结果与分析

从材料开始处理的第一天记为 0d，每 3d 观察一次，记录表 2-33～表 2-35 内容，并进行分析。

表 2-33　不同时间水分平衡值记录表

处理	天数 /d							
	0	3	6	9	12	15	18	21
CK								
1								
2								
3								

表 2-34　不同时间花枝鲜重记录表

处理	天数 /d							
	0	3	6	9	12	15	18	21
CK								
1								
2								
3								

表 2-35　不同时间花枝弯曲程度记录表

处理	天数 /d							
	0	3	6	9	12	15	18	21
CK								
1								
2								
3								

六、注意事项

开始处理时注意保持瓶内水分的一致。

七、问题讨论

1. 8-羟基喹啉在本实验中的作用是什么？
2. 水杨酸和多效唑对非洲菊的保鲜作用有什么不同？

实验 51　赤霉素对水稻幼苗生长的影响

一、实验原理

赤霉素能促进水稻幼苗节间及叶片伸长，对矮生型植物茎叶生长的促进作用更为显著。幼苗株高在一定范围内同外加赤霉素浓度的对数呈直线关系。

二、实验目的

了解和加深对赤霉素主要生理功能的认识及其在生产上的应用；掌握赤霉素促进水稻幼苗伸长生长的基本原理和方法。

三、实验材料、器材和试剂

1. 实验材料　水稻种子。

2. 器材　培养皿，恒温培养箱，搪瓷盘，大试管，长镊子，移液管，移液管架，500mL 塑料杯，100mL 高型烧杯，洗耳球等。

3. 试剂

（1）0.1% 升汞溶液：准确称取升汞 1g，加少量水溶解后，再加水定容至 1000mL，即 0.1% 升汞溶液。

（2）100mg/L 赤霉素溶液：准确称取赤霉素 10mg，先用几滴 95% 乙醇溶解后慢慢加蒸馏水稀释，用蒸馏水定容至 100mL。

（3）系列浓度赤霉素溶液配制：吸取 100mg/L 赤霉素溶液，稀释成 10mg/L、1.0mg/L、0.1mg/L 的系列浓度溶液。

四、实验步骤

1. 水稻芽苗的培养　精选水稻种子 100～200 粒，用 0.1% 升汞溶液消毒约 10min，再用蒸馏水充分洗干净，播在搪瓷盘中加冷开水至浸没种子厚度的一半，放在室内（或恒温培养箱）25～28℃培养 4～5d，待水稻芽长至约 1cm 高度备用。

2. 不同浓度赤霉素溶液对水稻幼苗的培养　取 5 支大试管，编号，1～4 号管分别加 0.1mg/L、1.0mg/L、10mg/L、100mg/L 的赤霉素溶液 3mL，5 号对照管（CK）加蒸馏水 3mL。精选幼苗高约 1cm、根芽粗壮一致的水稻幼苗 25 株，分成 5 组，每管放 5 株，用长镊子小心地将水稻幼苗放入大试管底部，使幼苗根和基部接触培养液。然后将各处理放置在光照良好的地方培养5～7d，培养期间要用蒸馏水补充蒸发掉的水分。当对照的第三子叶开始伸出时，用直尺测量各处理幼苗株高，并求出平均值记录于表2-36中，同时计算出赤霉素促进幼苗增高的净增高度。

五、结果与分析（表2-36）

表2-36　不同浓度赤霉素对水稻幼苗生长的影响

赤霉素浓度/（mg/L）	株高平均值/cm	净增高度/cm
0（CK）		
0.1		
1		
10		
100		

注：系列浓度赤霉素溶液培养幼苗后，所得到的株高平均值减去CK株高平均值即净增高度

六、注意事项

培养期间要注意补充蒸发掉的水分。

七、问题讨论

1. 赤霉素有哪些生理作用？
2. 赤霉素在农业生产中有哪些作用？
3. 除了赤霉素外，还有哪些植物生长调节剂在促进水稻幼苗的生长中起作用？

实验52　细胞分裂素对离体子叶的保绿效应

一、实验原理

细胞分裂素可阻碍核酸水解酶和蛋白水解酶的产生，因此能延缓器官衰老，使离体叶片保绿。保绿效应的强弱可通过测定叶绿素含量的变化来衡量，也可由叶色变黄枯死的时间来衡量。

二、实验目的

了解细胞分裂素对离体子叶的保绿作用及基本原理和方法。

三、实验材料、器材和试剂

1. 实验材料　黄瓜种子或萝卜种子。

2. 器材　分光光度计，电子分析天平，恒温培养箱，恒温水浴锅，培养皿（直径5cm），25mL容量瓶，25mL刻度试管，试管架，移液管，搪瓷盘，刀片，尖头镊子，滤

纸，洗耳球等。

3. 试剂

（1）100mg/L 6-苄基腺嘌呤（6-benzyl adenine，6-BA）溶液：准确称取 6-BA 10mg 于小烧杯中，加几滴 1mol/L HC1 溶解（稍加热），转入 100mL 容量瓶中用蒸馏水定容，贮冰箱中备用。

（2）95% 乙醇，$CaCO_3$ 粉末。

四、实验步骤

1. 黄瓜幼苗的培养 精选黄瓜种子，均匀播入垫有滤纸的搪瓷盘中，加蒸馏水使之湿润（注意：种子不能渍水），待种子萌发后，在光下培养 2～3d，直至子叶绿化，备用。

2. 系列浓度 6-BA 溶液配制 吸取 100mg/L 6-BA 母液，稀释成 10mg/L、5mg/L、0.5mg/L 的系列浓度溶液。

3. 离体黄瓜子叶的培养 取 4 套培养皿，编号，每套培养皿各垫一张滤纸，分别作 0.5mg/L、5mg/L、10mg/L 的 6-BA 溶液和蒸馏水（CK）4 个处理，即第一组。

选取子叶大小、生长一致的黄瓜幼苗 20 株，每处理 5 株（10 片子叶），用刀片切下不附带叶柄的子叶，分别称取鲜重，将数据记入表 2-37 中。然后将子叶放入第一组相应编号的培养皿中，分别加入不同浓度的 6-BA 溶液 3mL，对照加蒸馏水 3mL。盖上培养皿盖，置于暗处，温度 25～28℃培养 3d。

另取与第一组相同的黄瓜幼苗 20 株，用刀片切下不附带叶柄的子叶作第二组，直接用来测定叶绿素含量。

4. 第二组黄瓜子叶叶绿素含量的测定 叶绿素的提取：取 3 支 25mL 刻度试管，编号。称取第二组的黄瓜子叶 3 份（3 个重复），每份 10 片子叶，然后放入相应编号的刻度试管中，各加入少量 $CaCO_3$ 粉末及 95% 乙醇 3～4mL，用玻棒小心将子叶捣碎后，将试管放入 45℃恒温水浴锅提取叶绿素 30min 左右，直到子叶碎片无色为止，用滤纸过滤于 25mL 容量瓶中（如残渣仍带绿色，可再加几毫升乙醇继续提取，直至残渣无绿色）。滤纸上的色素用乙醇慢慢点滴清洗入容量瓶中，最后定容至刻度，摇匀，待测。

叶绿素含量的测定：在 652nm 波长处，以 95% 乙醇为空白对照，测定叶绿素提取液的吸光度（OD 值），按公式计算出叶绿素含量，即培养前子叶的原始叶绿素含量。

5. 第一组黄瓜子叶叶绿素残留量的测定 第一组黄瓜子叶在暗处培养 3d 后，按上述第 4 步骤方法分别测定各处理子叶叶绿素含量，并按公式计算出各处理叶绿素含量，即暗培养后子叶叶绿素含量。

五、结果与分析

叶绿素含量计算参考光合作用的相关叶绿素实验公式。

$$\text{暗培养后叶绿素含量占培养前叶绿素含量比率} = \frac{\text{培养后叶绿素含量}}{\text{培养前叶绿素含量}} \times 100\%$$

按表 2-37 记录实验数据并分析结果。

表 2-37　细胞分裂素对黄瓜离体子叶的保绿效应

项目	细胞分裂素浓度 /（mg/L）							
	10		5		0.5		0（CK）	
	1 组	2 组	1 组	2 组	1 组	2 组	1 组	2 组
10 片子叶鲜重 /mg								
培养前叶绿素含量 /（mg/g FW）								
培养后叶绿素含量 /（mg/g FW）								
培养后叶绿素含量占培养前含量 /%								

六、注意事项

用刀片切下不附带叶柄的子叶后要在暗处培养。

七、问题讨论

1. 细胞分裂素的生理作用有哪些?
2. 还有哪些植物生长调节剂处理可能有这样的效应?

实验 53　种子活力的快速测定

种子活力（seed vigor）是指种子的健壮度，包括萌发迅速整齐的发芽潜力和生产潜力。种子生活力（seed viability）又叫发芽力或发芽率，种子生活力高，则发芽率高，生活力低，则发芽率低，是生产上常用的术语。种子生命力（seed vitality）是指种子有无生命活动的能力，换言之是种子有无新陈代谢能力和生命所具属性。种子生命力、种子生活力和种子活力在概念上有一定差别，但也有很强的相关性。

生产上所用的种子在贮藏运输过程中必须维持种子有生命力，因此定期进行生活力和活力的监测是非常重要的。测定种子生活力的方法常用发芽率法。种子发芽率是指在最适宜的条件下，在规定天数内发芽的种子占供试种子的百分数。它是决定种子品质和实用价值大小的主要依据，与播种时的用种量直接有关。但是常规方法（直接发芽）测定种子发芽率所需的时间较长，尤其是对于处于深休眠状态的种子，几乎难以应用。特别是有时为了应急需要，没有足够的时间来测定种子发芽率。快速测定法则能在较短的时间内获得结果，所以有必要根据种子的生理特性建立起一套快速鉴定种子生活力的方法。

Ⅰ. 氯化三苯基四氮唑法

一、实验原理

凡有生命力的种子胚在呼吸作用过程中都有氧化还原反应，而无生命力的种子胚则无此反应。当氯化三苯基四氮唑（TTC）渗入种胚的活细胞内，并作为氢受体被脱氢辅酶（$NADH_2$ 或 $NADPH_2$）上的氢还原时，便由无色的氯化三苯基四氮唑（可溶于水）变为红色的三苯基甲腙（不溶于水）。种子的活力越强，代谢活动就越旺盛，被染成红色的程度越深。而死亡的种子由于没有呼吸作用，因而不会将 TTC 还原成红色。因此，可以根据种胚染色的部位及染色的深浅程度来判断种子的活力。

二、实验目的

掌握植物种子生活力测定的基本原理及快速鉴定植物种子生活力的方法。

三、实验材料、器材和试剂

1. **实验材料** 小麦、大麦、玉米等的种子。

2. **器材** 恒温箱，培养皿 4 套，烧杯，镊子，刀片等。

3. **试剂** 0.5% TTC 溶液：称取 TTC 0.5g 放入烧杯中，加入少许 95% 乙醇使其溶解，然后用蒸馏水稀释至 100mL。溶液避光保存，若发红时，不能再用。

四、实验步骤

1. **浸种** 将待测种子在 30～35℃温水中浸种（小麦、大麦种子 6～8h；玉米种子 5h 左右），以增加种胚的呼吸速率，使显色迅速。

2. **显色** 取吸胀种子 200 粒，用刀片沿种子胚的中心线纵切为两半，将其中一半分别摆放于 2 只培养皿中（每皿 100 个半粒），加入 0.5% TTC 溶液，以覆盖种子为度。然后置于 30℃的恒温箱中 0.5～1h。观察结果，凡被染成红色的是具活力的种子；将另一半在沸水中煮 5min 杀死胚，作同样的染色处理，作为对照观察。

五、结果与分析

判断有生活力的种子：胚发育良好、完整，整个胚染成鲜红色；子叶允许有小部分坏死，但其部位不是胚中轴和子叶连接处；胚根尖虽有小部分坏死，但其他部位完好。

判断无生活力的种子：胚全部或大部分未染色；胚根不染色部分不限于根尖；子叶不染色或丧失机能的组织超过 1/2；胚染成很淡的紫红色或淡紫红色；子叶与胚中轴的连接处或在胚根上有较多的坏死部分；胚根受伤及发育不良的未成熟的种子。

计算活种子的百分率，如果可能的话与实际发芽率作一比较，看是否相符。

六、注意事项

1. TTC 溶液最好现配现用。如需贮藏则应贮于棕色瓶中，放在阴凉黑暗处，如溶液变红则不可再用。

2. 沿胚的中线纵切种子。

3. 处理时药液以浸没种子为度，染色温度一般以 25～35℃为宜。

4. 对于不同作物种子生活力的测定，所需试剂浓度、浸泡时间、染色时间可能不同。表 2-38 可供参考。

表 2-38　不同作物种子生活力的 TTC 法测定参考

作物	种子预处理	TTC/%	染色时间 /h
水稻	去壳纵切	0.1	2～3
高粱、玉米、麦类	纵切	0.1	0.5～1
棉花、荞麦、蓖麻	剥去种皮	1.0	2～3
花生、大麻、向日葵	剥去种皮	0.1	3～4
大豆、菜豆、亚麻	无	1.0	3～4

七、问题讨论

影响染色的部位及其深浅程度的原因有哪些？为什么？

Ⅱ. 溴麝香草酚蓝法

一、实验原理

生活的种子充分吸胀后，呼吸强度迅速增加，吸收空气中的氧，放出二氧化碳。二氧化碳溶于水成为碳酸，碳酸解离成 H^+和 HCO_3^-，使种胚周围酸度增加，可用溴麝香草酚蓝（BTB）来测定酸度变化。BTB 在 pH 6.0～7.6 变色，酸性呈黄色，碱性呈蓝色，中间经过绿色（变色点为 pH 7.1），色泽差异显著，易于观察。

二、实验目的

从种子的呼吸强弱来判断种子的发芽率。

三、实验材料、器材和试剂

1．实验材料　小麦、水稻、玉米、大豆等吸胀种子。

2．器材　恒温箱，培养皿，150～200mL 烧杯，玻棒，量筒，酒精灯或电炉，镊子，火柴，吸水纸或滤纸块等。

3．试剂

（1）0.1% BTB 水溶液：称取 BTB 0.1g 溶于冷开水（配制指示剂的水应为微碱性，使溶液呈蓝色或蓝绿色，而蒸馏水为微酸性，故宜用煮沸的自来水或井水），用滤纸去残渣。滤液若呈黄色，可加数滴稀氨水，使之变为蓝色或蓝绿色。此液可长期贮于棕色瓶中。

（2）琼脂。

四、实验步骤

1．浸种　将待测种子浸泡一定时间，使其吸胀。

2．0.1% BTB 琼脂凝胶的制备　取 0.1% BTB 溶液 50mL 于烧杯中，加剪碎成小块的琼脂 0.5g，用小火加热并不断搅拌。待琼脂完全溶解，保温备用。

3．处理　取吸胀种子 30～50 粒（根据种子大小及培养皿大小而定），用自来水冲洗，沥干，用吸水纸吸去种子表面的水分，使胚向下均匀放于培养皿中（种子间距离至少应1cm)。然后再倒入40℃左右的BTB琼脂液，以淹没种子为度(0.2～0.4cm)。琼脂液层不宜太厚，否则会影响观察。置于30～35℃的温箱中保温30min(夏天可放在室温下)。另取一些吸胀种子置沸水中煮5min杀死种子作同样的处理，进行比较观察。

五、结果与分析

经半小时后(BTB琼脂液已凝固)将培养皿拿到光线比较亮的窗前，将培养皿反过来(从底部)进行观察。若种胚附近呈现较深黄色晕圈则是活种子，若种胚周围黄色很淡或没有色环则是无生活力的种子。

统计分析实验结果。

六、注意事项

摆放时应使胚向下，琼脂液层不宜太厚，以便观察。

七、问题讨论

为什么实验前种子要充分吸胀?

Ⅲ. 酸性靛蓝染色法

一、实验原理

活细胞的原生质膜具有选择透性，它对某些染料不让透过，因此用这类染料(如酸性靛蓝等)不能使种胚染色。而死种子的胚细胞原生质膜丧失了选择透性，于是染料进入死细胞，将胚完全染色。

二、实验目的

根据种胚或子叶对染料的着色情况来判断种子的发芽率。

三、实验材料、器材和试剂

1. 实验材料 小麦、大豆、玉米等作物的种子。

2. 器材 培养皿，刀片，镊子，烧杯等。

3. 试剂 0.1%酸性靛蓝溶液：称0.1g酸性靛蓝，加蒸馏水溶解，定容至100mL。

四、实验步骤

1. 浸种 将待测种子浸泡一定时间，使其吸胀。

2. 染色 将吸胀的种子沿胚和中线切为两半，一半置于培养皿中加0.1%酸性靛蓝溶液。以淹没种子为度，染色15min，另一半弃去。

3. 观察 染色时间到后，用自来水反复冲洗种子，将吸附在种子表面的染料冲洗干净。然后观察冲洗后的种子子叶或胚部着色情况。凡生活力强的种子，胚完全不着色(白色)；有生活力的子叶和胚上有不太明显的淡色斑点；整个胚全部着色或子叶和胚根上有着色很浓的斑点，就是完全丧失或大部分丧失生活力的死种子。

五、结果与分析

记录、计算实验结果，并分析结果。

六、注意事项

种子沿胚和中线切开时要小心。

七、问题讨论

不论活种子还是死种子，其种子内淀粉部分均能染上色，为什么？

Ⅳ．红墨水染色法

一、实验原理

有生命力的种子，其胚细胞的原生质具有半透性，即有选择性地吸收外界物质的能力，某些燃料不能进入细胞内，胚不着色。而丧失活力的种子，其胚部细胞原生质膜丧失了半透性，染料可进入细胞内导致胚着色。所以，可根据种子胚是否染色来判断种子的活力。

二、实验目的

学习用红墨水染色快速鉴定种子生活力的方法。

三、实验材料、器材和试剂

1．**实验材料**　禾谷类种子。

2．**器材**　培养皿，镊子，刀片等。

3．**试剂**　5% 红墨水：红墨水 5mL 加 95mL 自来水。

四、实验步骤

1．**浸种**　将待测种子在 30～35℃温水中浸种，以增加种胚的呼吸速率，使显色迅速。

2．**染色**　取吸胀的种子 200 粒，沿种子胚的中心线纵切为两半，将其中的一半置于培养皿中 5～10min（温度高时时间可短些）。

染色后，倒去红墨水液，用水反复冲洗多次，至冲洗液无色为止。

3．**检查种子死活**　凡种胚不着色或着色很浅的为活种子；凡种胚与胚乳着色程度相同的为死种子。可用沸水杀死的种子作为对照观察。

五、结果与分析

计算种胚不着色或着色浅的种子数，算出发芽率。

六、注意事项

1．沿胚的中线纵切种子。

2. 处理时药液以浸没种子为度。

七、问题讨论

为什么红墨水染色时间不能太长?

V. 纸上荧光法

一、实验原理

具有生命力的种子和已经死亡的种子，它们的种皮对物质的透性是不同的，而许多植物的种子中又都含有荧光物质。利用对荧光物质的不同透性来区分种子的死活，方法简单，特别是对十字花科植物的种子，尤为适用。

二、实验目的

学习用纸上荧光法快速鉴定种子的生活力。

三、实验材料和器材

1. 实验材料　植物种子。

2. 器材　紫外荧光灯，镊子，培养皿，滤纸（无荧光）等。

四、实验步骤

（1）将完整无缺的种子（油菜、白菜等十字花科植物的种子）100 粒，于 25～30℃温水中浸泡 2～3h。

（2）把吸胀的种子，以 3～5mm 间隔整齐地排列在培养皿中的湿润滤纸上，滤纸上水分不能过多，以免荧光物质流散。培养皿可以不必加盖，放置 1.5～2h，取出种子，将滤纸阴干。取出的种子仍按原来顺序排列在另一皿中（以备验证）。

（3）将滤纸置于紫外荧光灯下进行观察，观察如能在暗室中进行，则效果更好。

五、结果与分析

1. 观察　有的放过种子的位置上可产生一荧光圈。如要确证这是死种子，可将这些种子拣出来集中在一只培养皿中，而让不产生荧光的种子留在另一只培养皿中。维持合适的湿度，让其自然发芽。

2. 记录　3～4d 后，记录每皿中的种子数填入表 2-39 中。

表 2-39　纸上荧光法种子发芽统计

种子总数	产荧光种子			不产荧光种子		
	总数	发芽数	发芽率 /%	总数	发芽数	发芽率 /%

六、注意事项

本实验的成败，首先取决于种子中荧光物质的存在，其次取决于种皮的性质。有的种子无论是否有发芽能力，一经浸泡，即有荧光物质透出，大豆即属此类，也有的由于种皮的不透性，无论种子死活，都不产生荧光圈，许多植物的种子都会碰到这种个别现象，此时可用机械方法擦伤种皮，重新验证。相反，有时由于收获时受潮种皮已破裂，都会产生荧光圈，试验时都应该注意。最好将浸泡种子事前进行检查，没有荧光则适于作实验材料。

七、问题讨论

1. 实验结果与实际发芽率是否一致？为什么？

2. 比较几种快速测定植物种子生活力方法所测得结果的异同，同时简述各方法的优缺点及其应用范围。

实验 54 种子萌发对氧的需要

一、实验原理

氧气是种子萌发的必要条件。水稻种子能在氧气不足的水中萌发，这和一般作物如小麦、玉米有所不同。因为水稻是淹水植物，对缺氧环境有一定的适应能力，其适应方式主要是借助发达的通气组织使根系得到从地上部运来的氧气。但在缺氧严重的情况下，其胚根和真叶也不能正常生长，只能长出细长的芽鞘。由于芽鞘迅速伸出水面，便可将空气中的氧气运至基部，而利于发根和长叶。

二、实验目的

通过实验，证明高等植物种子的正常萌发生长都必须要有充足的氧气，即使是水稻这类淹水植物也不例外。

三、实验材料、器材和试剂

1. 实验材料　水稻种子。

2. 器材　光照培养箱，500mL 烧杯，尖头镊子，塑料尺等。

3. 试剂　0.1% 升汞溶液等。

四、实验步骤

1. 种子处理　选取饱满的水稻种子，用 0.1% 升汞溶液进行表面消毒 10min，再用清水充分洗净种子，然后浸种几小时。

2. 种子培养　取 5 个 500mL 烧杯，编号并贴上标签，作以下 5 个处理，每个处理（烧杯）放 30～40 粒种子，然后各处理加入不同深度的蒸馏水如下。

处理 1：加水至种子厚度的一半。

处理 2：加水浸没种子 1cm。

处理 3：加水浸没种子 3cm。
处理 4：加水浸没种子 5cm。
处理 5：加水浸没种子 7cm。
将各处理放在 25～30℃的光亮处培养 5～7d（期间 2d 换水 1 次）。

五、结果与分析

培养 5～7d 后，各处理随机取 10 株测量其芽鞘和真叶长度、胚根数和长度，求 10 株的平均值并记录于表 2-40 中。

表 2-40　不同淹水层对水稻种子萌发的影响

处理	芽鞘长度 /cm	真叶长度 /cm	胚根数 / 条	胚根长度 /cm
加水至种子厚度的一半				
加水浸没种子 1cm				
加水浸没种子 3cm				
加水浸没种子 5cm				
加水浸没种子 7cm				

六、注意事项

选取饱满一致的种子；各处理在培养期间要保持其最初的水分深度。

七、问题讨论

淹水后水稻芽鞘迅速伸长的原因是什么？植物还有什么生理机制抵抗淹水（缺氧）？

实验 55　光对需光种子发芽的影响

一、实验原理

种子能否正常萌发，首先是由其内部因素（种子活力、种子生活力）决定的，此外还需有适宜的外界环境条件，主要包括充足的水分、适宜的温度和足够的氧气。有些种子的萌发还受光的影响。例如，莴苣、烟草、拟南芥和许多杂草等的种子需要光的刺激才能萌发，称为需光种子（light seed）；相反，茄子、番茄等种子在光下则萌发受到抑制，这类种子称为嫌光种子或需暗种子（dark seed）。

对需光种子而言，白光和波长为 660nm 的红光有同样促进萌发的作用，而红光效应可为随后照射的远红光（730nm）所抵消。如果用红光和远红光交替照射处理，种子萌发状况则取决于最后一次照射光的种类。红光和远红光对种子萌发的逆转作用，是通过光敏色素来控制的。光敏色素在植株体内主要有两种形式：Pr 吸收红光后转化为 Pfr，Pfr 是具活性的状态，能引起生物反应，它吸收远红光后转化为 Pr。由于种子内部的光敏色素吸收了这两种光后，能够发生可逆的光化学反应，然后引起了一系列生理生化变化，从而促进或抑制种子的萌发。

二、实验目的

了解需光种子对光的要求及光对需光种子发芽的影响。

三、实验材料和器材

1. 实验材料 烟草种子和莴苣种子或其他需光种子。

2. 器材 恒温箱，培养皿，黑纸或黑布，圆形滤纸等。

四、实验步骤

（1）取4个直径为10cm的培养皿，将培养皿按序编号（①～④），并在培养皿内垫上两层圆形滤纸。

（2）于①、②号皿中各放入50粒烟草种子；③、④号皿中各放入50粒莴苣种子。

（3）在各皿中加入3～5mL蒸馏水，不宜太多，以湿润滤纸和种子为限。

（4）加完水后，随即将单号皿用黑纸或黑布包好放入柜内，双号皿置于光下，于26℃条件下恒温萌发72h。

五、结果与分析

以胚根突破种皮作为种子萌发的标志，分别统计每个培养皿中萌发的种子数，计算种子的萌发百分率。

六、注意事项

在用黑纸或黑布包扎培养皿、放入恒温箱过程中及存放期间应注意避光。

七、问题讨论

比较各培养皿中种子的萌发百分率，并分析其差异的原因。

实验56 种子萌发过程中淀粉酶活性的测定

一、实验原理

在萌发过程中，种子的贮藏物质淀粉主要是在淀粉酶水解作用下转变成简单的有机化合物，这些物质是构成新器官的材料。在一定条件下定量测定淀粉糖化过程中所需的时间即可表示淀粉酶活性的大小。

二、实验目的

了解种子萌发过程中淀粉的水解与淀粉酶形成的关系。

三、实验材料、器材和试剂

1. 实验材料 经水培获得的水稻幼苗或小麦幼苗。

2. 器材 天平，恒温水浴锅，研钵，白瓷板，漏斗架，培养皿，滤纸等。

3. 试剂

（1）1% 淀粉溶液，0.2mol/L 磷酸缓冲液。

（2）标准糊精：称取 0.12g 糊精，悬浮于少量水中，再移至沸水中，冷却定容至 200mL，取其 1mL，加 3mL 标准稀碘液作为比较颜色。

（3）I_2-KI 溶液：原碘液（I_2 11g，KI 22g，定容至 500mL）；标准稀碘液（取原碘液 15mL 加 KI 8g，定容至 500mL）；比色稀碘液（原碘液 2mL 加 KI 20g，定容至 500mL）。

四、实验步骤

（1）实验材料的准备：于实验前 6d，采用水培法培养几种不同环境条件下生长的作物幼苗（水稻、小麦）。

（2）淀粉酶溶液的制备：将不同幼苗用水洗净，各称取幼苗胚乳部分 0.5g，分别置于研钵中，加 5mL pH 6 的磷酸缓冲液，仔细研磨成匀浆，用适量缓冲液冲洗，最后定容至 10mL，离心，取上层清液备用。

（3）保温糖化。

（4）取 20mL 1% 淀粉液和 5mL pH 6 的磷酸缓冲液于锥形瓶中，置于 35℃水浴中平衡 15min，加 1mL 制备好的酶溶液，摇匀，立即开始记录时间。

（5）显色、观察与测定：吸取上述混合液 1 滴于白瓷反应板上，加 1 滴比色稀碘液，观察颜色，与标准糊精比较颜色，相同即反应达到终点，记录糖化时间 t。

五、结果与分析

按照下述公式计算。

$$U_a = \frac{60}{t} \times 60 \times 1\% \times \frac{V_f}{1}$$

式中，V_f 为每克材料制得的酶液体积（mL）；U_a 为酶活力单位（即 1h 消化 1g 淀粉的酶活力为 1 个单位）。

六、注意事项

调节酶浓度使测定能在合适的时间内完成。

七、问题讨论

萌发天数不同或者不同温度下萌发的幼苗的淀粉酶活力有无区别？为什么？

实验 57 油类种子萌发时脂肪酸含量的变化

一、实验原理

油菜籽等含油脂较多的油类种子萌发时，在脂肪酶的作用下，储藏的脂肪水解成脂肪酸和甘油。生成的脂肪酸可用碱进行滴定。

二、实验目的

了解在种子萌发时脂肪物质分解的过程。

三、实验材料、器材和试剂

1. 实验材料 风干的油菜籽。

2. 器材 小型磨粉机，台式天平，恒温水浴锅，研钵，漏斗，大试管和橡皮塞，培养皿，锥形瓶，移液管，碱式滴定管等。

3. 试剂 95% 乙醇，0.05mol/L NaOH，1% 酚酞试剂等。

四、实验步骤

（1）先将风干的油菜籽磨成粉备用；另取 1g 油菜籽于培养皿中的湿滤纸上发芽，待胚根长达 0.3～1.0cm 即可用于实验。

（2）称取 1g 油菜籽粉置于试管中，加入 95% 乙醇 25mL，加盖；另取已发芽的油菜籽放于研钵中，加少许石英砂，加 3mL 95% 乙醇，将材料研成匀浆，然后倒入另一试管中，再取 22mL 乙醇洗涤研钵，将洗液和乙醇全部并入试管中，加盖。将两试管在 70℃恒温水浴锅中保温 30min。取出后静置数分钟，将上层清液在放有少量活性炭的滤纸中过滤脱色 1～2 次。各吸取滤液 10mL 置于锥形瓶中，加酚酞试剂 2 滴，用 0.05mol/L NaOH 滴定，生成微红色，在 1min 内不褪色即终点。

五、结果与分析

记录并分析实验结果；以用去的 NaOH 体积数（mL）表示脂肪酸总量。

六、注意事项

已发芽的油菜籽研成匀浆后需将洗液和乙醇全部并入试管中。

七、问题讨论

比较萌发与未萌发或萌发天数不同的油菜籽的脂肪酸含量的变化情况。

实验 58 植物向性运动的观察

一、实验原理

当植物的茎和根在其两侧所受到的光或重力不相等时，便会引起两侧产生不均等生长而发生弯曲，因而表现出向性运动（tropic movement）。由于运动方向与刺激的方向有关，且植物不同部位对刺激的反应不同，因此向性运动有正负之别，向着刺激方向弯曲的为正向性，背着刺激方向弯曲的，则为负向性。在向性运动中，接受刺激和发生反应的部位也常有不同。

二、实验目的

观察植物的向光性（phototropism）和向重力性（gravitropism）运动情况，了解植物接受外界条件刺激的部位，并比较不同部位对不同刺激的反应。

三、实验材料和器材

1. **实验材料** 小麦，大豆（或蚕豆），玉米等。
2. **器材** 恒温箱，培养皿，火柴，铝箔，向光箱，烧杯，滤纸等。

四、实验步骤

1. 向光性运动

（1）取小麦种子数十粒，吸胀后分布于培养皿内湿滤纸上，在黑暗中发芽。当芽鞘长达 2cm 左右，而真叶尚未穿出芽鞘时，选择较直立的幼苗 15 株，将其中 5 株幼苗芽鞘顶端套上铝箔帽（$1cm^2$ 的铝箔小块，用火柴梗卷搓成小筒状，然后折转一端即成）；另外 5 株用铝箔将芽鞘顶端稍下的部位包裹起来（芽鞘顶端露出 0.5cm），其余 5 株不加处理。

（2）将培养皿放在向光箱中，置于光线充足处，使一侧受光。向光箱为一黑暗箱，仅在侧壁上开一孔或一道窄缝，使光线只能从孔或缝射入，照射在幼苗上。也可用温箱代替向光箱，将培养皿放在温箱中关上内层玻璃，打开外层门，在温箱玻璃门外加一光源或对着窗门，接受自然光。经 1d 后，可以看到芽鞘顶端带铝箔帽的幼苗仍直立生长，而芽鞘顶端下面包铝箔的及未经处理的幼苗都向光弯曲（正向光性）。由此说明接受光刺激的部位是芽鞘顶端；而发生弯曲的部位是与芽鞘顶端有一定距离的部位。

2. 向重力性运动

（1）取大豆或玉米种子，播于培养皿内湿沙中，待幼苗长达 2～3cm 时，选择根茎均直立的幼苗作实验材料。

（2）取 400mL 左右的烧杯（或其他玻璃瓶）一个，内装半杯湿沙，然后沿着杯壁，把发芽的种子以各种不同方向安放在土面上（如根尖朝上，根尖朝下，横放或斜放等），再盖一层沙土，保持湿润，放在黑暗环境中生长。

（3）1～2d 后，从烧杯外面透过玻璃可以清楚看到幼苗的生长情况。注意观察根和芽的弯曲方向有何不同。

五、结果与分析

分析各种处理的实验结果，必要时可绘图说明。

六、注意事项

幼苗芽鞘套铝箔处理时不要损伤植株。向重力性实验须选择根茎均直立的幼苗作材料。

七、问题讨论

1. 小麦芽鞘照光后，会向光面弯曲，为什么？
2. 长出芽和根的幼苗，不论你怎样放，根总是向下生长，茎总是向上生长，为什么？

实验 59 光对植物生长的影响

一、实验原理

光不仅是植物光合作用的能量来源，还对植物生长有着直接的作用。光在植物的分化、生长、发育的各个进程中起调节控制作用，这些调节作用表现在分子、细胞、组织和器官各个水平层次的变化上，就是光形态建成（photomorphogenesis），也即植物的光控发育作用。

二、实验目的

通过观察不同时间的光照和黑暗处理对植物形态建成的影响，从而了解光是植物生长必要条件之一。

三、实验材料和器材

1. 实验材料 豌豆或其他植物种子。

2. 器材 培养缸，暗室，细沙，恒温培养箱等。

四、实验步骤

（1）将实验种子浸种后放入大培养皿中，置于培养箱在 25～28℃培养发芽 3～5d。

（2）取培养罐 4 个（分别编号）盛满细沙，将发芽一致的种子播入沙中，浇水（以湿润为宜），分别作如下处理。

处理 1：整个实验期间，植物均放在暗室培养。

处理 2：同上条件，每天移至光照 20min。

处理 3：同上条件，每天移至光照 1h。

处理 4：整个实验期间，置于自然光照下培养。

实验期间注意保持适当的温度和土壤水分，2～3 周后（根据实验期间温度而定），观察各处理植株高度、节间长度和叶子展开情况。

五、结果与分析

按表 2-41 记录实验结果，比较暗处理与不同光照时间处理的植株长势、形态、节间数、叶子展开情况、叶色表现有何不同，并简述其原因。

表 2-41 不同光、暗处理对植物生长的影响

处理	植株高度 /cm	节间长度 /cm	叶色、叶子展开等情况描述
1号			
2号			
3号			
4号			

注：每个处理取平均值记录于表中

六、注意事项

各处理除了光照时间外，其余培养条件尽量保持一致。

七、问题讨论

除了形态变化外，不同处理的植株生理上还可能有些什么变化？为什么？

实验 60　植物光周期现象的观察

一、实验原理

植物对白天和黑夜相对长度的反应，称为光周期现象（photoperiodism）。许多植物须经过一定的光周期才能开花，叶是感受光周期影响的器官。在一定的光周期条件下，叶内形成某些特殊的代谢产物，传递到生长点，导致生长点形成花芽。

二、实验目的

在自然光照条件下，对植物进行短日照、间断光期、间断黑夜等处理，借以了解日照和黑夜的交替及其长度对大豆、水稻等短日照作物开花结果的影响。

三、实验材料和器材

1. 实验材料　大豆幼苗（迟熟种）或水稻幼苗（感光性强的品种），菊花或其他短日照植物。

2. 器材　黑罩（外面白色，里面黑色）或暗箱、暗柜、暗室，日光灯或红色灯泡（60～100W），闹钟（附光源开关自动控制装置）等。

四、实验步骤

（1）当大豆幼苗长出第一片复叶，或水稻幼苗长出 5～6 片叶（夜温在 20℃以上）后，即可按表 2-42 所述方法给以不同处理，一般情况连续处理 10d 后即可完成。

表 2-42　光周期处理

处理	处理方法
短日照	每日照光 10h（早上七点半～下午五点半）
间断白昼	每日中午 11 点半～下午两点半移入暗处间断白昼 3h
间断黑夜	在短日照处理基础上，于午夜 24 点～凌晨 1 点照光 1h，以间断黑夜
对照	以自然条件为对照

经上述处理后记下各处理的大豆现蕾期或水稻始穗期，并与对照作比较。

（2）取菊花或其他适当的短日照植物 4 组：第 1 组予以每日光照 18h 的长日处理；第 2 组予以每日光照 10h 的短日处理；第 3 组下部叶片予以短日处理，而摘去叶片的顶端则受长日处理；第 4 组与第 3 组相反。观察最后开花情况。

五、结果与分析

记录并分析实验结果。

六、注意事项

各处理除了光周期外，其余生长条件尽量保持一致。

七、问题讨论

1. 幼苗经不同处理后，花期有的较对照提前，有的与对照相当，如何解释？
2. 按植物对光周期的要求，可把植物分为哪几大类？
3. 根据植物光周期现象的原理，在引种工作中应注意哪些问题？

实验 61　花粉管生长的向化性

一、实验原理

通过传粉作用，花粉落在雌蕊的柱头上，并受到柱头分泌物的刺激，开始吸水萌发。花粉中含有淀粉和脂肪等，水势较低，于是从柱头吸水，花粉内壁通过萌发孔向外突出，形成花粉管。花粉能沿着花柱向着胚囊定向生长，一般认为是由于花粉管向着雌蕊中产生的“向化性物质”浓度梯度递增的方向（胚珠）延伸的结果，称为花粉管的向化性生长。

二、实验目的

了解植物向化性的生长运动。

三、实验材料、器材和试剂

1. **实验材料**　豆科植物（如扁豆、蚕豆等）的花粉。
2. **器材**　载玻片，镊子，滴管等。
3. **试剂**　0.03%、0.04%、0.05%、0.06% $Ca(NO_3)_2$ 溶液，2% 蔗糖琼脂培养基等。

四、实验步骤

（1）将蔗糖琼脂培养基加热，使琼脂完全溶解。趁热将培养基均匀地滴在载玻片上，冷却，使之凝固。

（2）用滴管分别吸取 0.03%、0.04%、0.05%、0.06% $Ca(NO_3)_2$ 溶液，每隔一定间隔滴一种浓度的 $Ca(NO_3)_2$ 溶液于有培养基的载玻片上，使之成为一个 Ca^{2+} 的浓度梯度。

（3）将豆科植物（如扁豆、蚕豆等）的花粉均匀地散在两种 Ca^{2+} 浓度之间，25℃条件下培养。1h 后观察花粉管萌发的方向。

五、结果与分析

通过实验，找出最适合花粉管萌发的浓度，并计算萌发花粉的百分数。

六、注意事项

需注意液滴之间要保持一定间隔，不能混合，花粉不能接触液滴。

七、问题讨论

讨论是否还有其他检测花粉管生长趋势的方法。

实验 62 花粉管向化性物质的提取、分离及其对细胞伸长的影响

一、实验原理

果树、蔬菜和花卉在生产中常常遇到的问题是：许多名贵花木和蔬菜品种难以获得正常的种子，给繁殖和生产带来了困难。其原因之一是花粉管生产异常，不能进入胚囊，精卵不能结合。因此花粉管向着胚囊生长的定向控制问题，一直受到园艺学家和植物学家的重视。自从 Molisch 发现水仙花（*Narcissus tazetta*）的花粉管于离体培养情况下向着雌性器官生长这一现象后，研究表明许多植物的雌蕊都有吸引花粉向其生长的能力，在这些植物的雌蕊中存在着引起这种现象的物质，谓之花粉管向化性物质。

二、实验目的

本实验以花卉为材料，对其雌蕊中的向化性物质进行提取和分离，并对它的一些特性进行研究。

三、实验材料、器材和试剂

1. 实验材料 金鱼草（正在盛开的花朵）。

2. 器材 纸层析滤纸，研钵，恒温水浴锅，离心机等。

3. 试剂 蔗糖，硼酸，酵母，琼脂，乙酸，$Al(OH)_3$，石油醚，展开剂（正丁醇：乙酸：水＝4：2：1 和正丁醇：乙酸：水＝4：1：2）等。

四、实验步骤

1. 花粉管向化性实验 以含 10% 蔗糖、10μL/L 硼酸和 100μL/L 酵母提取液的 1% 琼脂为花粉培养基。

2. 雌蕊中向化性物质的提取 6g 新鲜雌蕊在恒温水浴锅上蒸煮后，于研钵中用水研磨，磨后用 80mL 水调成悬液，收集上清液，并加入少量乙酸，在水浴上加热 5min，冷却后加入 8mL $Al(OH)_3$ 胶体，离心除去蛋白质，得到无色透明的上清液。此液于恒温水浴锅上蒸干得到少量黄绿色的残余物。此残余物用 4mL 水溶解，以很少一部分浸于滤纸上，晒干放在培养基上，做向化性实验。其余部分作纸层析分离。同时，以石油醚（典型非极性溶剂）作溶剂进行同样提取和活性实验。

纸层析的展开剂为：①正丁醇：乙酸：水＝4：2：1，②正丁醇：乙酸：水＝4：1：2。层析后的滤纸按 R_f 值 0.0～0.1、0.1～0.2 等剪成 10 段，分别作向化性检查。

3. 向化性物质对细胞伸长的影响　经纸层析分离的向化性物质用水从相应的层析区段上洗脱后，在恒温水浴锅上蒸干，留下极少量白色残余物。这种白色残余物以 1mL 2% 的蔗糖溶解。在溶液中播下金鱼草花粉，于 26～28℃条件下保温 6～7h，然后测量每个花粉管的长度（30 个花粉一组，重复 3 次）。以 2% 蔗糖为对照。

五、结果与分析

统计并分析实验结果（表 2-43）。

表 2-43　向化性物质对花粉管生长的影响

项目	第一组	第二组	第三组
对照花粉管的平均长度 /mm			
30 个花粉管的平均长度 /mm			
与对照之差 /mm			
抑制率 /%			

六、注意事项

显微镜观察，用水作提取溶剂的雌蕊提取物具有吸引花粉管生长的能力，但以石油醚作提取溶剂的则无此活性。这说明雌蕊中吸引花粉管定向生长的活性物质是极性化学物质，溶于水，因而溶液被强极性溶剂提取。

七、问题讨论

讨论花粉管向化性物质的特性及其作用机制。

实验 63　果品、蔬菜中可滴定酸含量的测定

一、实验原理

果实、蔬菜中可滴定酸（titratable acidity，TA）含量的测定是根据酸碱中和原理进行的，即用已知浓度的氢氧化钠溶液滴定果实、蔬菜提取液，根据氢氧化钠的消耗量计算果品和蔬菜中可滴定酸含量。由于果实和蔬菜中有多种有机酸，因此需要根据果实和蔬菜中所含的主要有机酸进行折算。

二、实验目的

果实和蔬菜中含有苹果酸、柠檬酸、酒石酸、草酸等多种有机酸。有机酸的种类和数量因果实和蔬菜的种类和品种而异，进而影响果蔬的风味、糖酸比和耐贮性。通过本实验，学习用氢氧化钠滴定法测定果蔬中可滴定酸含量的办法。

三、实验材料、器材和试剂

1. 实验材料　苹果、番茄、桃等果实。

2. 器材 碱式滴定管（20mL），容量瓶（100mL，1000mL），移液管（1mL，10mL），锥形瓶（100mL），研钵，电子天平（感量 0.0001），漏斗和漏斗架，滤纸，铁架台，蒸馏水，洗耳球，滴管，烘箱，电炉，烧杯（1000mL），量筒，冰箱等。

3. 试剂

（1）0.1mmol/mL 氢氧化钠溶液：准确称取 4.0g 分析纯氢氧化钠，用新煮沸过且冷却后的蒸馏水溶解，并定容至 1000mL。使用时，用邻苯二甲酸氢钾（相对分子质量为 204.22）溶液标定氢氧化钠溶液的浓度。准确称取 0.600g 在 105℃干燥至恒重的基准邻苯二甲酸氢钾，加 50mL 新煮沸过的冷蒸馏水于锥形瓶中溶解，滴 2 滴酚酞溶液，用配制好的氢氧化钠溶液滴定至溶液呈粉红色。用邻苯二甲酸氢钾的克数除以滴定时 NaOH 溶液的毫升数，再除以 0.2042（1mL 邻苯二甲酸氢钾的克数），即得到氢氧化钠溶液的准确浓度（mmol/mL）。

（2）1% 酚酞溶液：称取 1.0g 酚酞，加入 100mL 50% 的乙醇溶液中溶解。

四、实验步骤

1. 可滴定酸的提取 称取果蔬样品 10.0g，置于研钵中，加入少量蒸馏水，研磨成匀浆，转移到 100mL 容量瓶中，用蒸馏水冲洗研钵，一并转入容量瓶中，定容至刻度，摇匀。提取 30min 后过滤至锥形瓶中备用。

2. 滴定 移取 20.0mL 滤液至锥形瓶中，加入 2 滴酚酞溶液，用已标定的氢氧化钠溶液进行滴定。滴定至溶液初显粉红色并在 30s 内不褪色时为终点，记录氢氧化钠滴定液的用量，重复 3 次。再用蒸馏水代替滤液进行滴定，作为空白对照。

五、结果与分析

将测定的数据记录于表 2-44 中。

表 2-44 果蔬可滴定酸含量记录表

重复次数	样品质量/g	提取液总体积/mL	所取滤液体积/mL	NaOH 浓度/（mmol/mL）	NaOH 消耗量/mL		折算系数	可滴定酸含量	
					测定	空白		计算值	平均值
1									
2									
3									

根据 NaOH 滴定液消耗量，计算果蔬中可滴定酸含量，以百分含量表示。计算公式如下。

$$可滴定酸含量=\frac{V\times C\times (V_1-V_0)\times f}{V_s\times m}\times 100\%$$

式中，m 为样品质量（g）；V 为提取液总体积（mL）；V_s 为所取滤液体积（mL）；C

为 NaOH 浓度（mmol/mL）；V_1 为测定样品 NaOH 消耗量（mL）；V_0 为空白 NaOH 消耗量（mL）；f 为折算系数。折算系数 f 常按照果蔬中主要的有机酸进行折算。苹果、梨、桃、杏、番茄、莴苣等果蔬中主要含苹果酸，其折算系数为 0.067；柑橘类果实中主要含柠檬酸，其折算系数为 0.070；葡萄果实中主要含酒石酸，其折算系数为 0.075。

六、注意事项

果蔬中含酸量较少时，可将 NaOH 滴定液适当稀释后使用，如利用 0.05mmol/mL 甚至 0.01mmol/mL 的 NaOH 进行滴定。

可滴定酸含量计算公式中的 V_0 为 3 次空白测定的平均值。

七、问题讨论

1. 为何要使用邻苯二甲酸氢钾标定氢氧化钠溶液浓度？
2. 为何要用新煮沸且冷却的蒸馏水溶解氢氧化钠？
3. 成熟度不同的水果的可滴定酸含量有什么差异？为什么？

实验 64　多酚氧化酶活性的测定

一、实验原理

多酚氧化酶（polyphenol oxidase，PPO）是植物体内普遍存在的一种含铜氧化酶。它催化二元酚以上的酚类物质氧化为醌的反应，与植物的机械损伤和“伤呼吸”有密切关系。其基本反应如下。

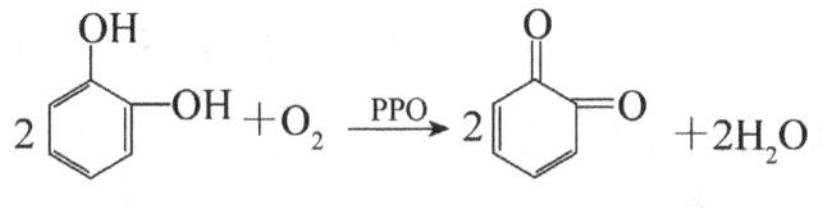

根据醌类物质的生成速度可以推算出 PPO 活性的大小，为了测定醌类物质的生成量，可加入一定量的抗坏血酸与之反应。

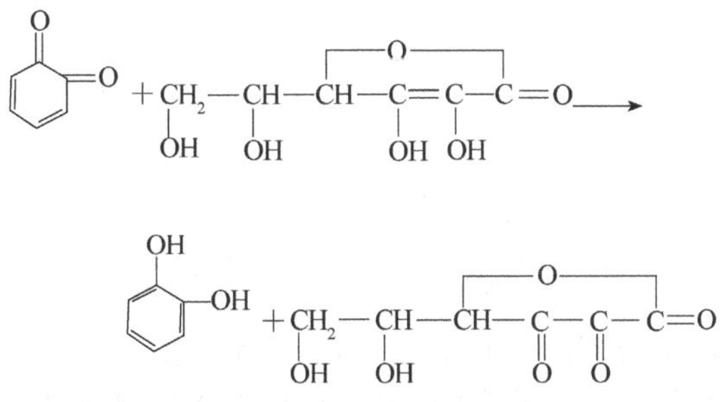

再用碘酸钾来滴定剩余的抗坏血酸，从而计算被醌所氧化的抗坏血酸的数量，而间接得知 PPO 的活性。

二、实验目的

掌握多酚氧化酶活性测定的原理和方法；加深了解多酚氧化酶的生理意义。

三、实验材料、器材和试剂

1. 实验材料 新鲜的植物材料。

2. 器材 恒温水浴锅，2.50mL 容量瓶，100mL 锥形瓶，1mL、5mL、10mL 移液管，25mL 滴定管，研钵，大试管，石英砂等。

3. 试剂

（1）0.2% 邻苯二酚：取 0.2g 邻苯二酚以水溶解后，定容至 100mL，贮于棕色瓶内，2d 内有效。

（2）0.01mol/L 碘酸钾：准确称取 KIO_3 2.14g，以水溶解后，加 5mL 1mol/L 的 NaOH 和 2g KI，溶解后，定容至 1L，混匀，贮于棕色瓶。

（3）pH 6.4 磷酸缓冲液：取 KH_2PO_4 5.4g，溶于无 CO_2 水中，加 10mL 1mol/L 的 NaOH，用无 CO_2 水稀释至 200mL。

（4）5% 偏磷酸：取 5g HPO_3 溶于水，定容至 100mL。

（5）0.35% 抗坏血酸：取抗坏血酸 0.35g 溶于水，定容至 100mL 混匀，有效期 1d。

（6）0.5% 淀粉液。

四、实验步骤

1. 酶液提取 取剪碎的植物材料 1～5g 和少量石英砂加水于研钵内，研磨匀浆，加水清洗并转入 50mL 容量瓶，定容后振摇 2～3min，放入 20℃或 25℃水浴中预热备用。

2. 预热试剂 取大试管 3 支，分别盛取抗坏血酸、邻苯二醌和磷酸缓冲液，放入水浴中预热。

3. 测定 用 100mL 锥形瓶一个，先后吸取预热的磷酸缓冲液 1mL、抗坏血酸 5mL 和邻苯二酚 5mL，再加入经振摇混合后的悬浮酶液 5～10mL（视活性大小而定）立即计时，并均匀振荡 2min，以使之与氧气充分接触，到时再加 5mL 偏磷酸以中止反应，并加入 0.5% 淀粉液 1mL 作指示剂，用 0.01mol/L 碘酸钾滴定至浅蓝色不消失为止。同时，另取一个锥形瓶，如上法作对照滴定，只是在加酶液之前，加入偏磷酸以抑制酶活。

五、结果与分析

将滴定所得数据用下式计算酶活。

$$A=\frac{50\times 5\,(a-b)}{V\times m\times 2}=\frac{125\,(a-b)}{V\times m}$$

式中，A 为 PPO 活性［μmol 氧化抗坏血酸 /（g FW · min）］；a 为用于对照滴定的 0.01mol/L KIO_3 消耗量（mL）；b 为用于样品滴定的 0.01mol/L KIO_3 消耗量（mL）；V 为测定所用悬浮酶液体积（mL）；m 为分析用样品重（g）；50 为提取液总量（mL）；5 为 0.35% 抗坏血酸将毫升换算为微摩尔的系数；2 为反应 2min。

六、注意事项

植物样本在处理前勿碰伤搓揉。0.35% 抗坏血酸和 0.2% 邻苯二酚最好测定前配制。

七、问题讨论

1. 多酚氧化酶活性与植物的机械损伤“伤呼吸”有何关系？
2. 有的植物组织在感病时多酚氧化酶活性会增强，为什么？

实验 65　切花的延衰保鲜实验

一、实验原理

乙烯和切花衰老有密切关系，研究发现许多切花衰老时乙烯生成量显著增加，进而加速开花和衰老进程。不同切花对乙烯的敏感度不同，香石竹、兰花等对乙烯较敏感，在极低浓度下，便可发生花瓣卷缩现象。

离体花从开放到凋萎的呼吸速率变化表现类似果实的模式。呼吸速率的变化有跃变型和非跃变型两种，香石竹表现为典型的跃变型，其花瓣衰老伴随内源乙烯释放量的增加。乙烯的动态变化可分为 3 个阶段：从乙烯生成量低、变化平稳，到乙烯迅速上升达到高峰期，随后乙烯很快下降。当乙烯生成量达到高峰时，花瓣很快出现衰老症状。例如，用乙烯抑制剂或拮抗剂来抑制乙烯的产生或干扰其作用，则可延缓切花的衰老。

硫代硫酸银（silver thiosulfate，STS）是目前花卉业使用最广泛的乙烯抑制剂，在植物体内有较好的移动性，对体内乙烯合成有高效抑制作用，可降低乙烯的生成量和干扰乙烯的作用，有效地延长多种花卉的瓶插寿命。

二、实验目的

掌握切花的延衰保鲜的原理和方法。

三、实验材料、器材和试剂

1. 实验材料　香石竹切花。

2. 器材　分析天平，剪刀，尺子，1000mL 烧杯 1 个，500mL 烧杯 2 个，100mL 量筒 2 个，粗圆头玻棒 1 根，500mL 广口瓶 2 个等。

3. 试剂　硝酸银，五水硫代硫酸钠等。

四、实验步骤

1. 4mmol/L 硫代硫酸银溶液的配制　3.99g 的五水硫代硫酸钠溶于 500mL 去离子水中，0.683g 的硝酸银溶于 500mL 去离子水，把硝酸银溶液缓慢地倒入硫代硫酸钠溶液中，同时不断迅速搅拌。

2. 实验材料处理　取鲜香石竹切花 10 枝，剪成 30cm 长，去掉大叶仅保留最上面的 2 张小叶，编号 1～10，测量花径，称量每枝鲜重，其中 5 枝作为 CK 处理组直接插入盛有 300mL 去离子水的广口瓶中，另外 5 枝作为保鲜处理组先插入盛有 300mL 4mmol/L 硫代硫酸银溶液的烧杯中脉冲处理 1h，再移入盛有 300mL 去离子水的广口瓶中。

3. 观测、记录 每天测量花径，称量每枝鲜重，每天观察保鲜效果。以外层花瓣严重失水萎蔫或发生弯头，失去观赏价值为瓶插寿命结束标准，记录保鲜效果。

注意：每天换一次广口瓶中的去离子水。

五、结果与分析

（1）将每天测量观察结果记录于表 2-45～表 2-47 中。

表 2-45 香石竹切花鲜重记载表

项目		CK 处理组						保鲜处理组					
		1	2	3	4	5	均值	6	7	8	9	10	均值
鲜重 /g	0d												
	1d												
	2d												
	3d												
	4d												
	5d												
	6d												
	7d												
	8d												
	9d												
	10d												

表 2-46 香石竹切花花径记载表

项目		CK 处理组						保鲜处理组					
		1	2	3	4	5	均值	6	7	8	9	10	均值
花径 /mm	0d												
	1d												
	2d												
	3d												
	4d												
	5d												
	6d												
	7d												
	8d												
	9d												
	10d												

表 2-47 香石竹切花寿命记载表

项目	CK 处理组						保鲜处理组					
	1	2	3	4	5	均值	6	7	8	9	10	均值
寿命 /d												

（2）以时间为横坐标，花径或鲜重均值为纵坐标作图。

六、注意事项

1. 配制硫代硫酸银溶液时，硝酸银和五水硫代硫酸钠须分别充分溶解并定容后再混合。
2. 测量花径和称量鲜重时动作要迅速，尽量缩短切花离水时间。
3. STS 溶液含银离子，实验后应统一收集处理，不能倒进水槽。

七、问题讨论

1. 影响切花寿命的因素有哪些？你设想的切花保鲜剂应包含哪些成分？
2. 切花的延衰保鲜与果蔬保鲜有何异同？

实验 66 植物生长物质对器官脱落的调节作用

一、实验原理

乙烯对植物器官脱落有重要影响，内源乙烯水平与脱落率呈正相关。乙烯在器官脱落中的作用主要表现在两方面：一是引起或加速器官衰老，调节离区的形成；二是促进离区中水解酶类，包括纤维素酶和果胶酶的诱导合成，从而使中胶层和基质结构疏松，导致脱落。乙烯的效应依赖于组织对它的敏感性，当离层细胞处于敏感状态时，低浓度的乙烯即能导致叶片脱落。

脱落酸和生长素对植物器官脱落的影响与乙烯有密切的关系。脱落酸提高乙烯生物合成直接前体 1-氨基环丙烷-1-羧酸的含量而促进乙烯生物合成，脱落酸加速器官衰老，抑制 IAA 的传导，从而提高器官组织对乙烯的敏感性。生长素促进生长，延缓器官衰老，降低组织对乙烯的敏感性。

实验以叶柄外植体为材料，用植物生长物质处理，通过计算脱落率分析不同植物生长物质对植物器官脱落的调节作用。

二、实验目的

在实践中掌握植物生长物质对器官脱落的影响及其机制；学习植物生长物质的使用方法。

三、实验材料、器材和试剂

1. **实验材料** 菜豆、棉花等叶子对生型植物。
2. **器材** 剪刀，小烧杯，脱脂棉，胶头滴管，玻棒，容量瓶，培养皿，移液枪等。
3. **试剂** 脱落酸，40% 乙烯利，萘乙酸，琼脂等。

四、实验步骤

1. 试剂配制

（1）10μg/mL 脱落酸溶液：称取脱落酸 10mg，先用少量 95% 乙醇溶解，蒸馏水定容至 100mL，得 100μg/mL 脱落酸母液，取 10mL 母液用蒸馏水定容至 100mL。

（2）600mg/L 乙烯利溶液配制：取 1.6mL 40% 乙烯利溶液加蒸馏水定容到 1000mL。

（3）10mg/L 萘乙酸溶液：称取萘乙酸 10mg，先用少量 95% 乙醇溶解，用蒸馏水定容至 1000mL。

2. 叶柄外植体及扦插基质的准备 取叶子对生的植物植株或枝条，在相同的形态部位剪取带有对生叶柄的茎（枝）切段 40 个。剪去叶片部分保留叶柄，残茎上下各保留 0.8cm。将每个叶柄的切口像卷棉签一样用少许脱脂棉包起。

取直径 120mm 培养皿 4 套，编号 0～3，称取琼脂粉 10g，加 500mL 水，加热使琼脂溶解，分别加入 4 个培养皿中，加入量达到培养皿高度的 1/3，冷却备用。

3. 植物生长物质处理 叶柄外植体 10 个一组，用镊子将叶柄外植体插在培养皿中。

0 编号培养皿作对照，用移液枪吸取 100μL 蒸馏水滴在叶柄的脱脂棉上。

1 编号培养皿作乙烯利处理组，用移液枪吸取 600mg/L 乙烯利溶液 100μL 滴在叶柄的脱脂棉上。

2 编号培养皿作脱落酸处理组，用移液枪吸取 10μg/mL 脱落酸溶液 100μL 滴在叶柄的脱脂棉上。

3 编号培养皿作萘乙酸处理组，用移液枪吸取 10mg/L 萘乙酸溶液 100μL 滴在叶柄的脱脂棉上。

各培养皿加盖，置于室温环境中。

4. 观察记录 从第二天起，每天定时观察，用长镊子前端轻触叶柄，看是否脱落，并记录脱落叶柄数。

五、结果与分析

根据每天观测结果，计算脱落率，记录于表 2-48 中。

$$脱落率=\frac{脱落的叶柄数}{叶柄总数}\times 100\%$$

表 2-48 叶柄脱落记录表

处理后天数	CK		乙烯利		脱落酸		萘乙酸	
	脱落数	脱落率	脱落数	脱落率	脱落数	脱落率	脱落数	脱落率
1								
2								
3								
4								
5								

续表

处理后天数	CK		乙烯利		脱落酸		萘乙酸	
	脱落数	脱落率	脱落数	脱落率	脱落数	脱落率	脱落数	脱落率
6								
7								
8								

六、注意事项

1. 叶柄外植体的准备过程中如发现有腋芽的应小心去除。
2. 处理加样量可视叶柄大小适当加减，以完全浸湿脱脂棉而不流出为宜。
3. 用长镊子轻触叶柄时，不要夹紧镊子，应让镊子完全分开，只以一侧前端轻触叶柄。

七、问题讨论

1. 叶柄外植体存在有腋芽时，会对测定结果有何影响?
2. 试分析讨论外源脱落酸对整株植物叶片脱落效果差的可能原因。

实验 67　乙烯利对果实的催熟作用

一、实验原理

乙烯能促进许多与成熟有关的酶的活性（如果胶酶、纤维素酶、过氧化物酶等），加速果胶质、纤维素的降解，果实由硬变软，淀粉迅速水解，增加可溶性糖，促使细胞透性增强，呼吸跃变期提前，加速成熟过程。乙烯利是一种植物生长调节剂，其化学名称为2-氯乙基膦酸，其溶液在 pH 4 以下时比较稳定，当乙烯利喷施到果实上进入细胞内后，在细胞液的 pH 条件下（一般 pH 大于 4）则不稳定，分解释放出乙烯。

二、实验目的

掌握乙烯利对果实催熟的基本原理及方法。

三、实验材料、器材和试剂

1. 实验材料　未成熟的香蕉果实。

2. 器材　天平，小喷雾器，100mL 烧杯，1000mL 容量瓶，移液管等。

3. 试剂

（1）乙烯利（40%）。

（2）1000μg/mL 乙烯利溶液配制：吸取 40% 乙烯利原液 2.5mL，用蒸馏水稀释至1000mL。

四、实验步骤

（1）选取均匀一致未成熟的香蕉两份，每份约 1.0kg，编号。

（2）一份喷 1000μg/mL 乙烯利，另一份喷水作对照。

（3）将处理好的香蕉装入塑料袋（注意：不要扎紧袋口），分放于室内。

五、结果与分析

每天观察两份香蕉成熟的速度有何差异；并记录果皮颜色、果实硬软度变化情况，几天后达到可食程度。

六、注意事项

1. 乙烯利溶液用量以香蕉表面完全湿润为宜。
2. 乙烯利溶液应在使用前配制。

七、问题讨论

1. 处理好的香蕉装入塑料袋后为什么不能扎紧袋口？
2. 讨论乙烯利催熟果实的利弊。

实验 68　植物组织果胶酶活性的测定

一、实验原理

果胶酶是一类复合酶，是指分解果胶质的多种酶的总称。多聚半乳糖醛酸酶（polygalacturonase，PG）和果胶酯酶（pectinpectylhydrase，PE）都属于果胶酶，但它们的作用位点不同，产物也不同。果胶质主要是由 D-半乳糖醛酸以 α-1, 4-糖苷键连接形成的直链状聚合物，部分 D-半乳糖醛酸上的羧基被甲醇酯化，形成甲酯。PG 的作用是切断 α-1, 4-糖苷键，将果胶分子降解为小分子的半乳糖醛酸；PE 的作用是使果胶分子中的甲酯水解，产生甲醇和游离羧基，最后形成果胶酸。本实验用滴定法测定植物组织果胶酶活性。PG 降解果胶，生成具有还原性的半乳糖醛酸，用过量碘液氧化半乳糖醛酸，剩余的碘用硫代硫酸钠标准溶液滴定，根据硫代硫酸钠标准溶液的滴定值和相应反应中物质量的转换关系可求出半乳糖醛酸的生成量，以单位鲜重材料单位时间产生的半乳糖醛酸量表示酶活性。PE 活性测定是用氢氧化钠滴定酶催化作用中形成的果胶酸，以单位鲜重材料单位时间产生的果胶酸量表示酶活性。

二、实验目的

掌握多聚半乳糖醛酸酶和果胶酯酶活性测定的原理和方法。

三、实验材料、器材和试剂

1. 实验材料　香蕉果实。

2. 器材　捣碎机，离心机，循环恒温水浴槽，天平，移液管或移液枪 10mL 2 支、1mL 2 支，纱布，玻棒，烧杯，容量瓶，150mL 具塞锥形瓶等。

3. 试剂　0.05mol/L NaOH 溶液（用邻苯二甲酸氢钾标定），1% NaCl 溶液，1% 果

胶溶液，1mol/L Na_2CO_3，0.1mol/L I_2-KI 溶液（称取 2.5g KI 溶于 5mL 蒸馏水，加 1.27g 的 I_2，搅拌使其全部溶解，用蒸馏水定容到 100mL），1mol/L H_2SO_4 溶液，0.05mol/L $Na_2S_2O_3$ 溶液（用重铬酸钾标定），2mol/L 硫酸，0.5% 淀粉溶液等。

四、实验步骤

1. 果胶酶的提取　香蕉果实去皮，称取果肉 20g，加 20mL 1% NaCl 溶液，匀浆，匀浆液移入离心管，4000r/min 离心 10min，上清液移入 100mL 容量瓶，离心管加 20mL 1% NaCl 溶液悬浮沉淀后，再次离心，合并两次上清液用 1% NaCl 溶液定容到刻度，摇匀即果胶酶提取液。

2. 多聚半乳糖醛酸酶活性的测定　取 150mL 具塞锥形瓶 4 个，编号 1～4，1 和 2 号为对照，3 和 4 号为样品，1、2 号瓶分别加入酶液 10mL，沸水浴 5min，冷却，4 个锥形瓶分别加入 1% 果胶溶液 10mL，3、4 号瓶分别加入酶液 10mL，将 4 瓶溶液 pH 调至 3.5，在 37℃水浴中保温 2h，取出后，3 和 4 号瓶立即沸水浴 5min，冷却，4 个锥形瓶分别加 1mol/L Na_2CO_3 5mL，0.1mol/L 碘液 5mL，摇匀，加塞，于室温下放置 20min 进行氧化反应，反应结束后加 5mL 2mol/L 硫酸，用 0.05mol/L $Na_2S_2O_3$ 滴定，滴定至淡黄色，加 3～5 滴 0.5% 淀粉指示剂，继续滴定至蓝色消失为止。记录所消耗的硫代硫酸钠量。

3. 果胶酯酶活性的测定　取 100mL 锥形瓶 1 个，加入 10mL 1% 果胶溶液，加 2 滴中性红溶液，置 37℃水浴平衡 3min，用胶头滴管逐滴加入 0.05mol/L NaOH，同时摇动锥形瓶，当瓶内溶液红色刚刚消失，停止加 NaOH，加入 10mL 酶液，计时，摇匀，继续保温，观察锥形瓶内溶液颜色变化，每当红色出现，就用滴定管逐滴加入 0.05mol/L NaOH，使红色恰好消失，计时 30min 后，测定结束，记录滴定管内 NaOH 消耗量。两次重复，取平均值。

五、结果与分析

1. 按下式计算 PG 活性

$$\text{PG}\left[\text{mmol半乳糖醛酸/(g FW·h)}\right]=\frac{\left(\frac{V_1+V_2}{2}-\frac{V_3+V_4}{2}\right)\times C\times 0.51\times 100}{10\times 20\times 2}$$

式中，V_1、V_2、V_3、V_4 分别为相应编号锥形瓶的滴定值（mL）；C 为硫代硫酸钠浓度（mol/L）；0.51 为转换系数，1mol 硫代硫酸钠相当于 0.51mol 的半乳糖醛酸；100 为酶提取液总体积（mL）；10 为滴定体系中酶液的体积（mL）；20 为样品鲜重（g）；2 为酶催化反应时间（h）。

2. 按下式计算 PE 活性

$$\text{PE 活性}\left[\text{mmol 果胶酸 /(g FW·h)}\right]=\frac{V\times C\times 1\times 100}{10\times 20\times 0.5}$$

式中，V 为 NaOH 消耗量（mL）；C 为 NaOH 浓度（mol/L）；1 为转换系数；100 为酶提取液总体积（mL）；10 为滴定体系中酶液的体积（mL）；20 为样品鲜重（g）；0.5 为酶催化反应时间（h）。

六、注意事项

1. 沸水浴处理时要打开具塞锥形瓶的塞子，沸水浴处理后可用流水快速冷却。

2. 果胶酯酶（PE）活性测定中，NaOH 消耗量是计时 30min 内加入的量，此前加入的不计。

3. 计算公式中的 $Na_2S_2O_3$ 溶液浓度和 NaOH 溶液浓度是经标定确定的浓度。

七、问题讨论

1. 植物体内的果胶酶有何生理意义?

2. 测定果胶酶活性除了滴定法外，还有其他什么方法?

第四单元　植物逆境生理实验

实验 69　超氧化物歧化酶活性的测定

一、实验原理

超氧化物歧化酶（superoxide dismutase，SOD）广泛存在于植物体内，是一种清除超氧阴离子自由基（$O_2^{\cdot -}$）的酶，在植物抗逆反应中发挥重要作用。它催化下列反应。

$$2O_2^{\cdot -}+2H^+ \longrightarrow H_2O_2+O_2$$

酶活性测定多以一定时间内产物生成量或底物的消耗量作为酶活性单位。但由于 $O_2^{\cdot -}$ 自身很不稳定，且不易制备，因此测定 SOD 活性的方法一般多为间接法。本实验依据超氧化物歧化酶抑制氯化硝基四氮唑蓝（nitroblue tetrazolium，NBT）在光下的还原作用来确定酶活性大小。在有氧化物质存在下，核黄素可被光还原，被还原的核黄素在有氧条件下极易再氧化而产生 $O_2^{\cdot -}$，$O_2^{\cdot -}$ 可将 NBT 还原为蓝色的甲腙，后者在 560nm 处有最大吸收。如果在反应体系中加入 SOD，由于部分 $O_2^{\cdot -}$ 被 SOD 清除从而抑制了甲腙的形成量。酶活性越高，清除的 $O_2^{\cdot -}$ 越多，蓝色的甲腙生成量越少，反应液蓝色越浅。本实验以抑制 NBT 光化还原的 50% 为一个酶活性单位，酶活性大小以每克鲜重材料含酶单位数表示。

二、实验目的

掌握超氧化物歧化酶活性测定的原理和方法。

三、实验材料、器材和试剂

1. 实验材料　　植物叶片。

2. 器材　　高速台式离心机，分光光度计，微量进样器，荧光灯，试管或指形管数支，研钵，棕色瓶，100mL、1000mL 烧杯，剪刀等。

3. 试剂

（1）0.05mol/L 磷酸缓冲液（pH 7.8）。

（2）130mmol/L 甲硫氨酸（Met）溶液：称 1.940g Met，用磷酸缓冲液定容至 100mL。

（3）750μmol/L NBT 溶液：称取 0.061g NBT 用磷酸缓冲液定容至 100mL，避光保存。

（4）100μmol/L 乙二胺四乙酸二钠盐（$EDTA\text{-}Na_2$）溶液：称取 0.037g $EDTA\text{-}Na_2$，用磷酸缓冲液定容至 1000mL。

（5）20μmol/L 核黄素溶液：称取 0.0075g 核黄素用蒸馏水定容至 1000mL，装棕色瓶避光保存。

四、实验步骤

1. 酶液的提取　　取植物叶片去叶脉，称取 0.5g 于预冷的研钵中，加 2mL 预冷的磷酸缓冲液在冰浴上研磨成匀浆，加磷酸缓冲液使终体积为 5mL。在 4℃条件下 10 000r/min 离心 20min，上清液即 SOD 粗提液。

2. 显色反应 取 5mL 指形管（要求透明度好）5 支，3 支为测定管，另 2 支为对照管，按表 2-49 所示量加入各溶液，混匀后，1 支对照管用不透光纸袋遮光，与其他各管同时置于光照培养箱中反应 10min。

表 2-49 显色反应各试剂用量

试剂（酶）	用量 /mL	备注
0.05mol/L 磷酸缓冲液	2.3	
130mmol/L Met 溶液	0.4	
750μmol/L NBT 溶液	0.4	
100μmol/L EDTA-Na_2 溶液	0.4	
酶液	0.1	2 支对照管以磷酸缓冲液代替酶液
20μmo/L 核黄素	0.4	
总体积	4.0	

3. SOD 活性的测定 反应结束后，用黑布罩盖上试管，终止反应。以遮光的对照管对仪器调零，在 560nm 波长下分别测定其他各管的吸光度 OD。

五、结果与分析

按下式计算活性。

$$酶活性（酶单位 /g\ FW）=\frac{(OD_0-OD_n)\times V_1}{0.5\times OD_0\times m\times V_2}$$

式中，OD_0 为照光对照管的吸光度；OD_n 为样品管的吸光度；V_1 为样品液总体积（mL）；V_2 为测定时样品用量（mL）；m 为样品鲜重（g）。

六、注意事项

1. 光照强度和光照时间对实验结果影响显著，应尽量保持一致。
2. 通过预实验，可视酶活性大小，适当调整酶液加入量，以能抑制反应的 50% 为宜。

七、问题讨论

1. 在 SOD 测定中为什么设照光和暗中两个对照管？
2. 影响本实验准确性的因素是什么？应如何避免？

实验 70 植物体内过氧化氢酶活性的测定

一、实验原理

过氧化氢酶（catalase，CAT）普遍存在于植物组织中，其活性与植物的代谢强度及抗寒、抗病能力均有关系。过氧化氢酶将过氧化氢分解为水和氧，其活性大小，以一定时间内分解的过氧化氢量来表示，当酶与底物 H_2O_2 反应结束后，用碘量法测定未分解的 H_2O_2 量。以钼酸铵作催化剂，使 H_2O_2 与 KI 反应，放出游离碘，然后用硫代硫酸钠滴定碘，其反应式为

$$H_2O_2 + 2KI + H_2SO_4 \longrightarrow I_2 + K_2SO_4 + 2H_2O$$

$$I_2 + 2Na_2S_2O_3 \longrightarrow 2NaI + Na_2S_4O_6$$

根据空白和样品测定二者硫代硫酸钠滴定用量之差，即可求出过氧化氢酶分解的 H_2O_2 量。

二、实验目的

通过实验了解过氧化氢酶的作用；掌握测定过氧化氢酶活性的原理和方法。

三、实验材料、器材和试剂

1. 实验材料 植物叶片。

2. 器材 分析天平，恒温水浴锅，研钵，100mL 容量瓶，50mL 锥形瓶，滴定管，滴定管架，移液管，移液管架，漏斗，洗耳球等。

3. 试剂

（1）1.8mol/L H_2SO_4，10%（NH_4）$_6Mo_7O_4$，0.02mol/L $Na_2S_2O_3$，20% KI，1% 淀粉液，$CaCO_3$ 粉末，石英砂。

（2）0.018% H_2O_2 溶液配制：吸取 30% H_2O_2 原液 0.3mL 至 50mL 容量瓶中，加蒸馏水至刻度，摇匀后再稀释 10 倍。

四、实验步骤

1. 过氧化氢酶的提取 选取植物叶片，擦净，去主脉，剪成碎片，混匀后迅速称取 1g 放入经冷冻过的研钵中，加少量 $CaCO_3$ 粉末及石英砂，并加入 3～4mL 蒸馏水，在冰浴上研磨至匀浆，用蒸馏水将匀浆通过漏斗洗入 100mL 容量瓶中，加蒸馏水定容至刻度，摇匀后过滤。然后再取滤液 10mL 至 100mL 容量瓶中，加蒸馏水至刻度，摇匀，即酶提取液。

2. 酶活性的测定

（1）取 50mL 锥形瓶 4 个，编号 1～4，先在 3、4 号瓶中加入 1.8mol/L H_2SO_4 5mL 以终止酶活性，作为空白测定。然后向各瓶准确加入酶提取液 10mL。

（2）将各瓶放在 20℃水浴中平衡温度 5～10min（若室温超过 20℃则以室温为准）。保温后，向各瓶准确加入 0.018% H_2O_2 5mL，摇匀并记录酶促反应开始时间。让酶与底物（H_2O_2）作用 5min。1、2 号瓶在反应时间到后立即加入 1.8mol/L H_2SO_4 5mL 终止酶活性。

（3）在 4 个锥形瓶中分别加入 20% KI 1mL 和 3 滴 10%（NH_4）$_6Mo_7O_4$，摇匀，用 0.02mol/L $Na_2S_2O_3$ 滴定至淡黄色后加入 3 滴 1% 淀粉液作指示剂，继续滴定至蓝色刚消失为滴定终点，记录 $Na_2S_2O_3$ 用量。

五、结果与分析

空白与样品两个重复滴定值取平均值，按下式计算过氧化氢酶活性。

$$\mathrm{CAT}\left[\mathrm{mg\,H_2O_2/(g\ FW\cdot min)}\right]=\frac{\left(\frac{V_3+V_4}{2}-\frac{V_1+V_2}{2}\right)\times C\times 17.17\times 1000}{10\times 1\times 5}$$

式中，V_1、V_2、V_3、V_4分别为相应编号锥形瓶的滴定值（mL）；C为标定所得硫代硫酸钠的浓度（mol/L）；17.17为转换系数，1mol硫代硫酸钠相当于17.17mg的H_2O_2；1000为酶提取液的最终总体积（mL）；10为滴定体系中酶液的体积（mL）；1为样品鲜重（g）；5为酶催化反应时间（min）。

六、注意事项

1. 保证反应时间准确，是影响最终测定结果的重要因素，尤其是作为样品测定的1、2号瓶，其重复性的好坏往往取决于反应时间能否一致。

2. 滴定操作要规范，边滴定边摇动锥形瓶。

七、问题讨论

1. 本实验测定酶促反应结束后H_2O_2剩余量是用间接的方法，有直接测定的方法吗？

2. 在测定样品较多的情况下可采取哪些措施来保证反应时间的准确？

实验71 聚丙烯酰胺凝胶电泳分离过氧化物酶同工酶

一、实验原理

（一）聚丙烯酰胺凝胶电泳

在直流电场中，带电粒子朝着与其自身携带的电荷性质相反的电极方向移动称为电泳，聚丙烯酰胺凝胶电泳（polyacrylamide gel electrophoresis，PAGE）是以聚丙烯酰胺凝胶（PAG）为支持物的电泳。因为聚丙烯酰胺凝胶具有三维网状结构，所以聚丙烯酰胺凝胶电泳兼具电荷效应和分子筛效应，可根据物质所带电荷的种类、多少及其分子大小、形状的不同而分离。与其他支持物比较，聚丙烯酰胺凝胶是碳-碳的多聚体，没有离子基团，因而几乎不发生电渗作用；机械强度好，弹性大，便于电泳后的一切处理；通过调节单体浓度或单体的比例，控制形成不同的孔径大小，实验重复性好。因此，聚丙烯酰胺凝胶电泳在科研和生产中应用广泛。聚丙烯酰胺凝胶电泳有圆盘和平板型之分，两者的原理完全相同。由于垂直板型具有板薄、易冷却、分辨率高、操作简单、便于比较与扫描等优点，而为大多数实验室采用。本实验学习垂直板型的有关操作。

1. 聚丙烯酰胺凝胶的形成 丙烯酰胺（acrylamide，Acr）单体和交联剂*N, N'*-亚甲基双丙烯酰胺（*N, N'*-methylene bis acrylamide，Bis）在自由基的作用下聚合成含有酰胺基侧链的脂肪族长链，相邻的两条链通过亚甲基桥交联形成三维网状结构的聚丙烯酰胺凝胶（图2-10）。通常用硫酸铵或核黄素引发产生丙烯酰胺聚合需要的自由基。

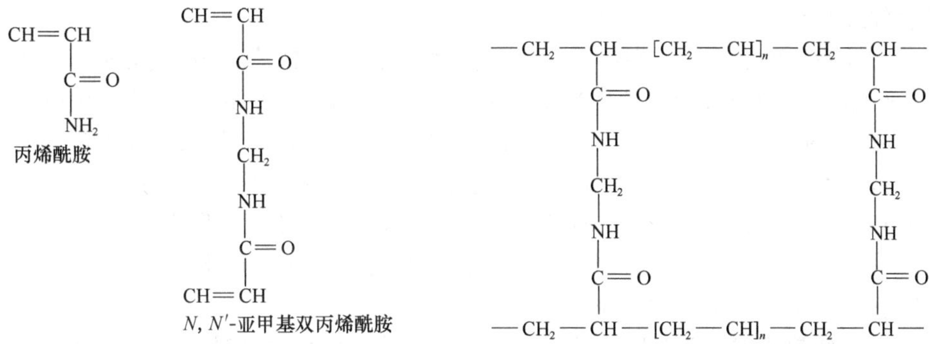

图 2-10　丙烯酰胺和 N, N '-亚甲基双丙烯酰胺单体及其聚合、交联示意图

过硫酸铵在含 Acr 和 Bis 单体的溶液中产生出游离氧原子使单体成为游离基的状态，从而发生聚合作用。聚合的速度和过硫酸铵的浓度、pH 条件及温度有关，碱性和室温条件下有利于聚合进行。例如，在 pH 8.8 和 25℃的条件下 7% 的丙烯酰胺溶液 30min 就能聚合完毕。氧分子延缓凝胶的聚合，为了防止溶液中气泡含有氧分子而妨碍聚合，在聚合前须将溶液分别抽气，然后再混合。

核黄素在光照有氧条件下被氧化成有游离基的黄素环，使聚合作用开始。改变光照时间、强度，可使聚合延缓或加速。为了使分析的结果重复性高，核黄素催化系统的光照时间和强度最好一致。

2. 聚丙烯酰胺凝胶的孔径。聚丙烯酰胺凝胶电泳具有分子筛的作用，这是因为聚丙烯酰胺凝胶是一个三维空间网状结构，凝胶浓度越大，网孔直径越小。某一个分子通过这种网孔的能力显然取决于凝胶孔径的大小和形状，也取决于被分离物质的大小和形状。因此，当所分离的物质不变时，凝胶越浓，孔径越小，所受阻力也就越大。实践证明，胶的孔径大约是蛋白质分子平均大小的一半时，分析结果较好。因此，在实际应用中，常按样品的相对分子质量（M_r）大小来选择适宜的凝胶孔径（表 2-50）。

表 2-50　蛋白质不同相对分子质量范围所选用的凝胶浓度百分率

物质	相对分子质量范围	适用的凝胶浓度 /%
蛋白质	$<10^4$	20～30
	1×10^4～4×10^4	15～20
	4×10^4～1×10^5	10～15
	1×10^5～5×10^5	5～10
	$>5\times10^5$	2～5

标准胶是指浓度为 7.5% 的凝胶，大多数生物体内的蛋白质在此胶中电泳都能得到满意的结果。当分析一个未知样品时，常常先用 7.5% 的标准凝胶来测试，再据此选出适宜的凝胶浓度。聚丙烯酰胺凝胶的质量主要由凝胶浓度和交联度决定。每 100mL 凝胶溶液中含有的单体（Acr）和交联剂（Bis）总克数称为凝胶浓度，用 %T 表示。凝胶溶液中，Bis 占 Acr 和 Bis 总量的质量百分比称为交联度，用 %C 表示。改变 %T 和 %C，可以获得不同密度、黏度、弹性、机械强度、透明度和孔径大小的凝胶，以适

应不同样品的分离。

3. 缓冲系统的选择 在选择缓冲系统时主要考虑pH、离子种类和离子强度。对蛋白质来说，选择的pH应能使样品中各种蛋白质分子泳动率的差别最大。酸性蛋白质在高pH条件下，碱性蛋白质在低pH条件下常得到较好的分离效果。如果蛋白质样品经电泳分离后，还希望测定其生物活性，则缓冲系统的pH不应过大或过小（大于pH 9或小于pH 4），否则会引起蛋白质活性的钝化。通常选用离子强度较低的缓冲溶液（0.01～0.1mol/L），因为离子强度低，电导就低。电导低的优点是能产生高电压梯度，电泳分离过程短，产生的热量也较小。

4. 不连续聚丙烯酰胺凝胶电泳 不连续电泳通常包含两种以上的缓冲溶液、pH和凝胶孔径。多用于分析低含量的样品，具有较好的分离效果。不连续电泳之所以比连续电泳有较高的分辨率是因为有浓缩效应。不连续聚丙烯酰胺凝胶电泳的凝胶由上下两层胶组成，上层是大孔径的浓缩胶，下层是小孔径的分离胶（图2-11）。缓冲液的离子组成和pH不同，本实验浓缩胶采用pH 6.7的Tris-HCl缓冲液，分离胶采用pH 8.9的Tris-HCl缓冲液。在电泳过程中浓缩胶中的物质表现如下：HCl解离度大，几乎全部释放出Cl^-，Cl^-有效泳动率最大称为快离子；甘氨酸的等电点为6.0，只有极少数分子解离，其有效泳动率最小称为慢离子；一般酸性蛋白质在此pH下也解离为带负电荷的离子，其解离度比HCl小，比甘氨酸大。其有效泳动率介于上述两者之间。 由于快离子的泳动率最大，在快离子后面就形成一个离子浓度低的区域，即低电导区。电导与电势梯度是成反比的，所以低电导区就产生了较高的电势梯度。这种高电势梯度使蛋白质和慢离子在快离子后面加速移动，因而在高电势梯度区和低电势梯度区之间形成一个迅速移动的界面。由于样品中蛋白质的有效泳动率介于快、慢离子之间，所以也就聚集在这个移动的界面附近，被浓缩成一狭小的样品薄层。但由于每种蛋白质分子所带的电荷不同，泳动率不同，因而各种蛋白质就以一定的顺序排列成不同的蛋白质区带。

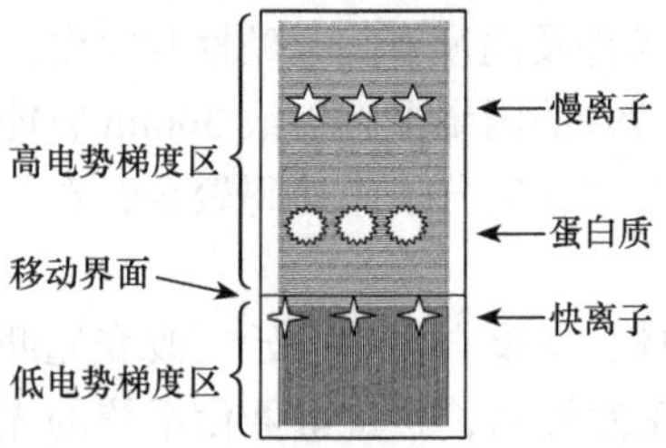

图2-11 不连续电泳浓缩效应示意图

当蛋白质通过浓缩胶进入分离胶时，由于pH和凝胶孔径突然改变，甘氨酸的解离度增大，因而它的有效泳动率也增加，甘氨酸很快就赶上并超过了蛋白质分子，这样高电势梯度不存在了，使蛋白质样品进入一个均一的电势梯度和pH条件的分离胶中。分离胶的孔径较小，相对分子质量（M_r）或构型不同的蛋白质通过分离胶，所受摩擦力不同，受阻滞的程度不同，因此表现出不同的泳动率，即所谓的分子筛作用。即使净电荷相似，泳动率相等的蛋白质分子也会由于分子筛效应在分离胶中被分开。

（二）过氧化物酶同工酶的鉴别

过氧化物酶可催化联苯胺与H_2O_2反应，无色的联苯胺作为供氢体被氧化成棕红色的物质，用含联苯胺及H_2O_2的反应液浸泡经过电泳的聚丙烯酰胺凝胶一段时间，凝胶上出现棕红色的区域则为过氧化物酶的分布区域，棕红色区域的多少反映过氧化物酶同工酶的数量，棕红色区域颜色深浅反映不同同工酶活性的强弱。

二、实验目的

学习聚丙烯酰胺凝胶电泳技术的原理和操作方法，以及过氧化物酶同工酶的分离和鉴定方法。

三、实验材料、器材和试剂

1. 实验材料 植物叶片。

2. 器材 电泳仪，平板电泳槽（整套），电子天平，冰箱，真空泵，真空干燥器，电炉，剪刀，50～100mL 烧杯，50mL 量筒，滤纸条，玻棒，胶头滴管，搪瓷盘，长针头注射器等。

3. 试剂

（1）分离胶缓冲液（pH 8.9 Tris-HCl 缓冲液）：取 1mol/L HCl 48mL，Tris 36.8g，四甲基乙二胺（TEMED）0.28mL，用无离子水溶解后定容至 100mL。

（2）浓缩胶缓冲液（pH 6.7 Tris-HCl 缓冲液）：取 1mol/L HCl 48mL，Tris 5.98g，TEMED 0.48mL，用无离子水溶解后定容至 100mL。

（3）分离胶贮液（Acr-Bis 贮液Ⅰ）：Acr 28.0g，Bis 0.735g，用无离子水溶解后定容至 100mL，过滤除去不溶物。

（4）浓缩胶贮液（Acr-Bis 贮液Ⅱ）：Acr 10g，Bis 2.5g，无离子水溶解后定容至 100mL。

（5）过硫酸铵（ammonium peroxydisulfate，AP）溶液：0.14g 过硫酸铵溶于 100mL 无离子水中（当天配制）。

（6）核黄素溶液：核黄素 4.0mg，无离子水溶解后定容至 100mL（当天配制）。

（7）电极缓冲液（pH 8.3 Tris-甘氨酸缓冲液）：Tris 6g，甘氨酸 28.8g，溶于无离子水后定容至 1000mL，用时稀释 10 倍。

（8）40% 蔗糖溶液：蔗糖 40g，溶于 100mL 无离子水中。

（9）pH 4.7 乙酸缓冲液：乙酸钠 70.52g，溶于 500mL 蒸馏水中，再加 36mL 冰醋酸，用蒸馏水定容至 1000mL。

（10）7% 乙酸溶液：19.4mL 36% 乙酸稀释至 100mL。

（11）样品提取液（pH 8.0 Tris-HCl 缓冲液）：Tris 12.1g，加无离子水 1000mL，以 HCl 调节 pH 至 8.0。

（12）0.5% 溴酚蓝溶液：0.5g 溴酚蓝溶于 100mL 无离子水中。

（13）抗坏血酸-联苯胺染色液：抗坏血酸 70.5mg 溶于 60mL 水中，联苯胺贮液 20mL（2g 联苯胺溶于 18mL 冰醋酸中，再加水 72mL），0.6% H_2O_2 20mL，用前混合。

（14）2% 琼脂：2g 琼脂，100mL pH 8.9 分离胶缓冲液浸泡，用前加热溶化。

四、实验步骤

1. 凝胶板的制备

（1）凝胶模准备：凝胶模由两块有机玻璃或玻璃板、1 个 U 形橡胶模框、样品槽模板（梳子）所组成，上述组件使用前要仔细清洗并晾干。将两块玻璃板分别插入 U 形橡胶框的两条槽内，两块玻璃板间形成胶室。在两侧沿着U形橡胶框的凹形槽在玻璃板与橡胶模框交界的缝隙内加入已溶化的2%琼脂进行密封。将凝胶模放在制胶支架上，待琼脂凝固后便可灌胶。

（2）分离胶的灌注：按分离胶缓冲液：分离胶贮液：无离子水：过硫酸铵溶液＝1：2：1：4的体积比例配制7.0%的分离胶，具体总体积应根据所用凝胶模规格而定。前3种试剂放在一个烧杯，过硫酸铵溶液单独放在一个烧杯，真空抽气后再混匀，将混合液缓慢注入凝胶模，加入量使液面距凝胶模上沿20mm左右为宜，用滴管沿框侧边沿加入少量蒸馏水，25℃的条件下静置约30min，当水层与胶层间出现明显界面则表明聚合完成。用滴管和滤纸吸出胶层上的水。

（3）浓缩胶的灌注：按浓缩胶缓冲液：浓缩胶贮液：40%蔗糖溶液：核黄素溶液＝1：2：4：1的体积比例配制2.5%的浓缩胶，按需要量吸取一定量的上述试剂混匀，灌注到已聚合的分离胶上，使液面距凝胶模上沿5mm左右，小心加入样品槽模板，日光灯照射，静置聚合约1h，取出样品槽模板。

2. 样品的制备 称取植物叶片1g，剪碎放入研钵内，加样品提取液3mL，于冰浴中研成匀浆，8000r/min离心10min，上清液移入刻度试管，加入等量体积的40%蔗糖和1滴溴酚蓝溶液，混匀。

3. 装板与加样 将制备好的胶板置于电泳槽相应位置并固定（不同型号的电泳槽，其胶板位置和固定方式可能有差异，应根据所用型号电泳槽的说明书进行具体操作）；在下槽加入电极缓冲液，胶板与缓冲液间若有气泡应用弯头滴管去除；用微量注射器或移液枪往胶板样品穴中加入样品100μL，再用滴管缓慢加入电极缓冲液灌满样品穴；在上槽加入电极缓冲液，淹没胶板上沿。

4. 电泳 将电泳仪的正极与下槽连接，负极与上槽连接，确认无误后打开电泳仪开关，开始时将电流控制在15～20mA。待蓝色条带进入分离胶时，将电流调至30～50mA。当蓝色染料迁移至距离胶板下缘10mm时，将电流调回到零，关闭电源。

5. 剥胶 取下胶板，用长针头注射器将针头紧贴着玻璃板缓慢插入，插入的同时压注射器注水使胶体与玻璃板分离，去掉一块玻璃板后，先切去胶板下沿一角用来标记样品穴顺序，再用上述方法去掉另一块玻璃板。将剥下的凝胶置于大培养皿或搪瓷盘中。

6. 过氧化物酶同工酶的染色 加抗坏血酸-联苯胺染色液，使淹没整个胶板，染色20min，即得到过氧化物酶同工酶的红褐色酶谱；倒掉染色液，加入7%的乙酸溶液。

五、结果与分析

（1）于日光灯下观察记录酶谱，绘图或照相。

（2）测量染料带移动距离：加样穴下端与溴酚蓝蓝色色带中心的距离（mm）。酶带移动距离：加样穴下端与各过氧化物酶的红褐色色带中心的距离（mm）。计算过氧化物酶同工酶的相对迁移率。

$$相对迁移率（mR）=\frac{酶带移动距离}{染料带移动距离}$$

六、注意事项

1. 制备凝胶应选用高纯度的试剂，否则会影响凝胶聚合与电泳效果。Acr 及 Bis 均为神经毒剂，对皮肤有刺激作用，操作时应戴手套及口罩，保证安全。

2. 制胶时，低温不利于凝胶聚合，可采取水浴保温的措施。吸出胶体上的水层操作要小心，不能损伤胶体。用琼脂封底及灌凝胶时不能有气泡，以免影响电泳时电流的通过。

3. 电泳时，电泳仪与电泳槽间正、负极不能接错，应选用合适的电流、电压，过高或过低均可影响电泳效果。

七、问题讨论

1. 聚丙烯酰胺凝胶是如何形成的？哪些因素影响凝胶的聚合？
2. 试述浓缩胶浓缩样品的原理。
3. 为什么要在样品中加蔗糖？
4. 聚丙烯酰胺凝胶电泳法还可以测定什么？
5. 如果用不同的染色液，会有什么结果？

实验 72 植物体内过氧化物酶活性的测定

一、实验原理

过氧化物酶（peroxidase，POD）普遍存在于植物组织中，其活性与植物的代谢强度及抗寒、抗病能力有一定关系，它在代谢中调控 IAA 水平，并可作为一种活性氧防御物质，消除机体内产生的过氧化氢的毒害作用。在过氧化氢存在下，过氧化物酶能使愈创木酚（2-甲氧基酚）氧化，生成茶褐色 4-邻甲氧基苯酚，该产物在 470nm 波长处有最大吸收，通过测定含有一定量酶提取液的反应体系在一定时间内导致的 OD_{470} 变化，即可求出该酶活性。

二、实验目的

学习过氧化物酶活性测定的原理和方法；掌握分光光度计时间扫描测定方式。

三、实验材料、器材和试剂

1. 实验材料 植物叶片。

2. 器材 分光光度计，离心机，研钵，移液管，移液管架，试管，试管架，洗耳球等。

3. 试剂 愈创木酚（2-甲氧基酚），0.1mol/L 磷酸缓冲液（pH 7.0），30% H_2O_2 等。

四、实验步骤

1. 酶液的提取 称取植物叶片 1g，剪碎置于已冷冻过的研钵中，加入少量石英砂，分 2 次加入总量为 10mL 的 pH 7.0 磷酸缓冲液，研磨成匀浆后，移入离心管中，在

8000r/min 离心 15min，上清液即粗酶提取液，倒入小试管低温下放置备用。

2. 反应液的配制 取 100mL 容量瓶一个，加入约 80mL 的 0.1mol/L 磷酸缓冲液（pH 7.0）、0.5mL 愈创木酚，上下颠覆摇动使愈创木酚充分溶解，加入 1mL 30% H_2O_2，用磷酸缓冲液定容到刻度。

3. 酶活性的测定 分光光度计开机预热后选择时间扫描方式，设定扫描波长为 470nm，扫描时间为 3min，用磷酸缓冲液调零，调零完成后，将装有磷酸缓冲液的比色杯取出，另取干燥、洁净比色杯一个，先加入 0.1mL 酶提取液，再加入反应液 3mL，迅速加盖上下颠覆摇动 2 次，将比色杯插入比色槽，盖上比色槽盖子后按开始键，仪器开启扫描，并显示扫描曲线，扫描结束后，通过移动光标读取扫描曲线中呈线性变化部分的读数，计算每分钟吸光度的变化值（ΔOD_{470}）。

五、结果与分析

按下式计算酶的相对活性。

$$酶活性\left[\Delta OD_{470}/(g\ FW\cdot min)\right]=\frac{\Delta OD_{470}\times 酶提取液总量(mL)}{样品鲜重(g)\times 测定时酶液用量(mL)}$$

式中，ΔOD_{470} 为每分钟 470nm 波长处吸光度的变化值。

六、注意事项

1. 测定时酶提取液用量可视酶活性大小适当增减，通过预扫描，如果发现扫描曲线变化过快，呈线性变化的部分很短，则应减少酶液用量或稀释酶液，相反的情况则增加酶液用量。

2. 配制反应液时，如温度低，愈创木酚难溶解，可 35℃水浴加温并不断摇动。

七、问题讨论

1. 与其他测定方法相比，用时间扫描方式测定过氧化物酶活性有何优缺点？

2. 过氧化物酶在植物体内有何生理作用？

实验 73 抗坏血酸过氧化物酶活性的测定

一、实验原理

抗坏血酸过氧化物酶（ascorbate peroxidase，APX）主要存在于植物叶绿体和胞质中，催化抗坏血酸与 H_2O_2 反应生成单脱氢抗坏血酸和水。抗坏血酸过氧化物酶首先与 H_2O_2 形成中间复合物，中间复合物接着氧化抗坏血酸形成产物，抗坏血酸过氧化物酶卟啉环中含有铁，还原型抗坏血酸可以把铁离子还原成亚铁离子。抗坏血酸即上述酶促反应的专一性电子供体，也是维持催化酶活性的重要因子。

在酶促反应体系中随着反应的进行，抗坏血酸被氧化消耗，溶液在 290nm 波长下的吸光度（OD_{290}）也随之下降，根据单位时间内 OD_{290} 减少值，可反映 APX 活性。AsA 的毫摩尔吸光系数为 2.8，酶活性可用 μmol AsA/（g FW·h）表示。

二、实验目的

掌握抗坏血酸过氧化物酶活性的原理和方法。

三、实验材料、器材和试剂

1. 实验材料　植物鲜叶。

2. 器材　离心机，紫外分光光度计，研钵，石英比色杯，10mL 离心管，指形管，剪刀，石英砂，玻棒，10mL、5mL、1mL 移液管，洗耳球等。

3. 试剂　50mmol/L K_2HPO_4-KH_2PO_4 缓冲液（pH 7.0，内含 0.1mmol/L EDTA-Na_2），5mmol/L AsA，20mmol/L H_2O_2 等。

四、实验步骤

1. 酶液的制备　称取 0.5g 的植物鲜叶剪碎，加入适量的石英砂和 6mL 50mmol/L K_2HPO_4-KH_2PO_4 缓冲液，在冰浴中充分研磨，离心（10 000g、4℃、20min），将上层清液移入小指形管。

2. 反应液的配制　取 100mL 容量瓶一个，分别加入 5mL 5mmol/L AsA 和 5mL 20mmol/L H_2O_2，用 50mmol/L K_2HPO_4-KH_2PO_4 缓冲液定容到刻度，摇匀。

3. 酶活性的测定　先设置好分光光度计，选择时间扫描方式，设定扫描波长 290nm，扫描时间 3min。在石英比色杯中加入 3mL 反应混合液和 0.1mL 酶液。迅速加盖上下颠覆摇动两次，将比色杯插入比色槽，盖上比色槽盖子后按开始键，仪器开启扫描，并显示扫描曲线，扫描结束后，通过移动光标读取扫描曲线中呈线性变化部分间隔 20s 的读数。

五、结果与分析

1. 计算 ΔOD　根据测定结果计算 OD_{290} 平均 20s 的变化值（ΔOD）。

2. 按下式计算酶活性

$$\text{APX 活性}[\mu\text{mol AsA}/(\text{g FW}\cdot\text{min})]=\frac{\Delta OD\times 6.0\times 1000\times 60\times 1000}{m\times 2.8\times 100\times 20}$$

式中，ΔOD 为 OD_{290} 平均 20s 的变化值；6.0 为提取液体积；1000 为 mL 转化成 μL；60 为分钟转化成秒；1000 为 mmol 转化成 μmol；m 为鲜叶的质量（g）；2.8 为 AsA 的 mmol 吸光系数；100 为用 100μL 酶液进行活性测定；20 为产生 ΔOD 所需的时间（实际就是反应时间）（s）。

六、注意事项

1. 测定时酶液用量可视酶活性大小适当增减，使 OD_{290} 变化值在测定时间内呈线性。
2. 比色杯中加入反应混合液和酶液后，要迅速混匀再放入比色槽内测定。
3. 仪器扫描过程中，按任何一个按键都会终止扫描，应在扫描结束后再移动光标读数。

七、问题讨论

1. 本实验可否用愈创木酚替代抗坏血酸作为电子供体，为什么？

2. 当本实验结果为负值时，合理吗？符号的意义是什么？

实验 74　苯丙氨酸解氨酶活性的测定

一、实验原理

苯丙氨酸解氨酶（phenylalanine ammonialyase，PAL）是植物次生物质代谢的关键酶，它催化 L-苯丙氨酸的脱氨反应，形成反式肉桂酸，与一些重要的次生物质如木质素、异黄酮类植保素、黄酮类色素等合成密切相关，在植物生长发育和抵御病害过程中发挥重要作用。该反应不可逆，根据反应后其产物——反式肉桂酸在 290nm 处吸光度的变化可以测定该酶的活性。以每小时在 290nm 处吸光度变化 0.01 为 1 个酶活单位，用 U 表示。

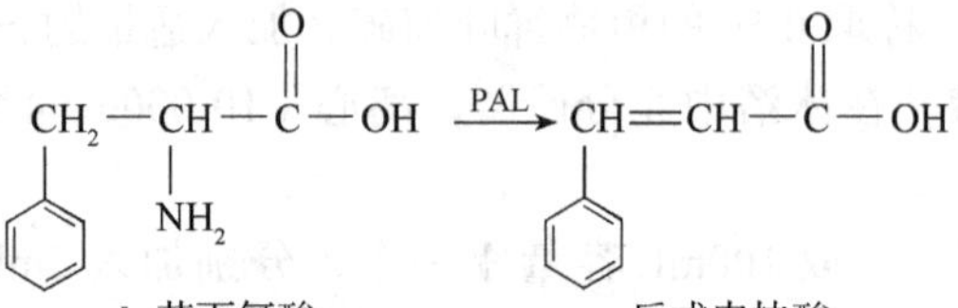

二、实验目的

掌握苯丙氨酸解氨酶活性测定的原理和方法。

三、实验材料、器材和试剂

1. 实验材料　甘薯块根。

2. 器材　紫外分光光度计，离心机，研钵，恒温水浴锅，10mL 试管 4 支，移液管 1mL 3 支、2mL 1 支、5mL 1 支等。

3. 试剂　0.05mol/L 硼酸盐缓冲液（pH 8.8），0.02mol/L 苯丙氨酸（用 0.1mol/L pH 8.8 硼酸缓冲液配制），5mmol/L 巯基乙醇硼酸缓冲液，35% 三氯乙酸，聚乙烯吡咯烷酮（PVP）等。

四、实验步骤

1. 待测酶液的制备　甘薯去皮，称取 1.0g 材料，加入 8mL 5mmol/L 巯基乙醇硼酸缓冲液，0.1g PVP，加少量石英砂，于－20℃预冷的研钵中冰浴研磨成匀浆，4℃，12 000*g* 离心 20min，取上清液定容至 10mL，作为粗酶液用于 PAL 活性测定。

2. 酶活性的测定　取 10mL 试管 4 支，编号 0～3，其中 0 号管为对照，各管分别加入 1mL 酶液、2mL 蒸馏水，0 号管加 0.5mL 35% 的三氯乙酸终止酶活性，摇匀后各管分别加入 1mL 0.02mol/L 苯丙氨酸。置 34℃恒温水浴锅中保温 30min，保温后 1、2、3 号管各加 0.5mL 35% 的三氯乙酸终止反应，12 000*g* 离心 10min 以去除变性蛋白质，取上清液用紫外分光光度计在 290nm 处测定吸光度。

五、结果与分析

以每小时在 290nm 处吸光度变化 0.01 为 1 个酶活单位，用 U 表示，按下式计算酶活性。

$$酶活性（U/g\ FW）=\frac{(OD_n-OD_0)\times 10\times 60}{0.01\times 1\times 30}$$

式中，OD 为吸光度；n 为 1～3。

六、注意事项

1. 紫外光吸收测定应用石英比色杯。
2. 1、2、3 号管反应时间是以加入底物苯丙氨酸为开始到加入三氯乙酸为终止的时间。

七、问题讨论

1. 苯丙氨酸解氨酶有何生理意义？
2. 制备待测酶液时，提取液中加入聚乙烯吡咯烷酮有何作用？

实验 75 膜相变与流动性分析（荧光分析法）

一、实验原理

细胞膜在室温下呈液晶态，具有一定的流动性和晶格稳定性，当温度下降到一定程度，细胞膜会失去流动性而呈固态；温度上升到一定程度，细胞膜流动性达到最大但失去晶格稳定性而呈液态，细胞膜这种状态的改变称为相变。相变温度是指导致细胞膜状态改变的温度。荧光属光致发光，一些物质受光激发，外层电子上升到激发态，若处于激发单线态的电子以辐射方式释放能量回到基态，其发出的光就是荧光。荧光强度受荧光物质的数量和存在状态、环境温度、溶剂介电常数和溶液 pH 等多种因素的影响。一般情况下，荧光强度随环境温度的升高而降低，两者呈直线关系，因为温度的升高使激发态电子以非辐射方式释放能量的概率提高。使用低极性的荧光剂如 DPH（1, 6-diphenyl-1, 3, 5-hexatriene，1, 6-二苯-1, 3, 5-己三烯）与细胞膜脂类结合，测定不同温度下的荧光强度，在一定范围内两者呈直线关系，当温度变化到相变温度时，由于细胞膜相的改变，荧光物质的存在状态发生显著变化影响荧光强度，从而破坏荧光强度与环境温度的直线关系，在坐标图上产生明显的折点。在荧光光度计的激发光路和发射光路上加装偏振器，在偏振光激发下，荧光体所发射的荧光在不同空间取向强度不同，测定相关取向的荧光强度，可计算出荧光偏振度，荧光偏振度反映荧光体的转动速率，由于 DPH 是结合在膜脂的烃链区，其分子长轴与脂类分子长轴接近于平行，因此荧光偏振度能很好地反映膜脂的流动性，二者成反比关系，即荧光偏振度越大，膜的流动性越小。膜荧光偏振度增加，黏度增加，流动性下降。

二、实验目的

学习用荧光法分析膜相变与流动性的原理和方法；练习操作技能。

三、实验材料、器材和试剂

1. 实验材料 植物叶片。

2. 器材 荧光分光光度计，偏振器附件，高速离心机，捣碎机，循环恒温水浴锅，移液管或移液枪，纱布，玻棒，烧杯，容量瓶等。

3. 试剂 DPH（1, 6-二苯-1, 3, 5-己三烯），HEPES（hydroxyethyl piperazine ethanesulfonic acid，羟乙基哌嗪乙硫磺酸），蔗糖，EDTA（ethylene diamine tetraacetic acid，乙二胺四乙酸），PVP，PEG 3350（polyethylene glycol 3350，聚乙二醇 3350），dextran T-500（葡聚糖 T-500），PMSF（benzylsulfonyl fluoride，苯甲基磺酰氟），DTT 等。

四、实验步骤

1. 细胞膜的粗提 称取一定量的样品材料，按 1∶2（质量体积比）加入捣碎液[0.25mol/L 蔗糖，25mmol/L HEPES（pH 7.5），3mmol/L EDTA，0.5% PVP（质量体积比），10% 甘油（质量体积比），1mmol/L DTT，1mmol/L PMSF]，用捣碎机捣碎细胞，4 层纱布过滤，滤液 10 000r/min 离心 15min，取上清液，沉淀加捣碎液悬浮后再次离心，取上清液，合并两次的上清液 80 000r/min 离心 40min，弃上清液，沉淀为细胞膜粗提样品。

2. 细胞膜的纯化 上述细胞膜粗提样品加适量 5mmol/L 磷酸钾缓冲液（pH 7.8）悬浮，取 1g 悬浮液移入 10mL 离心管，加 7g 两相体系[上相为 6.4% PEG 3350，下相为 6.4% dextran T-500，1mol/L 蔗糖，200mmol/L 磷酸钾缓冲液（pH7.8）]，加盖充分混匀（30～40 次颠覆）。1000r/min 离心 5min，用胶头滴管小心吸取 80%～90% 的上相置于新离心管，加入新的下相重复上述操作 2 次，将 3 次操作得的上相液体混合，加入 5 倍体积的缓冲液[0.25mol/L 蔗糖，25mmol/L HEPES（pH 7.5），1mmol/L EDTA，1mmol/L DTT，1mmol/L PMSF]摇匀，100 000r/min 离心 45min，弃上清液，沉淀备用。

3. 膜相变温度的测定 取上述沉淀用 25mmol/L HEPES、pH 7.5 缓冲液悬浮稀释，以类脂浓度 0.4mg/mL 为宜，取此溶液 1.5mL，加入 1.5mL 2×10^{-3}mmol/L DPH 溶液进行荧光测定，激发波长（E_x）355nm，发射波长（E_m）430nm，激发光和发射光狭缝均为 5nm，置于循环恒温水浴锅保温，热电耦检测比色杯温度，在 4～40℃测定记录荧光强度。

4. 荧光偏振度的测定 测定样品同 3，荧光分光光度计装上起偏器和检偏器，在 10℃、20℃、30℃条件下以不加 DPH 的悬浮液为对照，分别测定 I_{VV}、I_{HH}、I_{VH}、I_{HV}[下标中的前、后两个字母分别表示入射光和发射光的偏振方向，V（vertical）表示垂直，H（horizontal）表示水平。I_{VV} 为入射光和发射光均为垂直方向的偏振光时的荧光强度；I_{HH} 为入射光和发射光均为水平方向的偏振光时的荧光强度；I_{VH} 为入射光为垂直方向的偏振光，发射光为水平方向的偏振光时的荧光强度；I_{HV} 为入射光为水平方向的偏振光，发射光为垂直方向的偏振光时的荧光强度]。

五、结果与分析

1. 膜相变温度的确定 以荧光强度的对数值（lg$I$）对热力学温度的倒数（1/T）

作图，根据直线折点确定膜相变温度。

2. 计算 根据下列公式计算荧光偏振度，并分析10℃、20℃、30℃条件下膜流动性的大小。

$$\text{荧光偏振度}(P)=\frac{(I_{VV}-GI_{VH})}{(I_{VV}+GI_{VH})}$$

$$G=\frac{I_{HV}}{I_{HH}}$$

式中，G为校正因子；其他各项如前所述。

六、注意事项

1. PMSF配制时，先用异丙醇溶解，再定容。注意安全，PMSF剧毒，要穿实验服，戴手套、口罩操作。

2. 荧光测定的样品池一般是四面透明的石英池，为防沾污上手印可戴一次性手套进行操作，只拿棱部易脱落损坏。

3. 在细胞膜纯化步骤中，取上相时吸取量以不带出中间层和下相为前提条件适当掌握。

4. 荧光偏振度测定时，垂直方向和水平方向是指光在空间的不同取向，不是两个偏振器相互之间的取向关系，应按说明书正确安装和操作偏振器。偏振器薄膜极易损坏，注意不要使其沾污上灰尘或手印。

七、问题讨论

1. 用于荧光测定的样品池一般采用四面透明的石英池，为什么？
2. 影响细胞膜流动性大小的因素有哪些？
3. 计算荧光偏振度时为什么有两个荧光强度需要校正？

实验76 植物体内超氧自由基的测定

一、实验原理

自由基是带有未配对电子的原子、离子或分子。自由基有下述特点：不稳定，寿命短；化学性质活泼，氧化能力强；能持续进行链式反应。生物自由基包括氧自由基（oxygen free radical）和非含氧自由基，其中氧自由基是最主要的，有超氧自由基（$O_2^{\bar{\cdot}}$）、过氧化氢（H_2O_2）等。

本实验利用羟胺氧化的方法测定生物组织中的超氧自由基含量。$O_2^{\bar{\cdot}}$与羟胺反应生成NO_2^-，NO_2^-在对氨基苯磺酸和α-萘胺的作用下，生成红色的偶氮染料（对-苯磺酸-偶氮-α-萘胺）。取生成物在530nm波长处测定吸光度（OD），根据OD_{530}值及$O_2^{\bar{\cdot}}$与NO_2^-在相关反应中物质的量的关系可算出样品中$O_2^{\bar{\cdot}}$含量。相关反应式如下。

$$NH_2OH+2O_2^-+H^+ \longrightarrow NO_2^-+H_2O_2+H_2O$$

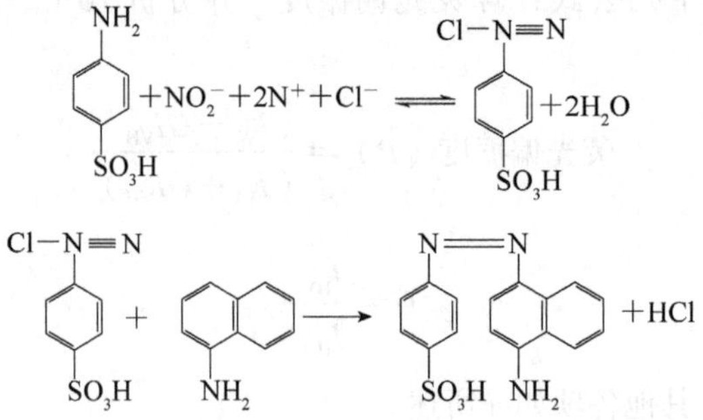

红色偶氮化合物

二、实验目的

掌握氧自由基测定的原理和方法；了解自由基的化学性质。

三、实验材料、器材和试剂

1. 实验材料 绿豆黄化幼苗或植物叶片。

2. 器材 高速冷冻离心机，分光光度计，恒温水浴锅，研钵，试管，试管架，移液管，移液管架，洗耳球等。

3. 试剂 50mmol/L 磷酸缓冲液（pH 7.8），1mmol/L 盐酸羟胺，17mmol/L 对氨基苯磺酸（以冰醋酸∶水=3∶1 配制），7mmol/L α-萘胺（以冰醋酸∶水=3∶1 配制），50nmol/mL $NaNO_2$ 母液等。

四、实验步骤

1. 提取液的制备 称取 1g 植物叶片放入冰浴的研钵中，加入 50mmol/L 磷酸缓冲液（pH 7.8）5mL，研磨成匀浆，在 1000r/min、4℃条件下离心 10min，取上清液再以 15 000r/min、4℃条件下离心 20min，第二次上清液即样品提取液。

2. 亚硝酸根标准曲线的制作

（1）系列浓度 $NaNO_2$ 溶液的配制：取 50nmol/mL $NaNO_2$ 母液，分别稀释成 10nmol/mL、20nmol/mL、30nmol/mL 和 40nmol/mL 的标准稀释液。

（2）取 6 支试管，编号 1～6 号，1 号管加蒸馏水 1mL，其他管依序分别加 10nmol/mL、20nmol/mL、30nmol/mL、40nmol/mL、50nmol/mL $NaNO_2$ 标准稀释液 1mL，然后各管再加 50mmol/L 磷酸缓冲液 1mL、17mmol/L 对氨基苯磺酸 1mL 和 7mmol/L α-萘胺 1mL，置于 25℃显色 20min 后，以 1 号管作空白对照，在 530nm 波长处测定吸光度（OD）。

3. O_2^-含量的测定 取 4 支试管，编号 A、B、C、D，A 号管加蒸馏水 0.5mL，其他 3 管分别加入样品提取液 0.5mL，然后各管加入 50mmol/L 磷酸缓冲液 0.5mL 和 1mmol/L 盐酸羟胺 1mL，混匀，置于 25℃ 1h 后，各管再加入 17mmol/L 对氨基苯磺酸 1mL 和 7mmol/L α-萘胺 1mL，混匀，置于 25℃显色 20min，以 A 号管为空白对照，在 530nm 波长处测定吸光度（OD）。

五、结果与分析

1. 绘制标准曲线　以1～6号管亚硝酸根（NO_2^-）含量nmol/mL为横坐标，吸光度为纵坐标。

2. 计算　根据样品所测得的OD_{530}，从标准曲线上查得样品中NO_2^-浓度，按公式计算O_2^-含量。

$$O_2^-\text{含量（nmol/g FW）}=\frac{X\times V_t\times 2}{m\times V_s}$$

式中，X为从标准曲线上查得的样品中NO_2^-含量（nmol）；V_t为样品提取液总体积（mL）；2为O_2^-与NO_2^-的转换系数；m为样品鲜重（g）；V_s为测定时样品提取液用量（mL）。

六、注意事项

1. 如果样品中含有大量叶绿素将干扰测定，可在样品液与羟胺温浴后，加入等体积乙醚提取叶绿素。

2. 测定体系总体积只有4mL，测定吸光度时，润洗比色杯要控制好用量，以免影响测定。

七、问题讨论

1. 自由基对植物有何影响？植物组织用什么方式清除多余的自由基？
2. 样品中含有大量叶绿素会干扰测定，为什么？

实验77　植物体内甜菜碱含量的测定

一、实验原理

甜菜碱（betaine）化学名称为三甲基甘氨酸，属季胺型水溶性生物碱，是植物细胞内的重要渗透调节物质，可作为细胞的解毒剂、酶的稳定剂，提供生物合成的甲基供体、参与磷脂的生物合成等。甜菜碱的测定方法有多种，本试验用分光光度法测定植物体内甜菜碱的含量，其原理是甜菜碱在无机酸存在的条件下与雷氏盐（四硫氰基二氨合铬酸铵）反应，反应具有高度的特异性，生成的银色络合物沉淀溶于丙酮溶液形成紫色络合物，该紫色络合物在525nm处有最大吸收峰，并在质量浓度0.1～12.5mg/mL遵守比耳定律，据此可求出甜菜碱的含量。

二、实验目的

掌握甜菜碱含量测定的原理和方法；熟练实验技能。

三、实验材料、器材和试剂

1. 实验材料　经干旱处理培养的植株。

2. 器材　分光光度计，磁力搅拌器，高速冷冻离心机，pH计，100mL、25mL的容量瓶，10mL、1mL的移液管，20mL具塞刻度试管，普通试管等。

3. 试剂 甜菜碱，雷氏盐，浓盐酸，丙酮，乙醚，甲醇，氯仿等。

四、实验步骤

1. 溶液的配制 甜菜碱提取液：甲醇∶氯仿∶水＝12∶5∶3（*V*/*V*/*V*）。

甜菜碱标准母液：准确称取0.1g甜菜碱标准品，溶于蒸馏水中，转移到100mL容量瓶中，定容，每毫升该溶液中含1mg甜菜碱。

雷氏盐饱和液：称取2.0g雷氏盐，加入90mL蒸馏水，用磁力搅拌器搅拌30min，过滤后用浓盐酸调pH为1.0，定容至100mL。

2. 待测样品的制备 称取1.0g叶片，剪碎，加入10mL甜菜碱提取液仔细研磨，转入离心管中，4000r/min离心15min，收集上层水相，下层氯仿相再加入10mL提取液，充分摇动后再离心，取上层水相，下层加入4mL 50%甲醇，离心，然后将上层水相合并，调pH至5～7，70℃蒸发甲醇，再用水定容到10mL。

3. 标准样品的制备 取6只试管，编号，分别加入甜菜碱标准母液0mL、2mL、4mL、6mL、8mL、10mL，依次分别加入蒸馏水10mL、8mL、6mL、4mL、2mL、0mL，摇匀得含量分别为0mg/mL、0.2mg/mL、0.4mg/mL、0.6mg/mL、0.8mg/mL、1.0mg/mL的甜菜碱标准液。

4. 标准样品和待测样品的测定 取9支20mL具塞刻度试管编号，前6支用于标准样品的测定，另3支用于待测样品的测定。分别准确吸取上述甜菜碱标准溶液和待测样品3mL置于相应的具塞刻度试管中，加入10mL雷氏盐饱和溶液，充分混匀后放入冰箱中于4℃条件下静置1～3h，取出后4000r/min离心15min，弃去上清液，用15mL乙醚分2次清洗具塞刻度试管，洗液并入离心管与沉淀混匀，再次4000r/min离心15min，弃去上清液，待乙醚挥发干净后，用70%丙酮溶解沉淀，将溶液转移到25mL容量瓶中，定容，在525nm处测其吸光度。

五、结果与分析

1. 绘制标准曲线 依据测定结果，以标准样品甜菜碱含量为横坐标，相应吸光度为纵坐标。

2. 计算样品甜菜碱含量

$$甜菜碱含量（mg/g）=\frac{C\times 10}{m}$$

式中，C为标准曲线查得的含量（mg/mL）；m为样品质量（g）；10为样品定容体积（mL）。

六、注意事项

1. 本实验使用的有毒有害挥发性试剂较多，应加强防护意识，保持实验环境通风，尽可能在通风橱进行相关操作。

2. 雷氏盐饱和液不稳定，应现用现配。

七、问题讨论

1. 甜菜碱的测定除了雷氏盐分光光度法，还有哪些方法，各有何优缺点？

2. 人工合成的甜菜碱在多个领域有广泛应用，对此你有何了解？

实验 78　植物体内游离脯氨酸含量的测定

一、实验原理

在逆境胁迫条件下，植物体内游离脯氨酸（proline）含量会显著增加，其增加程度往往与植物抗逆性呈正相关。磺基水杨酸对脯氨酸有特定反应，当用磺基水杨酸提取植物样品时，脯氨酸便溶解于磺基水杨酸溶液中。然后用酸性茚三酮加热处理，茚三酮与脯氨酸反应生成稳定的红色化合物，再用甲苯萃取，使红色化合物全部转移至甲苯中，红色产物在 520nm 波长下有最大吸收值。脯氨酸浓度的高低在一定范围内与其吸光度呈直线关系，通过测定样品和标准脯氨酸在 520nm 波长下的吸光度即可求出脯氨酸的含量。

二、实验目的

学习脯氨酸含量测定的原理和方法。

三、实验材料、器材和试剂

1. 实验材料　植物叶片。

2. 器材　分光光度计，电子分析天平，离心机，小烧杯，普通试管，移液管，注射器或移液枪，恒温水浴锅，旋涡混合器，漏斗，漏斗架，滤纸，剪刀，洗耳球等。

3. 试剂

（1）2.5% 酸性茚三酮溶液：将 1.25g 茚三酮溶于 30mL 冰醋酸和 20mL 6mol/L 磷酸中，水浴（70℃）加热搅拌溶解，贮于冰箱中。

（2）3% 磺基水杨酸：3g 磺基水杨酸加蒸馏水溶解后定容至 100mL。

（3）10μg/mL 脯氨酸标准母液：精确称取 25mg 脯氨酸，倒入小烧杯内，用少量蒸馏水溶解，再倒入 250mL 容量瓶中，加蒸馏水定容至刻度（为 100μg/mL 脯氨酸母液），再吸取该溶液 10mL，加蒸馏水稀释定容至 100mL，即 10μg/mL 脯氨酸标准母液。

（4）冰醋酸，甲苯。

四、实验步骤

1. 脯氨酸标准曲线的制作

（1）取 6 支试管，编号 0～5，按表 2-51 配制每管含量为 0～10μg 的脯氨酸标准液。加入表 2-51 中试剂后，加玻璃球塞置于沸水浴中加热 30min。取出冷却，各试管分别加入 4mL 甲苯，在旋涡混合器上混合 30s，静置使红色化合物全部转至甲苯溶液。

（2）用注射器或移液枪轻轻吸取各管上层脯氨酸甲苯溶液至比色杯中，以甲苯溶液为空白对照，在 520mm 波长处测定吸光度（OD）。

（3）标准曲线的绘制：以脯氨酸含量为横坐标，吸光度为纵坐标，绘制标准曲线。

表 2-51 脯氨酸标准曲线制作加样表

管号	试剂加量 /mL				脯氨酸含量 /（μg/ 管）
	脯氨酸标准母液（10μg/mL）	蒸馏水	冰醋酸	酸性茚三酮（2.5%）	
0	0	2.0	2	2	0
1	0.2	1.8	2	2	2
2	0.4	1.6	2	2	4
3	0.6	1.4	2	2	6
4	0.8	1.2	2	2	8
5	1.0	1.0	2	2	10

2. 样品的测定

（1）脯氨酸的提取：称取植物叶片 0.5g，剪碎置大试管中，加入 5mL 3% 磺基水杨酸溶液，加玻璃球塞在沸水浴中提取 10min（提取过程中要经常摇动），冷却后过滤于干净的试管中，滤液即脯氨酸的提取液。

（2）测定：吸取 2mL 提取液于试管中，加入 2mL 冰醋酸及 2mL 2.5% 酸性茚三酮试剂，加玻璃球塞在沸水浴中加热 30min，冷却，加入 4mL 甲苯，旋涡混合 30s，静置取上层液至 10mL 离心管中，在 3000r/min 离心 5min。

用注射器或移液枪轻轻吸取上层脯氨酸红色甲苯溶液于比色杯中，以甲苯溶液为空白对照，在 520nm 波长处测定吸光度（OD）。

五、结果与分析

从标准曲线上查出样品测定液中脯氨酸的含量，按下式计算样品中脯氨酸含量。

$$\text{脯氨酸含量（μg/g FW）} = \frac{X\text{（μg）} \times \text{提取液总量（mL）}}{\text{样品鲜重（g）} \times \text{测定时提取液用量（mL）}}$$

式中，X 为从标准曲线中查得的脯氨酸含量。

六、注意事项

1. 配置的酸性茚三酮溶液仅在 24h 内稳定，因此最好现用现配。
2. 测定样品若进行过渗透胁迫处理，结果会更显著。

七、问题讨论

1. 在实验步骤 1（1）和 2（2）中，沸水浴加热 30min 后，试管中的溶液体积明显减小，是否需要重新定容，为什么？
2. 植物体内的脯氨酸有何生理意义？

实验 79 植物细胞膜透性的测定

Ⅰ. 整株幼苗的测定

一、实验原理

植物细胞的细胞膜是分隔细胞内外环境的屏障，对维持细胞的微环境和正常的代谢发挥重要作用。细胞与外界环境之间发生的一切物质交换都必须通过细胞膜进行，在正常情况下，细胞膜具有选择透性能力，控制各种物质包括电解质的进出。细胞膜是细胞最早感受环境变化刺激的部位，不良环境因素如极端温度、干旱、重金属离子和大气污染物等都会使质膜受到不同程度的损伤，其表现往往为细胞膜选择透性能力减弱或丧失，透性增大，细胞内电解质外渗增多，以致植物细胞浸提液的电导率增大，该变化可用电导仪测定出来，浸提液的电导率越大，表示细胞膜透性越大，同时也受害越重。

二、实验目的

学习植物细胞膜透性测定的原理，加深理解不良环境对植物造成的伤害；掌握电导仪的使用方法。

三、实验材料、器材和试剂

1. 实验材料 玉米或小麦幼苗，也可用其他植物幼苗等。

2. 器材 电导仪 1 部，电冰箱 1 台，温箱 1 台，恒温水浴锅 1 个，100mL 烧杯 1 个，20mL 量筒 1 个，0.5mL、2mL 移液管各 1 支，大、小试管各 4 支，镊子 1 把，试管夹 4 个，大头玻棒 1 根等。

3. 试剂 0.2% 蒽酮-硫酸试剂：称 0.2g 蒽酮溶于 100mL 浓硫酸，当天新配。

四、实验步骤

1. 用具的清洗 由于电导变化极为敏感，因此所用玻璃器具必须干净，先用去污粉（或洗液）洗涤，再用自来水和无离子水冲洗，然后倒置于垫有滤纸的干净搪瓷盘中，用纱布盖好。

2. 材料的培养 将吸胀露白点的小麦或玉米种子均匀地放置于尼龙网上，再把放好种子的尼龙网放于盛有水的搪瓷盘中，使长出的根穿过尼龙网并伸入水中，一周左右（长 2～3cm 时）即可作为测定材料。

3. 处理 取出幼苗，尽量不要伤害根系，用镊子除去幼苗上残留的胚乳（种子）。先用自来水冲洗，再用无离子水漂洗数次，以除去伤口上的物质。然后以 10 株为一组，共三组，分别用大头玻棒轻轻送入大试管中，再分别置于 50℃的温箱、0～2℃的冰箱和室温下，处理 30min，取出后，在每个大试管中各加 20mL 无离子水，平衡 20min，其间不断摇动，使外渗物均匀分布在溶液中。

4. 测定 平衡完后，摇匀将电极插入溶液中（不要贴着材料和管壁）测电导率。

5. 糖的检测 测完电导率后，分别从上述 3 支试管里各取 0.5mL 溶液于另外 3 支试管中，另取一支试管加蒸馏水0.5mL作对照，再向各管分别加入蒽酮-硫酸试剂2mL，摇匀。如果溶液变绿，即表明有糖存在；绿色越深，糖量越多。

6. 电导率的再测定 将装有材料的3支试管置于沸水浴煮沸10min，以杀死细胞，使其细胞膜差别透性丧失，再以蒸馏水补加到原来的数量（事前在试管上做好记号），再如前述静置20min。到时取出幼苗，摇匀后再测一次电导率，按以下公式计算伤害率（或渗漏率）。

$$伤害率=\frac{处理电导率-对照电导率}{煮沸电导率-对照电导率}\times 100\% \tag{2-5}$$

$$伤害率=\frac{处理电导率}{煮沸电导率}\times 100\% \tag{2-6}$$

一般以式（2-5）为宜，但式（2-6）较简便。

五、结果与分析

将实验结果记入表2-52中。

表2-52 实验结果记载

处理	电导率/（μS/cm）		伤害率/%	蒽酮反应（显色反应）
	煮死前	煮死后		
50℃				
0～2℃				
室温				

六、注意事项

1. 三组处理的幼苗选择要尽量一致，可每三苗相似的分别放入各组，则各组总体大致相同。

2. 一切用具器皿，事前均须洗净，并以蒸馏水冲洗。

3. 加入蒽酮-硫酸试剂后的溶液切勿将电极插入，否则将损坏电极。

七、问题讨论

1. 处理时间长短对电导率值测定会有影响吗？为什么？

2. 细胞受伤害后为何细胞膜透性会变大？

3. 据你所知，还有哪些因素会使细胞膜透性发生变化？透性增大，是否都属于反常现象？

Ⅱ. 植株叶片的测定

一、实验原理

同方法Ⅰ。

二、实验目的

同方法Ⅰ。

三、实验材料和器材

1. 实验材料　植物叶片。

2. 器材　电导仪，电子天平，冰箱，真空泵，真空干燥器，电炉，烧杯（50mL），量筒（50mL），小镊子，纱布，滤纸条，镜头纸，剪刀，玻棒，胶头滴管，搪瓷盘，棉纱手套等。

四、实验步骤

1. 用具的清洗　所有玻璃用具均需先用洗衣粉清洗，然后用自来水、蒸馏水洗3次，干燥后备用。

2. 实验材料的准备及处理　选取叶龄相似的植物叶片，剪下后用湿布包住。实验时用自来水将供试叶片冲洗，除去表面沾污物，再用蒸馏水冲洗1～2次，用干净纱布轻轻吸干叶片表面水分，然后剪成约$1cm^2$的小片（或用直径为1cm的打孔器钻取小圆片），注意除掉大叶脉。将剪下的小叶片混合均匀，快速称取鲜样3份，每份1g，分别放入编号为A、B、C的3个烧杯中，作如下处理。

A杯放入冰箱0℃以下作低温处理，处理15～30min后取出（供试叶片也可以在实验前低温处理好待用，处理温度及时间依不同植物叶片耐寒性而定），加入蒸馏水50mL。

B杯常温处理，加入蒸馏水50mL。

将A、B两杯放入真空干燥器，用真空泵抽气20～30min，然后缓缓放入空气，从真空干燥器中取出A、B杯。

C杯加入蒸馏水50mL，称重，置于电炉上煮沸10min，冷却后再称重并用胶头滴管加蒸馏水至原质量。

将A、B、C三杯放置室温下浸提1h左右（经常摇动，以有利于电解质外渗），然后将叶片从杯中夹出。

3. 电导率的测定　用电导仪分别测定A、B、C三杯的电导率，同时测定蒸馏水（空白）的电导率（注意：每测定完一个样液后，用蒸馏水漂洗电极，再用滤纸将电极擦干，然后进行下一个样液的测定）。

五、结果与分析

将测定结果记入表2-53，按下式计算低温及常温处理电解质的相对外渗率，结果也记入表2-53。

$$\text{电解质的相对外渗率}=\frac{\text{处理电导率}-\text{空白电导率}}{\text{煮沸电导率}-\text{空白电导率}}\times 100\%$$

表 2-53 电导率测定记录表

处理	电导率 / (μS/cm)	电解质的相对外渗率 /%
蒸馏水（空白）		
A（低温）		
B（常温）		
C（煮沸）		

六、注意事项

1. 真空泵抽气时间到后，真空干燥器放入空气时须通过控制活塞缓缓放入空气，空气放入过急会导致烧杯中的溶液溅出。

2. C 杯进行煮沸处理时，应随时观察，控制火力防止杯内物质因沸腾溢出。

3. 用电导仪测定电导率时要摇动电极，使电极前端保护套内的空气逸出。

七、问题讨论

1. 为什么常用电解质的相对外渗率反映细胞膜透性大小而不是绝对电导率？

2. A、B 两杯为什么要进行抽气处理？

附：电导仪法测定的原理及 DDS-ⅡA 型电导仪的使用要点

1. 电导仪法测定的原理 小分子或生物大分子的电解质水溶液均可导电，并服从欧姆定律，即在溶液中两电极外加 V 伏电压，流过的电流为 A 安培，则两极内的电阻为 R 欧姆 $\left(R=\dfrac{V}{A}\right)$。若溶液的电阻大，电导能力就小，因此把溶液电阻的倒数定为溶液的电导，以 S 表示 $\left(S=\dfrac{1}{R}=\dfrac{A}{V}\right)$。由此可见，测量电解质溶液的电导实际上是测其电阻。对电解质溶液而言，取面积为 $1cm^2$ 的两片电极，相距 1cm，中间的 $1cm^3$ 溶液所表现出来的电导称为该溶液的电导率，也称电导率，用 K 表示（即 $K=QS$），其单位为 S/cm，但实际应用时多采用 μS/cm；式中的 Q 为电极常数，由厂家测定后标在电极上，使用时应加以注意。当不知道其值时，应参照电导仪的说明书。

2. DDS-ⅡA 型电导仪的使用要点

（1）将校正、测量开关板在“校正”位置，打开电源开关，预热 15min，指针稳定后调节校正调节器，指至满度。

（2）当使用 1～8 量程来测量电导率低于 300μS/cm 的液体时，选用“低周”，这时将高低周开关拨向“低周”即可；当使用 9～12 量程测定 105～300μS/cm 的液体时，则将高低周开关拨向“高周”。

（3）将量程选择开关拨到所需测量范围，如预先不知被测溶液电导率的大小，应先拨在高测量档，然后逐档下降，以防表针打弯。

（4）将电极固定在电极杆上，调节电极常数调节器，使其位置与该电极常数一致。将电极插头插入电极插口内，旋紧插口上的固定螺丝，再将电极浸入待测溶液中。

（5）调节校正调节器指示满度，为提高测量精度，当使用 9～11 档时，校正必须在电极浸入待测液中的情况下进行。

（6）将校正测量开关拨向“测量”，这时指针示数乘以量程开关的倍数即被测液的实际电导率。用 1、3、5、7、9、11 各档时，读表头刻度上面的值（0～1.0）；用 2、4、6、8、10 各档时，读表头刻度下面的值（0～3.0）（表 2-54）。

表 2-54 电导仪的测量范围及其性能

量程	电导率 / （μS/cm）	电阻率 / （Ω/cm）	测量频率	配套电极
1	0～0.1	∞～10^7	低周	DJS-I 型，光亮
2	0～0.3	∞～3.33×10^6	低周	DJS-I 型，光亮
3	0～1	∞～10^6	低周	DJS-I 型，光亮
4	0～3	∞～333.33×10^3	低周	DJS-I 型，光亮
5	0～10	∞～$\times10^5$	低周	DJS-I 型，光亮
6	0～30	∞～333.33×10^3	低周	DJS-I 型，铂黑
7	0～10^2	∞～10^4	低周	DJS-I 型，铂黑
8	0～3×10^2	∞～3.33×10^3	低周	DJS-I 型，铂黑
9	0～10^3	∞～10^3	高周	DJS-I 型，铂黑
10	0～3×10^3	∞～333.3	高周	DJS-I 型，铂黑
11	0～10^4	∞～100	高周	DJS-I 型，铂黑
12	0～10^5	∞～10	高周	DJS-10 型，铂黑

（7）当用 0～0.1μS/cm 或 0～0.3μS/cm 这两档测量高纯度水时，应在电极未浸入水之前，调节电容补偿调节器，使指针指示最小然后开始测量。

（8）如要了解测量过程中外渗电导率的变化情况，可将 10mV 输出接至自动记录仪上。

（9）测量高电导的样品溶液时，该仪器的灵敏度和精度会降低。因此，最好先将溶液稀释后再进行测量。

（10）为了防止漏电，在进行测定工作时，作品下面要垫绝缘布或塑料板，附近也不能有电源变压器、电动机等强磁场。仪器外壳必须有良好的接地线。

（11）每测一个样品，必须用蒸馏水洗净电极，擦干或吸干水珠，然后才能再测下一个样品。

实验 80 植物细胞膜脂过氧化作用的测定

一、实验原理

植物器官衰老或在逆境下遭受伤害时，往往发生膜脂过氧化作用。膜脂过氧化作用的产物比较复杂，包括一些醛类、烃类等。丙二醛（malondialdehyde，MDA）含量可反映植物细胞膜脂过氧化作用的强弱，一定程度上反映了植物受逆境伤害的程度。

硫代巴比妥酸（thiobarbituric acid，TBA）在酸性和高温条件下与MDA反应，生成红棕色的三甲川（3, 5, 5-三甲基恶唑-2, 4-二酮），三甲川最大的吸收波长在532nm，最小的吸收波长在600nm。可利用上述光吸收特点测定植物体内MDA含量。但是测定植物组织中MDA时受多种物质的干扰，其中最主要的是可溶性糖，糖与TBA显色反应产物的最大吸收波长在450nm处，但在532nm处也有吸收。植物遭受干旱、高温、低温等逆境胁迫时可溶性糖也增加，因此测定植物组织中MDA与TBA反应产物含量时一定要排除可溶性糖的干扰。此外，在532nm波长处尚有非特异的背景吸收的影响也要加以排除，通常以600nm波长的吸收代替。已知蔗糖与TBA显色反应产物在450nm和532nm波长下的摩尔吸收系数分别为85.40和7.40。MDA与TBA显色反应产物在450nm波长下无吸收，吸收系数为0，532nm波长下的摩尔吸收系数为155，根据分光光度原理分别测定OD_{450}、OD_{532}和OD_{600}，建立方程组，求解方程得MDA浓度计算公式，据此求出植物组织中MDA含量。

二、实验目的

通过实验，掌握植物体内MDA含量测定的原理及方法；进一步理解细胞膜脂过氧化作用、自由基理论等相关知识。

三、实验材料、器材和试剂

1. 实验材料 植物叶片，也可用受干旱、高温、低温等逆境胁迫的植物叶片或衰老的植物器官。

2. 器材 分光光度计，离心机，电子天平，离心管，研钵，试管，刻度吸管，剪刀，恒温水浴锅，洗耳球，剪刀等。

3. 试剂

（1）10%三氯乙酸（TCA），石英砂。

（2）0.6%硫代巴比妥酸（TBA）溶液：称取0.6g TBA，先加少量的氢氧化钠（1mol/L）溶解，再用10%的三氯乙酸定容至100mL。

四、实验步骤

1. MDA的提取 称取植物叶片1g，加入少量石英砂和10%三氯乙酸2mL，研磨至匀浆，再加8mL 10%三氯乙酸进一步研磨，匀浆以4000r/min离心10min，其上清液为MDA提取液。

2. 显色反应及测定 取4支干净试管，编号，3支为样品管（3个重复），各加入提取液2mL，对照管加蒸馏水2mL，然后各管再加入2mL 0.6%硫代巴比妥酸溶液，摇匀，加玻璃球塞置沸水浴中反应15min，迅速冷却后4000r/min离心10min，取上清液分别在450nm、532nm和600nm波长下测定消光度。

五、结果与分析

1. 计算比色测定液中MDA浓度

$$C_{MDA}（\mu mol/L）=6.45（OD_{532}-OD_{600}）-0.56OD_{450}$$

式中，OD_{450}为在450nm波长下测得的吸光度；OD_{532}为在532nm波长下测得的吸光度；

OD_{600} 为在 600nm 波长下测得的吸光度。

2. 计算提取液中 MDA 浓度

$$提取液中 MDA 浓度（\mu mol/mL）=\frac{C_{MDA}\times 反应液体积（mL）}{提取液用量（mL）\times 1000}$$

式中，1000 为将反应液体积由 L 转换为 mL。

3. 计算样品中 MDA 含量

$$MDA 含量（\mu mol/g\ FW）=\frac{提取液中 MDA 浓度（\mu mol/mL）\times 提取液总量（mL）}{样品鲜重（g）}$$

六、注意事项

1. 本实验 MDA 溶液体系有两个，相应的 MDA 浓度也有两个，应区分清楚，否则会导致计算样品 MDA 含量错误。

2. 比色测定时，每次转换波长后都要先用对照调零。

3. TBA 试剂最好现配现用。

七、问题讨论

1. 植物细胞膜脂过氧化作用对细胞膜产生哪些影响？

2. 分光光度定量分析中，一种方法是建立标准曲线，根据标准曲线求待测物浓度，另一种是根据已知的吸收系数直接利用 Beer-Lambert 定律数学表达式求待测物浓度，两种方法相比各有哪些优缺点？

实验 81 植物热激蛋白的检测

一、实验原理

热激蛋白是在高温诱导下启动或表达量升高的一类蛋白质的统称，按其亚基的相对分子质量大小分为 smHsp、Hsp60、Hsp70、Hsp90 和 Hsp100 五大类。热激蛋白的产生可用 SDS-PAGE 方法检测。

十二烷基硫酸钠（sodium dodecyl sulfate，SDS）是一种阴离子表面活性剂，当向蛋白质溶液中加入足够的 SDS 时，会形成蛋白质-SDS 复合物，这使得蛋白质的电荷和构象都发生改变。SDS 使蛋白质分子的二硫键被还原，使各种蛋白质-SDS 复合物都带上相同密度的负电荷，而且它的量大大超过了蛋白质分子原有的电荷量，因而遮盖了不同蛋白质间原有的天然电荷差别；在构象上，蛋白质-SDS 复合物形成近似“雪茄烟”形的长椭圆棒状，这样的蛋白质-SDS 复合物在凝胶中的迁移率就不再受蛋白质原来的电荷和形状的影响，而仅取决于蛋白质的相对分子质量。

聚丙烯酰胺凝胶（PAG）是由单体丙烯凝胶（Acr）和交联剂甲叉双丙烯酰胺（Bis）在加速剂四甲基乙二胺（TEMED）和催化剂过硫酸铵（AP）的作用下聚合交联而成的具有三维网状结构的凝胶。以此凝胶作为支持介质的电泳称为 PAGE。PAGE 分为连续系统和不连续系统两大类。连续系统电泳体系中缓冲溶液 pH 与凝胶中的相同，带点颗粒在电场作用下泳动，主要靠电荷和分子筛效应。不连续系统中带电颗粒在电场中泳动不仅有电荷效应、分子筛选效应，还具有浓缩效应，因而其分离条带清晰度及分辨率均较前者佳。

SDS-PAGE是在蛋白质样品中加入SDS和含有巯基乙醇的样品处理液。SDS是一种很强的阴离子表面活性剂，它可以断开分子内和分子间的氢键，破坏蛋白质分子的二级和三级结构。强还原剂巯基乙醇可以断开二硫键破坏蛋白质的四级结构，使蛋白质分子被解聚成肽链形成单链分子。解聚后的侧链与SDS充分结合形成带负电荷的蛋白质-SDS复合物。在SDS-PAGE电泳时，相对分子质量小的蛋白质迁移速度快，相对分子质量大的蛋白质迁移速度慢，这样样品中的蛋白质就可以分开形成蛋白质条带。

当蛋白质的分子质量为17 000～165 000kDa时，蛋白质-SDS复合物的电泳迁移率与蛋白质分子质量的对数呈线性关系。

将已知分子质量的标准蛋白质在SDS-PAGE中的电泳迁移率对分子质量的对数作图，即可得到一条标准曲线。只要测得未知分子质量的蛋白质在相同条件下的电泳迁移率，就能根据标准曲线求得其分子质量。

二、实验目的

学习用SDS-PAGE方法测定蛋白质的分子质量及染色鉴定；掌握垂直板电泳的操作方法。

三、实验材料、器材和试剂

1. 实验材料 玉米、水稻等叶片。

2. 器材 光照培养箱，冷冻离心机，水浴恒温振荡器，电泳仪，垂直板电泳槽，真空泵，培养皿，微量注射器，尼龙网等。

3. 试剂

（1）蛋白质溶解液：含62.5mmol/L的Tris-HCl，2% SDS，10%甘油，5%巯基乙醇及0.001%溴酚蓝。

（2）电极缓冲液：3g Tris、14.4g甘氨酸、1g SDS溶于800mL蒸馏水中，用HCl调pH至8.3，加水定容至1000mL。

（3）考马斯亮蓝染色液：0.5g考马斯亮蓝R-250溶于90mL甲醇中，再加入20mL冰醋酸和90mL水，混匀。

（4）脱色液：37.5mL冰醋酸，25mL甲醇，加水定容至500mL。

（5）标准蛋白质溶液：牛血清白蛋白，分子质量为66 200kDa。

（6）母胶：丙烯酰胺30g、甲叉双丙烯酰胺（Bis）0.8g溶于100mL蒸馏水中，过滤后备用，4℃避光保存。

（7）琼脂，甲叉双丙烯酰胺，丙烯酰胺，SDS，过硫酸铵，TEMED，氯化钠，75mmol/L磷酸缓冲液（pH 7.8），丙酮。

四、实验步骤

1. 材料的准备 取种子用水吸胀，萌动后种植于湿沙或垫有吸水纸的磁盘中，当幼苗长至3或4片叶时用作实验材料。将实验材料分成2组，其中一组在42℃培养2h，另一组室温培养 2h。

2．蛋白质的提取 取正常培养豌豆叶和经高温胁迫处理的叶各 5g，加入 3mL 预冷的蛋白质提取液，研磨成匀浆，匀浆液以 15 000*g*，低温离心 20min，上清液用 4 倍的冷丙酮沉淀，以 8800*g* 低温离心 10min，将所获蛋白质沉淀称重，按 1mg/mL 溶液比例加蛋白质溶解液溶解。

3．蛋白质含量的测定 用考马斯亮蓝法测定样品溶液中蛋白质含量。

4．装好垂直板电泳槽，用热琼脂封胶 制胶：分离胶和浓缩胶配制见表 2-55，按比例混合分离胶中除过硫酸铵和 TEMED 以外的各部分，经真空泵抽气后，最后加入催化剂过硫酸铵，混匀，立即将胶缓缓灌于玻璃槽中（注意防止产生气泡），垂直放置电泳槽，立即在胶面上小心注入 3～4mm 水层，吸干。同法制备浓缩胶，将胶注入制备好的分离胶上，插入梳子，静放聚合。胶聚合后，小心取出梳子，向样品槽中加入电极缓冲液。

表 2-55 分离胶和浓缩胶的制备

储液	11% 分离胶	3% 浓缩胶
母胶	4.95mL	1.0mL
1.5mol/L Tris-HCl（pH 8.9）	3.375mL	—
0.5mol/L Tris-HCl（pH 6.7）	—	2.5mL
重蒸水	4.92mL	6.3mL
10% SDS	0.135mL	0.1mL
TEMED	32μL	25μL
10% 过硫酸铵	108μL	75μL
总体积	13.5mL	10mL

待测样品处理：将加入了蛋白质溶解液的样品转移到带塞的小离心管中，轻轻盖上盖子在沸水浴中加热 3min，取出冷却后加样。

加样：用微量注射器分别取 10mL 样品液，小心地加入凝胶凹形样品槽底部，并做好标记，边缘的样品槽中加标准蛋白质溶液。

电泳：将电泳仪的正极与下槽连接，打开电泳仪开关，开始时电流为 10mA，待样品进入分离胶后，将电流调至 20～30mA，电压一般为 100V 左右。当溴酚蓝染料距硅胶框 1cm 时，停止电泳，关闭电源。

染色和脱色：电泳结束后，取下凝胶膜，卸下硅胶框，用不锈钢药铲铲开短玻璃板，从凝胶板上切下一角作为加样标记，在两侧溴酚蓝染料区带中心，插入细铜丝作为前沿标记。加入染色液在 25℃条件下染色 6h，水洗 1 或 2 次后加入脱色液，于 25℃恒温水浴振荡器上脱色，直至蛋白质区带清晰。凝胶可进行拍照或扫描处理，计算相对迁移率。

五、结果与分析

对比分析电泳结果，经胁迫后出现的蛋白质或含量增加的蛋白质即热激蛋白。

六、注意事项

1. 丙烯酰胺溶液存放时间不宜过长，否则影响电泳速度。
2. 安装电泳槽时，要注意均匀用力旋紧固定螺丝，避免缓冲液渗漏。
3. 用琼脂封底及灌胶时不能有气泡，以免电泳时影响电流的通过。
4. 加样时样品不能超过凹形样品槽。加样槽中不能有气泡，如有气泡，可用注射器针头挑除。
5. 低分子质量标准蛋白质试剂盒开封后，溶于200μL样品溶解液中，沸水浴中加热3～5min后上样。

七、问题讨论

1. 样品液为何在加样前需要在沸水中加热几分钟？
2. 蛋白质电泳过程中，蛋白质分子迁移受到电泳系统中哪些因素的影响？

第三篇

综合性、设计性与研究性实验

第一单元　综合性、设计性与研究性实验的基本要求

植物生理学是理论性和实践性均很强的学科，它的发展与实验技术和手段的进步密不可分。植物生理学实验需要借助可能的物理、化学和生物学方法对植物的复杂生命活动进行分析，但要充分认识到分析方法的局限性。各种实验研究往往只对少数植物样本的某一部分的某些生理活动加以分析，而且是在特定的条件下进行的，所得研究结果的普遍性将受到许多限制。因此，必须在分析的基础上进行综合，不仅要联系个体内的各个生理过程，还要将植物体与其生存环境条件联系起来。同时，植物生理学应该从微观到宏观，从分子、细胞水平到整体、群体水平各种层次进行研究，相互补充和相互促进，才能获取关于植物生命活动规律及其机制的正确认识。

综合性、设计性与研究性实验就是为此而开设的，是在给定明确目标的前提下，由学生独立完成资料收集、实验选题、选材、实验设计、实验实施、数据处理、结果分析、讨论和结论等环节的实验，是学生在完成植物生理学基础实验后的进一步实践阶段，科学研究的实践或模拟训练，把已掌握的基本实验技术和基础理论逐步融会贯通并熟练运用的过程。其目的是培养学生独立发现问题、分析问题、解决问题，独立设计实验、实施实验、分析实验结果、撰写研究报告的能力，同时也培养学生的科研兴趣、探索精神、科学思维、严谨作风和刻苦钻研的精神。

（一）综合性、设计性与研究性实验的主要环节

1. 组织　可按3～6人为一小组，自愿结合或有教师安排分组。每组确定一小组长，负责组织安排落实。以小组为单位，从建议题目中选择（或自拟）一个题目，集体研究制订出实验方案，经任课教师批准后实施。要求学生明确分工，互相协作；实验完成后，每位学生必须独立撰写和提交实验报告。

2. 选题　选题（立题）是从事任何科研工作的第一步。植物生理学研究的题目，一是来自本学科基础理论研究领域的前沿，二是来自农业生产实践即植物生理学的应用领域。通过查阅文献和调查，了解有哪些亟待解决的问题，并从中选择研究项目。同时，选题还必须结合自身条件（技术、设备、经费等）考虑。尤其要注意解决生产中的重大难题，这一类课题常与应用科学（如栽培、育种、加工、环保、土化等）交叉。因此，提倡学科间协作，是现代植物生理学研究的趋势。作为科研实践或模拟，选题原则与上述一致，但宜小不宜大，具有一定的实践意义即可。所选题目及研究内容，应涵盖尽可能多的技能训练与知识点，使学生得到更全面的训练。

3. 撰写实验方案　题目确定后，应着手拟定实验方案，即进行实验设计。实验方案包括实验目的及依据、实验方法及原理、实验材料、材料处理及实验设计、实验仪器设备及用具、实验流程、参考文献和预期结果等。此外，还应有小组成员姓名、

专业、学号及具体分工。

一份好的试（实）验设计，不仅表现出内容、方法的先进性，整个方案还必须具备可行性、可靠性。应在查阅文献资料的基础上了解他人在同类研究方面开展的工作并进行比较，借鉴或改进研究方法，最后形成自己的设计方案。

植物生理学研究不仅有室内的，也有田间的。例如，某一植物生长调节剂对作物生长的调控试验，供试作物须种植于田间，因此应按田间试验设计要求进行设计。可分单因素（如浓度）、多因素（如浓度、处理时间、处理方式等）分别选择恰当的设计方法，注意对照与重复的设置。

4. 方案的实施　按实验设计开展研究工作，处理、调查和观测必须按时进行，结果、数据应如实填写到原设计好的表格中。原始资料应妥善保存，不得改动。发现问题及时解决，必要时可对原设计作一定调整甚至修改。计划实施中，应做到分工协作，积极认真。以严谨的科学态度做好每一项工作，使计划顺利完成。

植物生理学研究，相当部分内容是生理活性物质的测定，如酶活性测定、植物激素提取与测定等。因此，自室外采集样品及样品的保存方法十分重要。通常可用湿润纱布包裹好样品以防失水，并用冰瓶盛装材料，带回室内后即时测定。若来不及测定的，应立即将材料速冻保存（液氮或＜－20℃冰柜）。若将材料在低温下制成丙酮干粉（抽提所含脂肪）则更容易长时间保存。

5. 数据、资料处理　实验结束时，对所有数据资料应汇总和统计分析。要选用恰当的统计分析方法（计算机软件）处理数据，尽可能运用图、表展示实验结果。非量化标准及调查项目（如缺素症状）则可用照片、图片等反映。

6. 撰写研究报告　实验结果的汇报可用论文或简报形式总结，包括题目、摘要、关键词、正文、参考文献目录等部分。

（二）综合性、设计性与研究性实验的报告撰写

1. 题目　题目应符合实验研究内容，字数通常不超过20个。

2. 摘要　简要介绍该实验研究的主要结果。

3. 关键词　列出报告题目和内容中出现频率最高的重要词3～5个。

4. 正文部分

（1）前言：简述选择的依据和进行该项试验研究的目的意义。清楚地提出问题和陈述要证实的假设。通常从观察开始，发现问题，然后提出假设。例如，发现户外有的植物叶片变黄，想知道是否影响光合作用，用测定不同绿色叶片的叶绿素含量和光合速率的方法来检验想法。但是假设只是一种猜想，所以不要求实验结果必须支持你的假设。

（2）材料与方法：实验时间与实验（或取样）地点；材料包括植物材料、主要设备、重要试剂等；方法包括实验设计、实验内容、调查测定项目与方法、统计分析方法等。这部分解释如何解决提出的问题或检验假设，要写清楚如何及在什么时候进行的实验观察，如何进行的实验处理，测定什么样的指标及如何进行测定，以什么作对照。在实验指导书中给出的实验程序可以直接引用，不必在实验报告中重复，但若有修改，则必须说明。

（3）结果与分析：实验结果（数据应整理，统计分析）采用文字、图、表、照片等

表示，对实验结果进行必要的解释说明。本部分叙述在实验中获得的数据，包括两个部分：数据和语言描述，但不是简单地重复数据。语言描述要吸引读者注意数据的意义。这个部分不需要对数据进行解释，那属于讨论部分的内容。数据既要表格，又要用曲线图或柱形图整洁和清楚地给出。尽管在正式发表文章中，数据只需用图或表中的一种形式表示，但在实验报告中做这种练习是必要的，这能够使学生用两种形式评价实验的原始数据，也有助于教师在评价报告时易于发现错误产生的原因。

表格采用三线式，作为一个完整的表格要有表头、项目名称和正确的单位。曲线图和柱形图的纵坐标和横坐标要求单位适当，并有文字说明。将原始实验数据进行计算并给出，并不是研究的结束。在研究中需要对数据进行统计分析，在植物生理学研究中常需要进行显著性测验和计算标准差。

（4）讨论与结论：对试验研究的结果分析阐述、归纳总结，并与同类研究进行比较。讨论是现在的研究与其他研究的关系，这里需要参考他人的工作。对有些实验报告中这一部分不是必需的。

结论是分析所研究结果与假设的关系。结果是支持还是否定你的假设。在科学上，真理是得到广泛支持的假设。需要解释为什么你认为实验结果支持或否定了你的假设。如果数据不支持你的假设，这不意味着实验的失败。诚实是科学的本质。

5. 参考文献 按要求列出主要参考文献目录。每条目录应有作者、篇名、出处（刊名或书名）、发表时间、期号、起止页码。

报告中引用他人的方法、实验数据和观点时一定要注明参考文献，避免剽窃。参考文献包括书籍、网络、期刊等。

第二单元　综合性、设计性与研究性实验的选题举例

实验的选题可以由老师指定或学生自主确定。但是学生要通过查阅文献和调查，了解相关实验研究状况，同时，选题还必须结合实验室条件考虑，也可与相关老师的科研结合。选题宜小，主题明确，应涵盖尽可能多的技能训练与知识点，使学生得到较为全面的训练。下面举一些例子供参考。

1. 植物组织培养技术的研究

目的意义：学习掌握植物组织培养的基本方法，进一步加深对组织培养原理的了解。

实验内容：可用作物、蔬菜、花卉等常用的材料，比较不同培养基对同一外植体的诱导效应，或不同外植体对相同培养基的反应。研究某一植物脱分化、再分化的过程。熟悉组织培养的主要程序、操作方法及实验结果调查方法。

2. 湿度和温度对植物气孔开度的影响

目的意义：进一步理解植物气孔状态的环境因素，加深植物气孔状态对植物生理过程影响的了解。

实验内容：可将蚕豆、紫鸭跖草等植株盆栽，在光照生长箱内一定光照条件下，设置不同的湿度或温度，观察植株叶片气孔的开放比率，测定单个气孔的面积开度、胞间 CO_2 浓度、气孔导度、蒸腾速率。

3. 溶液培养法研究植物矿物质营养

目的意义：掌握植物溶液培养技术，直观地了解各种元素对植物生长的影响。

实验内容：用完全营养液和缺素营养液（N、P、K、Mg、Ca、Fe 等）培养幼苗，学习配制及培养过程中的关键技术问题。定期观察记录植株的生长状况、记录缺素症状。

4. 不同肥料配比及施肥量对作物生长发育的影响

目的意义：深入了解各种元素及其组合对植物生长的重要性，学习两因素试验的方法。

实验内容：选取肥料不同（如 N、P、K 肥），对肥料配比和不同施肥量设置两因素试验，注意重复和对照。定期观察作物的外观形态，测定形态指标和生理指标；分析肥料配比和不同施肥量对作物的影响。

5. 特定元素对植物根系发育的影响

目的意义：植物根系是植物从其生活环境中获取水分和营养物质的主要器官。某些特定元素，如稀土元素对根系生长有特殊的效应，它不仅能促进植物生根，加快根的生长，还能促进不定根的发生，加强根的离子吸收活动和生理机能，并影响植物固氮及某些酶的活性，对细胞的分裂和根系的形成有极为重要的作用。

实验内容：建议用某些特定元素，如稀土元素配制成不同浓度的溶液浸泡种子或处理幼苗的根系，一定天数后，观察根的形态，测定根长，统计根数，分析根系活力及根系对营养元素的吸收能力。

6. 作物光合作用生理生态研究

目的意义：直观地了解环境条件对植物光合作用的影响。综合学习测定植物光合生

理的技术方法。

实验内容：对某一作物不同环境条件下光合生理进行系统测定，或不同栽培管理措施对某作物光合生理影响进行比较研究。采用光合生理生态的一些主要指标，如叶面积指数、叶绿体色素含量、比叶重、净同化率、光合速率、叶片水溶性蛋白质含量等，定期测定，比较分析。

7. C_3 植物和 C_4 植物的光合特性比较

目的意义：通过比较，直观地认识 C_3 植物和 C_4 植物的光合特性。

实验内容：在相同实验条件下，比较分析 C_3 植物（如水稻、白菜）和 C_4 植物（如玉米、狗尾草）的气孔导度、光合日变化、CO_2 响应曲线、胞间 CO_2 浓度、蔗糖含量、光合碳三产物含量、乙醇酸氧化酶活性等。

8. 源库改变对植物的生理效应

目的意义：有机物运输的方向取决于提供同化物的器官与利用同化物的器官的相对位置。但源库的概念又是相对的，可因条件变化而改变。源是库的供应者，而库对源具有调节作用。源库两者相互依赖，相互制约。通过设计源库改变下植物的生理变化实验，可进一步认识有机物运输与分配的规律特点。

实验内容：用大豆、棉花、烟草或其他植物材料，在植物生长后期，设置不同处理，如打尖、摘除部分枝条、摘除一边的叶片、抹去部分花蕾等方法，一定时间后，和对照相比较，测定相关的形态结构、物质转化、生理生化指标，分析源库改变的情况下植物的生理响应。

9. 种子发育成熟过程中物质变化动态分析

目的意义：加深了解植物种子发育成熟过程中的生理生化变化特点。

实验内容：在植物种子发育成熟过程中，根据种子的特点，定期取样测定分析其物质变化情况，如淀粉与可溶性糖、蛋白质、脂类物质、某些酶类等。

10. 特定植物次生代谢成分分析

目的意义：了解某些特定植物的次生代谢成分及其变化特点。例如，茶叶中茶多酚占绿茶干物质的20%~30%，具有很强的抗氧化作用和良好的药理作用；茶多糖也是茶叶中重要的生理活性成分。显然，不同的茶叶品种，其茶多酚和茶多糖的含量是不同的。

实验内容：以茶叶为例，首先优化茶叶中茶多酚和茶多糖的提取条件，然后对不同品种的茶叶，或相同产地生产的不同品种或不同季节生产的同一品种茶叶进行分析，分析其茶多酚或咖啡因含量。

11. 赤霉素打破植物休眠的效应

目的意义：学习利用赤霉素打破种子或块根、块茎休眠的方法，加深对赤霉素生理效应的理解。

实验内容：选择植物，如烟草种子、马铃薯块茎，按照赤霉素的浓度和处理时间两因素设置试验处理，注意重复和对照的设置。正确运用统计分析方法处理实验数据，揭示不同浓度、不同处理时间的效应。

12. 环境条件改变对有机物运输与分配的影响

目的意义：改变植物生长的环境条件（如光照、水分、温度、肥料等），分析其对有机物运输与转化情况的影响，使学生进一步认识有机物运输与分配的影响规律特点。

实验内容：查阅资料，用水稻、小麦或其他植物材料，在培养一定时期后，改变植物生长的环境条件（如光照、水分、温度、肥料等），一定时间后，和对照相比较，测定相关的形态生理指标，分析在此情况下有机物运输与分配的变化。

13. 植物生长调节剂对种子活力的生理作用

目的意义：许多植物生长调节剂对种子萌发都有显著的影响，通过实验进一步了解植物生长调节剂对种子活力的影响。

实验内容：查阅资料，选取不同的植物生长调节剂；每种调节剂分别配制不同的浓度，处理种子，观察其对种子的萌发率和发芽势等的影响；注意环境条件的控制，重复和对照的设置。还可进一步测定种子在萌发过程中，多种生理生化指标的变化，初步分析其作用机制。

14. 种子萌发中呼吸作用及有机物变化的动态研究

目的意义：进一步了解种子萌发中生理生化的变化特点，熟悉呼吸速率及种子中主要有机物质含量变化的测定方法。

实验内容：可选择不同植物种子做发芽实验，也可结合上一实验，在种子萌发的不同时间，测定其呼吸作用及有机物变化。要注意环境条件的控制，重复和对照的设置。

15. 赤霉素与脱落酸对大麦种子 α-淀粉酶形成的影响

目的意义：进一步了解植物生长物质间的相互作用，赤霉素与脱落酸的生理效应。

实验内容：选用大麦种子，整粒和切成不同部分（如有胚与无胚半粒种子），配制不同浓度的赤霉素与脱落酸，处理后定期观测赤霉素与脱落酸对 α-淀粉酶形成的效应。

16. 花芽分化过程中内源激素变化

目的意义：花芽分化是植物从营养生长转向生殖生长的重要标志，各种植物激素之间的动态平衡是植物成花的关键，它通过调节植物开花相关基因，启动植物花芽分化。本实验分析植物花芽分化过程中的内源激素的变化，了解花芽分化与内源激素动态变化之间的关系。

实验内容：建议在不同的季节，分别取黄瓜、柑橘等发育时期不同的花芽，研究其花芽分化至花开放过程中形态变化，如花鲜重、直径等；分析相应时期内源乙烯、玉米素和生长素含量的变化；或者对刚形成的花芽进行不同处理，处理一段时期后，观察花芽分化过程中乙烯、玉米素和生长素含量的变化与花芽外形变化的关系。

17. 果实成熟期间呼吸特性与物质变化分析

目的意义：加深了解植物果实发育成熟过程中的生理生化变化特点。

实验内容：选择一种植物，分析不同成熟阶段的果实呼吸速率、乙醇氧化酶和 ATPase 活性等的变化。利用呼吸代谢抑制剂处理测定其呼吸速率变化，可初步了解果实成熟期间的呼吸作用与果实成熟的关系。同时定期取样测定分析其物质变化情况，如淀粉与可溶性糖、蛋白质、脂类物质、色素、某些酶类等。有条件的还可以测定植物激素特别是乙烯的变化特点。

18. 多胺对切花的保鲜效应

目的意义：了解植物器官衰老中的某些生理生化变化特点，植物生长调节剂对衰老的调控作用。

实验内容：查阅资料，配制不同浓度的多胺，对不同鲜花设置试验处理，注意重复和对照。测定各处理中材料的衰老指标，如pH的变化、可溶性糖含量、电导率、乙烯等。比较分析实验结果。

19. 乙烯对果实的催熟效应

目的意义：加深了解果实成熟与植物激素乙烯的关系。

实验内容：查阅资料，配制不同浓度的乙烯利，对不同种类果实进行处理。同时测定在果实成熟过程中的代谢变化，如物质的转化和呼吸的变化等。

20. 环境条件对果实贮藏期间的品质影响分析

目的意义：加深了解环境条件对果实贮藏、运输、销售过程的影响。

实验内容：设置不同的处理条件，如不同的温度等，定期取样，分析果实形态外观和品质的变化，如可溶性固形物、失重、好果率、物质的转化和呼吸的变化等。

21. 逆境对植物生长的影响

目的意义：直观地了解逆境对植物生长的影响，加深对植物抗性机制的理解。

实验内容：可任选某一种逆境，如干旱、盐碱和温度等，比较不同植物之间的抗逆性；也可选择某一作物，比较其对不同逆境的抗性或不同逆境对其的伤害。定期取样测定不同处理的形态和生理生化指标的变化。注意环境条件的控制，重复和对照的设置，特别是逆境的阈值，过高过低均可能使实验失败。

22. 植物在胁迫条件下维持水分平衡能力分析

目的意义：了解在逆境胁迫下植物维持水分平衡的状况。

实验内容：可盆栽植物，在干旱胁迫或强光下生长数小时，分析植物组织的含水量，束缚水与自由水含量，蒸腾速率，测定根部细胞的水势和质膜相对透性，进一步检测根部影响水分代谢的有关蛋白质的变化，并观察叶表皮气孔数目等。

23. 重金属对植物生长的作用

目的意义：植物生产的安全性越来越受到人们的关注，本实验可进一步认识重金属对植物的伤害及植物对重金属污染产生的生理反应。

实验内容：采用砂培或溶液培养的方式，用不同浓度的重金属培养不同植物材料，或到工业生产区周边观察不同植物在营养生长阶段器官出现的病症。通过分析植物生长速率、光合速率、呼吸速率等及测定植株中重金属含量，了解这些植株对重金属作用的敏感性和生理反应。

24. 植物生长物质对植物抗性的影响

目的意义：进一步了解植物生长物质在植物抗性中的作用。

实验内容：查阅资料，选取配制不同浓度的植物生长调节剂，根据不同的植物材料，在干旱或低温等胁迫条件之前或期间，用不同浓度的植物生长调节剂处理，定期取样分析植物的抗性能力，如形态指标、生存率、组织含水量、叶绿素含量等，同时测定胁迫期间植物体内抗氧化酶活性、脯氨酸含量、甜菜碱含量的变化，分析其作用机制。

第三单元　综合性、设计性与研究性实验的若干范例

实验 82　植物的溶液培养及缺素症状比较观察

一、实验原理

植物的溶液培养有水培法、砂培法等。水培法是将植物培养在含有多种盐的溶液中；而砂培法则是以固体成分（石英砂、蛭石等）作为植物的固定物，通过添加各种盐的混合液来培养植物。植物必需的大量营养元素、微量营养元素及各种元素的缺乏症都是通过水培法或砂培法来确定的。对植物成分进行化学分析并不能判定哪种元素是植物所必需的，只有通过缺素培养，再观察植物的生长发育，才能确定植物的必需元素。所以，到目前为止，缺素培养仍然是研究植物营养的基本手段。水培法比砂培法简单，只要严格清洗容器，水和盐都十分纯净，就可以进行培养研究。而砂培法所用的固体成分往往有许多水溶性或酸溶性杂质，在研究微量元素的必要性时即使经过严格的清洗，也很难保证绝无干扰。但是，砂培介质的通气性比水培要好，采用能排水的容器，可以保证根际有较好的通气性。

二、实验目的

掌握植物的溶液培养及植物缺素症状的识别方法；直观了解各种元素对植物生长的影响。

三、实验材料、器材和试剂

1. 实验材料　番茄、向日葵、烟草、菜豆等对缺素敏感植物的 7～10d 幼苗。

2. 器材　火焰光度计（或原子吸收分光光度计），pH 计或 pH 试纸，1000mL 试剂瓶，500mL 容量瓶，1000mL 容量瓶，5mL 移液管，1～2L 的培养盆，有孔木塞，软木塞，打孔器，刀片，棉花等。

3. 试剂　各种营养液的配制见表 3-1～表 3-7。

表 3-1　常量元素贮备液（浓度在应用时可以酌情调整）

贮备液编号	化学药品	用量 /（g/L）	浓度 /（mol/L）
1	$NH_4H_2PO_4$	23	0.20
2	NH_4NO_3	40	0.50
3	$Ca(NO_3)_2 \cdot 4H_2O$	189	1.15
4	$CaCl_2$	29	0.26
5	$MgCl_2 \cdot 6H_2O$	41	0.20
6	$Mg(NO_3)_2 \cdot 6H_2O$	51	0.20

续表

贮备液编号	化学药品	用量 / (g/L)	浓度 / (mol/L)
7	$MgSO_4 \cdot 7H_2O$	99	0.40
8	KH_2PO_4	27	0.20
9	KNO_3	121	1.20
10	K_2SO_4	87	0.50
11	$FeCl_3 \cdot 6H_2O$	10	0.04

表 3-2 微量元素贮备液

（各种盐一起混合，浓度是指某种盐在混合液中的最终浓度）

贮备液编号	化学药品	用量 / (g/L)	浓度 / (mol/L)
12	H_3BO_3	0.72	1.2×10^{-2}
	$CuSO_4 \cdot 5H_2O$	0.02	1.2×10^{-4}
	$MnCl_2 \cdot 4H_2O$	0.45	2.3×10^{-3}
	$ZnCl_2$	0.06	4.4×10^{-4}
	$H_2MoO_4 \cdot H_2O$	0.01	6.0×10^{-5}
13	Fe-EDTA	每升溶液中含 2.68g EDTA-Na_2 和 1.98g $FeSO_4 \cdot 7H_2O$	

注：Fe-EDTA 溶液：将 5.57g $FeSO_4 \cdot 7H_2O$ 和 7.45g EDTA-Na_2 分别溶于 200mL 的蒸馏水中。对 EDTA-Na_2 溶液加热，再缓慢加入 $FeSO_4 \cdot 7H_2O$ 溶液，并不断搅拌。冷却后定容至 1L。采用此法制备的 Fe-EDTA 溶液比较稳定，在培养液中，铁不会发生沉淀

表 3-3 缺素营养液 （单位：mL/L）

贮备液编号	完全培养液	缺 N	缺 P	缺 K	缺 Ca	缺 Mg	缺 S	缺 Fe^{2+}	缺 Fe^{3+}	微量元素
1	5	—	—	5	5	—	—	5	5	5
2	—	—	1	6	8	6	—	—	—	—
3	5	—	5	5	—	5	5	5	5	5
4	5	5	5	5	—	5	—	5	5	5
5	—	—	—	—	—	—	5	—	—	—
6	—	—	—	—	—	—	5	—	—	—
7	5	5	5	5	5	—	—	5	5	5
8	—	5	—	—	—	5	5	—	—	—
9	5	—	5	—	5	5	5	5	5	5
10	—	5	—	—	—	4	—	—	—	—
11	—	—	—	—	—	—	—	—	2	—
12	2	2	2	2	2	2	2	2	2	—
13	2	2	2	2	2	2	2	—	—	2

表 3-4　Knop 溶液

成分	用量 / (g/L)	浓度 / (mol/L)
KNO_3	0.20	2×10^{-3}
$Ca(NO_3)_2\cdot4H_2O$	0.80	5×10^{-3}
KH_2PO_4	0.20	1.5×10^{-3}
$MgSO_4\cdot7H_2O$	0.20	9.5×10^{-4}
$FePO_4$	0.10	6.62×10^{-4}

表 3-5　Hoagland 溶液

成分	用量 / (g/L)	浓度 / (mol/L)
KNO_3	0.51	0.005
$Ca(NO_3)_2\cdot4H_2O$	0.82	0.005
$MgSO_4\cdot7H_2O$	0.49	0.002
KH_2PO_4	0.136	0.002
0.5% 酒石酸铁溶液（Fe-EDTA 代替）	每升加 1mL	
微量元素物质（A-Z 溶液）	每升加 1mL	

表 3-6　A-Z 溶液（Arnon，1938）

成分	用量 / (g/L)
H_3BO_3	2.86
$ZnSO_4\cdot7H_2O$	0.22
$CuSO_4\cdot5H_2O$	0.08
$MnCl_2\cdot4H_2O$	1.81
$H_2MoO_4\cdot H_2O$	0.09

表 3-7　木村 B 溶液（适于水稻培养）

试剂	培养液 / (mg/L)	营养液元素浓度 / (mg/L)	
		元素	浓度
$(NH_4)_2SO_4$	48.2	N	23.0
KH_2PO_4	24.8	P	5.6
KNO_3	18.5		
K_2SO_4	15.9	K	21.4
$Ca(NO_3)_2$	59.9	Ca	14.6
$MgSO_4$	65.9	Mg	13.3
柠檬酸铁		Fe	1.4～3.5

注：表中的柠檬酸铁可用 Fe-EDTA 代替，每升培养液加 1mL

四、实验步骤

1. 水培法　用于水培的容器（陶瓷的），经自来水洗净之后，用 5mol/L 的盐酸处理，然后用去离子水淋洗干净。特别是做缺某种微量元素的培养，容器的清洗应相当严格（先依次用乙醇、酸和水清洗，再用高压蒸汽处理。在使用之前再用 1% 乙酸和去离子水淋洗一次，以清除可能吸附的痕量铁）。将配制的营养液倒入容器。

将培育 7～10d 的幼苗用去离子水清洗根系，然后移栽于营养液中。移栽时，在容器盖的每组小孔中放入一棵幼苗（留出一孔作加水用）。与孔沿接触的茎基部用棉花包裹，然后用钻有孔分成两半的软木塞夹住塞入盖孔中。使根系全部浸入溶液中，最后用去离子水充满容器。每天通气 10min。

在培养过程中，注意用 pH 试纸或 pH 计测试营养液的 pH 变化。铵盐往往使培养液 pH 降低，硝酸盐使 pH 升高。在 pH 4.0 以下和 pH 8.5 以上均会伤害根系。过低的 pH 造成酸害，过高的 pH 往往使 P 与 Fe 沉淀而出现缺 Fe 和缺磷症。小麦在 pH 4.0 以下仍然生长较好。番茄、莴苣在 pH 4.0～9.0 还能健壮生长，所以不同植物适用的 pH 范围各不相同。培养液的 pH 可用 0.1mol/L HCl 或 KOH 进行调节。

培养时间为 3～5 周，注意观察植物的生长情况，记录出现的缺素症状及其出现的时期与部位。待植株症状明显后，将缺素培养液换成完全培养液，留下一株继续培养，观察植株症状是否减轻以至消失。

2. 砂培法 采用 80%～90% 直径为 0.5～1.0mm 的砂粒作砂培，可使许多植物生长繁茂。若砂子过细，表面易长藻类，在表面加一层粗砂即可避免。

作常量元素分析用的砂子，用水冲洗干净即可使用。但作钙素营养分析的试验砂，则必须先用 3% 的冷盐酸浸泡一周。先用水淋洗，后用适合的营养液每天早晚各淋洗一次。直到洗出液与原液 pH 相同为止。再用适合的营养液浸泡 24h，pH 不变，方可终止淋洗。可用溴甲酚绿作指示剂。用上述方法处理，要两周以上，绝不能贪图省事。

作微量元素试验的砂子，应严格处理。一般先用 9%～10% 热盐酸处理，再加 10% 热草酸处理，随后用去离子水或用玻璃蒸馏装置制得的蒸馏水将酸冲洗干净。反复处理 3 次，每次用酸浸泡 3～4h，最后用适合的营养液平衡。

处理后的砂子根据需要可装入排水的或不排水的容器中（比如谷子在排水砂培中比在不排水砂培中生长较好）。排水容器装的砂子可以粗一些（直径 2～2.5mm），不排水容器装的砂子可以细一些（直径 0.2～1.0mm）。用排水容器砂培，适于滴加营养液。而不排水容器则可定期添加营养液。使砂保持一定的含水量并供给植物养分。

同水培法一样，砂培法先育苗，然后移栽。每盆移栽两株，待成活后去除一株，留下一株。根据容器大小，每盆株数可酌情安排。砂培时间为 3～5 周，注意观察生长发育情况，记录其出现的缺素症状、出现的时期及部位。待植株症状明显后，将缺素培养液换成完全培养液，留下一株继续培养，观察植株症状是否减轻以至消失。

五、结果与分析

1. 观察 密切观察并记录各处理植物的生长情况及各种缺素症状，填写表 3-8。

2. 测试 利用植物生理学基础性实验的各种方法测定植株的形态、生理等指标。

表 3-8　植物生长状况记载表

植物：　　　　　　时间：　　　　　　天气：　　　　　　记录人：

日期	处理（生长情况、缺素症状）						
	完全	缺 N	缺 P	缺 K	缺 Ca	缺 Mg	缺 Fe
2d							
5d							
10d							
15d							
20d							
25d							
30d							
35d							

3. 元素缺乏症检索（供参考）

Ⅰ. 老叶先受影响。

（1）影响遍及全株，下部叶片干枯并死亡。

a. 植株淡绿色，下部叶片发黄，叶柄短而纤弱 ……………………………………………… 缺 N

b. 植株深绿色，并出现红或紫色，下部叶子发黄，叶柄短而纤弱 ……………………… 缺 P

（2）影响限于局部，有缺绿斑，下部叶片不干枯，叶片边缘卷曲呈凹凸不平。

a. 叶片缺绿斑有时变红，有坏死斑，叶柄纤弱 ………………………………………… 缺 Mg

b. 叶片缺绿斑，在叶片边缘和近叶尖或叶脉间出现，小坏死斑，叶柄纤弱 …………… 缺 K

c. 叶片缺绿斑，叶片包括叶脉产生大的坏死斑，叶片变厚，叶柄变短 ……………… 缺 Zn

Ⅱ. 幼叶先受影响。

（1）顶芽死亡，叶片变形和坏死。

a. 幼叶变钩状，从叶尖和边缘开始死亡 ………………………………………………… 缺 Ca

b. 叶基部淡绿，从基部开始死亡，叶片扭曲 …………………………………………… 缺 B

（2）顶芽仍活着，缺绿或萎蔫而无坏死斑。

a. 幼叶萎蔫，不缺绿，茎尖弱 …………………………………………………………… 缺 Cu

b. 幼叶不发生萎蔫，缺绿。

（a）有小坏死斑，叶脉呈绿色 ………………………………………………………… 缺 Mn

（b）无坏死斑，叶脉呈绿色 …………………………………………………………… 缺 Fe

（c）无坏死斑，叶脉失绿 ……………………………………………………………… 缺 S

4. 水稻培养参考

（1）水稻种子用漂白粉溶液表面灭菌 30min，用无菌水洗几次，放在尼龙网上发芽。

（2）玻璃、瓷质、塑料（聚乙烯）的培养缸均可。培养缸内液面不宜过高，便于自然通气。缸不宜过浅，浅则对根的生长不利。做微量元素试验时，最好用聚乙烯培养缸，或用聚乙烯薄膜的袋子装培养液放一般培养缸中，这样可避免缸内释放微量元素的干扰。缸数不多可用金鱼缸通气的气泵，缸数多要用小型的空气压缩机，压出的空气要经过洗涤去除油气，才能通入培养缸。

（3）水稻的培养液通常用木村 B 溶液。做微量元素试验，要用高纯度的试剂，或所有试剂经过纯化才能使用。所用各种化学试剂见各营养液配方或采用缺素培养液配方。

（4）溶液培养用的水，可以用离子交换纯水器制备，做微量元素试验时要用硬质玻璃蒸馏器制备的重蒸馏水，或用玻璃蒸馏器制备的蒸馏水再经过离子交换纯水器处理后才可用。

（5）水稻的矿质营养对硅有特殊的需要，营养液中加硅可使水稻地上部和地下部都生长良好。如在水稻的培养液中可加硅酸钠（水玻璃：100～300mg/L）。水玻璃碱性很大，不宜直接加入培养液。要先用稀盐酸中和稀释水玻璃，至水玻璃成乳白色的沉淀，才能加入培养液，每升培养液中加入 1mL 水玻璃。

（6）选取尼龙网上生长大小一致的水稻幼苗，并将尼龙网木框放置在培养缸上培养。

（7）水培水稻要大量通气。特别是夏天温度升高，当不通气或通气量不足，培养液会发出硫化氢的臭味，并且溶液发黑，根也发黑。

（8）水培水稻到开花结实并不难，但要在培养过程中精心管理，经常调节培养液的 pH。

（9）根据生长的快慢，决定每周更换溶液的次数。每天补给蒸发、蒸腾失去的水分。防止病害、虫害。

六、注意事项

1. 在植株的溶液培养中，除了调节好各种营养元素比例外，pH 的调控及通气也很重要，否则植株生长不良，严重的导致死亡。

2. 缺素症状比较观察时，需要培养足够的时间，培养环境（如某种缺素的控制）要严格按照操作进行。

七、问题讨论

1. 溶液培养方法有哪些？常用溶液培养液的配方有哪些？溶液培养的应用有哪些方面？

2. 比较正常植株与缺 N、缺 P 植株叶片颜色和根系数量的差异。

3. 比较正常植株与缺 Ca 植株幼嫩组织的差异。

4. 比较分析不同处理之间的形态和生理差异。

实验 83 植物对氮素缺乏的生理反应研究

一、实验原理

氮是植物需求很大的营养元素，在体内的含量占干物质重的 1%～3%，是许多重要化合物的成分，如核酸（DNA、RNA）、蛋白质（包括酶）、磷脂、叶绿素、光敏素、维生素（B_1、B_2、B_6）、植物激素（IAA、CTK）、生物碱等；同时也是参与物质代谢和能量代谢的 ADP、ATP、CoA、CoQ、FAD、FMN、NAD、NADP、铁卟啉等物质的组分。氮肥充足时植物生理功能正常，枝多叶大，生长健壮，籽粒饱满；但供氮不足时，植物生理功能受到抑制，代谢失调，外观表现是较老叶片首先退绿变黄，严重时脱落，植株矮小，产量低下。所以在农业生产中需要经常施用氮肥。

二、实验目的

了解氮缺乏时植物的代谢变化及形态变化，学会利用有关理论知识分析解释所观察到的实验现象和测定的结果；了解光合作用、物质转化和矿质营养之间的关系。

三、实验材料、器材和试剂

1. 实验材料　精选高活力玉米种子，浸种 24h。

2. 器材　见各相关实验。

3. 试剂　配制缺氮培养液、完全培养液和其他测定生理指标所需的试剂，配制方法见相关实验。

四、实验步骤

1. 材料培养　用搪瓷盘装入一定量的石英砂或洁净的河砂，将浸泡 24h 的玉米种子均匀地排列在砂面上，再覆盖一层石英砂，保持湿润，然后放置在温暖处发芽。

2. 材料处理　取 6 个 500mL 塑料广口瓶，分成 2 组，分别装入配制的完全培养液及缺氮培养液各 500mL，贴上标签，写明日期。然后把各瓶用黑色蜡光纸或黑纸包起来（黑面向里），或用报纸包三层，用纸壳或 0.3mm 的橡胶垫做成瓶盖，并用打孔器在瓶盖中间打一圈孔，备用。

选择第一片叶完全展开、生长一致的幼苗，去掉胚乳，并用棉花缠裹住根基部，小心地移植到各种缺氮培养液中。通过圆孔固定在瓶盖上，使整个根系浸入培养液中，装好后将培养瓶放在阳光充足、温度适宜（20～25℃）的地方，培养 3～4 周。以完全培养为对照。移植时小心操作勿损伤根系。

在培养过程中，用精密 pH 试纸检查培养液的 pH，如高于 6，应用稀盐酸调整到 5～6。为了使根系氧气充足，每天定时向培养液中充气，或在盖与溶液间保留一定空隙，以利通气。培养液每隔一周需更换一次。

3. 生理指标测定　实验开始一周后，开始观察。注意记录缺乏氮素时所表现的症状和最先出现症状的部位。待幼苗表现出明显症状后，取一部分幼苗转移至完全培养液中，观察症状逐渐消失的情况，并记录结果。另一部分幼苗进行生理指标测定：①叶绿体色素含量；②光合速率；③可溶性蛋白质含量；④根系活力；⑤氨基酸含量；⑥可溶性糖含量。

4. 操作方法　见各相关实验。

五、结果与分析

撰写实验报告，分析比较不同处理的形态和生理差异。

六、注意事项

见各相关实验。

七、问题讨论

讨论氮在植物形态和代谢生理中的作用。

实验 84　不同温度对植物根系生长与生理特性的影响

一、实验原理

不同植物或同一种植物的不同生长阶段所需的适宜温度不同，根系的生长在不同温度下也会受到很大影响，包括形态和生理指标会发生变化，如呼吸强度受到温度影响，进而波及根系活力和根系对矿质元素的吸收。

二、实验目的

直观地了解不同温度对于植物根系生长与生理特性的影响，如根系形态与呼吸、根系活力与矿质元素吸收的变化特点。

三、实验材料、器材和试剂

1. 实验材料　选取适宜的植物材料。

2. 器材　恒温恒湿培养箱，光照培养箱，烘箱，培养皿，吸水纸，盆钵，石英砂等。

3. 试剂　植物材料培养、根系呼吸强度、根系活力和矿质元素吸收所需的试剂分别参照相关实验。

四、实验步骤

1. 种子萌发　根据植物生物学特性、原产地，确定种子萌发的适宜温湿度和时间，通常 C_4 植物种子（如玉米、高粱）萌发所需的适宜温度高于 C_3 植物种子（如小麦、油菜）；水稻和小麦同属于 C_3 植物，水稻种子萌发所需的适宜温度高于小麦。

2. 培苗　准备适量石英砂（填满 4/5 盆钵），彻底洗净，平铺于（搪瓷）盘中晒干，置烘箱内 80℃左右烘干后使用。在装有约 2/3 石英砂的盆钵中加等量蒸馏水后，将催好芽的种子均匀间隔移入，再均匀撒盖上剩余石英砂，置光照培养箱或温暖（朝南实验室）处生长。幼苗初露后，每隔 1～2d 喷水 1 次。禾本科植物长至 1 叶 1 心期（植株具有 1 张完全展开叶片和 1 片未展心叶）后，双子叶植物至子叶完全展开后，开始用 1/4 Hoagland 营养液培养和温度处理。

3. 温度处理　将生长一致的小苗分别移至由打孔泡模板作定苗装置的水溶液培养，设置低温处理或高温处理，溶液培养的植物幼苗分别置于 5℃、10℃、15℃、20℃等条件下低温处理，或在 30℃、35℃和 40℃等条件下高温处理 3～12d，以 25℃为对照。

4. 动态观察　不同温度处理期间，定期加营养液，0d、3d、6d、9d 进行非损坏性生长观察，活体记录幼苗生长动态（表 3-9）。

表 3-9　不同温度下幼苗生长形态指标

样品号	苗高 /cm					叶长 /mm					根长 /mm					根数				
	0d	3d	6d	9d	12d	0d	3d	6d	9d	12d	0d	3d	6d	9d	12d	0d	3d	6d	9d	12d
CK1-1																				
CK1-2																				
CK1-3																				
…																				
CK3-3																				
T1-1																				
T1-2																				
T1-3																				
…																				
T3-3																				
…																				

5. 样品分析　取出根系，测定各处理形态指标，参照相关实验，分别测定根系呼吸速率、根系活力、矿质元素 N 和其他元素的吸收，分析高温或低温对植物幼苗根系呼吸强度、根系活力和矿质元素吸收的影响，并分析根系呼吸强度、根系活力和矿质元素吸收之间的关系。

五、结果与分析

撰写实验报告，分析比较不同处理的形态和生理差异，特别是根系呼吸、根系活力与矿质元素吸收的变化特点。

六、注意事项

1. 作高温或低温处理及对照设置时，应该查阅文献，针对不同植物设置不同的温度处理，如水稻和小麦对温度的响应明显不同。

2. 要合理安排幼苗数量作为实验重复。

3. 根据实验安排每项生理指标测定所需要的幼苗数量，培养箱空间限制情况下，安排多次、分批培养。

七、问题讨论

不同温度对植物根系生长与地上部生长的影响有什么差异？

实验 85　植物组织培养快繁实验

一、实验原理

组织培养的理论基础是植物细胞具有全能性（totipotency）。植物组织培养是把植物的器官、组织乃至单个细胞，应用无菌操作使其在人工条件下继续生长，甚至分化发育成一个完整植株的过程。外植体在培养基上经诱导，逐渐失去原来的分化状态，形成结构单一的愈伤组织（callus）或细胞团，这一过程称为脱分化（dedifferentiation）；已经脱分化的愈伤组织，在一定条件下，又能重新分化形成输导系统及根和芽等组织和器官，这一过程称为再分化（redifferentiation）。

外植体的脱分化或进一步再分化，一方面受到内部基因的控制，另一方面受到激素的调控。在培养基中加入不同比例的生长调节剂，可使已经分化的组织脱分化形成愈伤组织，愈伤组织进一步分化出根和芽，最终发育成新的小植株。

二、实验目的

以烟草、百合为例，掌握利用叶片、茎段和鳞茎等作为外植体进行无性快速繁殖的原理和方法。

三、实验材料、器材和试剂

1. 实验材料 烟草、月季、番茄、百合、甘薯等植物。

2. 器材 超净工作台，光照培养箱，人工气候箱，温室，镊子，酒精灯，棉球，锥形瓶，培养皿，解剖刀，珍珠岩，蛭石等。

3. 试剂 MS 培养基的各种母液，2, 4-D，KT，6-BA，NAA，IAA，蔗糖，琼脂，0.1% 氯化汞，$AgNO_3$，无菌水等。

四、实验步骤

1. 培养基及其配制

（1）培养基的种类：在植物组织培养中，适当选择培养基，对取得组织培养的成功至关重要。因此，在组织培养中首先要考虑的是采用什么培养基，附加什么成分。自 1937 年 White 建立了第一个植物组织培养的综合培养基以来，许多研究报道了适于各种植物组织培养的培养基，其数目不少于几十种，最常用的是 MS 培养基。

（2）培养基的成分：植物组织培养中，外植体生长所必需的营养和生长因子，主要是由培养基提供的。因此，培养基中应包括植物生长所需的各种营养元素，某些生理活性物质和其他附加物（表 3-10）。

表 3-10 植物组织培养中常用的培养基配方 （单位：mg/L）

成分	White①	Heller②	MS③	ER④	$B_5$⑤	Nitsch⑥	$N_6$⑦	NT⑧	SH⑨
NH_4NO_3	—	—	1650	1200	—	720	—	825	—
KNO_3	80	—	1900	1900	2527.5	950	2830	950	2500
$CaCl_2 \cdot 2H_2O$	—	75	440	440	150	—	166	220	200
$CaCl_2$	—	—	—	—	—	166	—	—	—
$MgSO_4 \cdot 7H_2O$	750	250	370	370	246.5	185	185	1233	400
KH_2PO_4	—	—	170	340	—	68	400	680	—
$NH_4H_2PO_4$	—	—	—	—	—	—	—	—	300

续表

成分	White①	Heller②	MS③	ER④	$B_5$⑤	Nitsch⑥	$N_6$⑦	NT⑧	SH⑨
$(NH_4)_2SO_4$	—	—	—	—	134	—	463	—	—
$Ca(NO_3)_2 \cdot 4H_2O$	300	—	—	—	—	—	—	—	—
$NaNO_3$	—	600	—	—	—	—	—	—	—
Na_2SO_4	200	—	—	—	—	—	—	—	—
$NaH_2PO_4 \cdot H_2O$	19	125	—	—	150	—	—	—	—
KCl	65	750	—	—	—	—	—	—	—
KI	0.75	0.01	0.83	—	0.75	—	0.8	0.83	1
H_3BO_3	1.5	1	6.2	0.63	3	10	1.6	6.2	5
$MnSO_4 \cdot 4H_2O$	5	0.1	22.3	2.23	—	25	4.4	22.3	—
$MnSO_4 \cdot H_2O$	—	—	—	—	10	—	—	—	10
$ZnSO_4 \cdot 7H_2O$	3	1	8.6	—	2	10	1.5	—	1
$ZnSO_4 \cdot 4H_2O$	—	—	—	—	—	—	—	8.6	—
$Zn \cdot Na_2 \cdot EDTA$	—	—	—	15	—	—	—	—	—
$Na_2MoO_4 \cdot 2H_2O$	—	—	0.25	0.025	0.25	0.25	—	0.25	0.1
MoO_3	0.001	—	—	—	—	—	—	—	—
$CuSO_4 \cdot 5H_2O$	0.01	0.03	0.025	0.0025	0.025	0.025	—	0.025	0.2
$CoSO_4 \cdot 7H_2O$	—	—	—	—	—	—	—	0.03	—
$CoCl_2 \cdot 6H_2O$	—	—	0.025	0.0025	0.025	—	—	—	0.1
$AlCl_3$	—	0.03	—	—	—	—	—	—	—
$NiCl_2 \cdot 6H_2O$	—	0.03	—	—	—	—	—	—	—
$FeCl_3 \cdot 6H_2O$	—	1	—	—	—	—	—	—	—
$Fe_2(SO_4)_3$	2.5	—	—	—	—	—	—	—	—
$FeSO_4 \cdot 7H_2O$	—	—	27.8	27.8	—	27.8	27.8	27.8	15
$Na_2 \cdot EDTA \cdot 2H_2O$	—	—	37.3	37.3	—	37.3	37.3	37.3	20
$NaFe \cdot EDTA$	—	—	—	—	28	—	—	—	—
肌醇	—	—	100	—	100	100	—	100	1000
烟酸	0.05	—	0.5	0.5	1	5	0.5	—	5
盐酸吡哆醇	0.01	—	0.5	0.5	1	0.5	0.5	—	0.5
盐酸硫胺素	0.01	—	0.1	0.5	10	0.5	1	1	5
甘氨酸	3	—	2	2	—	2	2	—	—
叶酸	—	—	—	—	—	0.5	—	—	—
生物素	—	—	—	—	—	0.05	—	—	—
D-甘露糖醇	—	—	—	—	—	—	—	12.7%	—
蔗糖	2%	—	3%	4%	2%	2%	5%	1%	3%

注：本表不包括生长调节物质和各种复杂的天然提取物；糖的浓度是以百分数表示的。①White，1963；②Heller，1953；③Murashige and Skoog，1962；④Eriksson，1965；⑤Gamborg et al., 1968；⑥Nitsch，1969；⑦朱至清等，1974；⑧Nagata and Takebe，1971；⑨Schenk and Hidebrandt，1962

（3）培养基母液的配制：实验中常用的培养基，可将其中的各种成分配成10倍、100倍的母液，放入冰箱中保存，用时可按比例稀释。母液可配成单一化合物母液或不同混合母液。

（4）培养基的配制：混合培养基的各成分；溶化琼脂；将上述成分混合在一起，并搅匀；调节pH；分装；灭菌；放置备用。

（5）实例1：烟草叶片的组织培养。

A. 准备培养基。

a. 愈伤组织诱导培养基：MS＋2, 4-D 1.0mg/L＋NAA 2.0mg/L＋KT 0.5mg/L。

b. 愈伤组织分化培养基：MS＋KT 2.0mg/L＋IAA 0.5mg/L。

c. 幼芽增殖培养基：MS＋6-BA 1.0mg/L＋NAA 0.2mg/L。

d. 生根培养基：MS＋NAA 0.2mg/L。

B. 外植体消毒及接种：取烟草幼嫩叶片，用自来水充分洗净后，经75%乙醇消毒30s，0.1% $HgCl_2$溶液浸泡8min，无菌水冲洗5～6次后，去掉主叶脉和大的侧叶脉。将叶片切成1.0～1.5cm^2的小块，在超净工作台上无菌接入装有愈伤组织诱导培养基的锥形瓶中培养，接种时下表皮与培养基接触。培养温度（25±2）℃，光照14h/d，光照强度2000lx，每瓶接种3～5个外植体。

C. 愈伤组织的诱导：外植体培养2～3d后，叶片外植体卷曲，伤口处增厚、膨胀，15d后外植体脱分化形成疏松絮状浅黄绿色的愈伤组织。

D. 愈伤组织的分化：将愈伤组织转接到分化培养基中，15d后，从疏松愈伤组织上分化出许多浅黄绿色的芽点。40d后，分化出越来越多的幼芽。

E. 幼芽的增殖：将幼芽切下，转接至增殖培养基中，幼芽可不断增殖，发育成绿色健壮的小苗。

F. 诱导生根及移栽：取3～4cm长的小苗接种于生根培养基中，7～8d后，外植体从基部产生白色幼根，当试管苗长至5～6cm高时，移至温室中进行炼苗，4～5d后，取出幼苗，洗去根部的培养基，可移栽至经过消毒的珍珠岩∶泥炭∶园土（1∶1∶1）的基质中。

（6）实例2：百合离体快繁。

A. 外植体消毒：剪去百合新鲜鳞茎，用洗衣粉和流水冲洗1～2h，在超净工作台上，将鳞茎先用70%乙醇溶液浸泡30s，无菌水冲洗2～3次，再用0.1%升汞溶液消毒9～12min，然后用无菌水冲洗3～4次，以备接种。

B. 离体芽的诱导培养：将无菌的百合鳞茎放置于无菌培养皿中，用解剖刀剥离鳞片，切成0.5cm×0.5cm大小的小块，接种于诱导培养基MS＋6-BA 0.5mg/L＋NAA 0.5mg/L上诱导不定芽。培养温度（23±2）℃，光照强度2000～2500lx，光照时间10～12h/d。接种1周后，鳞片上出现小突起，继续培养，可分化出不定芽或丛生芽。

C. 丛生芽的继代增殖培养：将诱导培养基上已萌发的嫩芽切下，转接到继代培养基MS＋6-BA 1.0mg/L＋NAA 0.1mg/L上进行继代增殖。培养4周后可形成丛生芽。

D. 生根培养：选取继代培养中生长健壮的丛生芽，剪成1.5cm左右的单芽茎段，转接于生根培养基1/2MS＋NAA 0.2mg/L上。15d后根系发达，发育良好。

E. 驯化移栽：将生根试管苗放在室外光线明亮的地方，闭瓶炼苗2～3d，再逐渐开瓶炼苗2～3d，让植株适应试管外的环境后取出试管苗，洗净根部的培养基，移栽于珍珠岩：泥炭 1∶1 的基质中，当植株发生新根后逐渐见光。

五、结果与分析

每种植物分别接种 30～50 株，统计并分析实验结果（表 3-11）。

表 3-11　外植体诱导芽情况统计表

植物名称	外植体	培养基	接种数 / 块	污染数 / 块	出芽外植体数 / 块	芽诱导率 /%
烟草	叶片					
百合	鳞片					

六、注意事项

植物组织培养过程中的灭菌消毒很重要，否则会造成污染，导致实验失败。

七、问题讨论

1. 为什么组织培养不同阶段的培养基有别（如愈伤组织诱导培养基、愈伤组织分化培养基、幼芽增殖培养基、生根培养基）？

2. 植物激素在组织培养不同阶段有什么作用？

实验 86　植物生长调节剂对插条不定根发生的影响

一、实验原理

用植物生长调节剂（生长素类、生长延缓剂等）处理插条，可以促进细胞恢复分裂能力，诱导根原基发生，促进不定根的生长；容易生根的植物经处理后，发根提早，成活率高；对木本植物进行插条处理，可提高生根率。移栽的幼苗被植物生长调节剂处理后，移栽后的成活率提高，根深苗壮。本实验通过测定植物生长的重要生理指标，以了解生长调节剂调控不定根发生的作用。

二、实验目的

直观地了解植物生长调节剂诱导植物插条不定根的发生。通过改变各施用药剂浓度的大小、处理插条的时间与处理方法，证实不同种类的植物生长调节剂对植物插条不定根发生的影响。

三、实验材料、器材和试剂

1. 实验材料　选择适宜的植物材料。

2. 器材　电子天平，烘箱，分光光度计等。

3. 试剂　可选用生长素类、多效唑或脱落酸、细胞分裂素类、乙烯、油菜素内酯、水杨酸等植物生长调节剂。

所需的其他试剂见相关测定实验。

四、实验步骤

1. 配制植物生长调节剂溶液 一般为1000mg/L，然后按照需要稀释成3～5个浓度，如10mg/L、50mg/L、100mg/L等。

2. 植物材料准备 选择适宜的植物材料，注意插枝的生理状态。如果植物材料是灌木，需注意取材的枝条部位。通常从茎顶端或枝条上端向下10～15cm处剪去植株地下部，保留1～2片叶片（如果叶片面积较大，可以保留半叶片）。

3. 处理 查阅资料，根据不同植物材料和不同植物生长调节剂选用不同的处理浓度梯度。将插枝基部2～3cm浸泡在植物生长调节剂溶液中，以相同体积水浸泡插条为对照。记录浸泡时间，然后换水（也可砂培）。

4. 培养 将插条放置在阳台或走廊的弱光通风处培养（室温为20～35℃），培养期间注意加水至原来的水位高度。砂培则要注意保存培养基的适宜湿度。

5. 取样观测 插条培养一段时间后，统计其基部不定根发生的数目、每个插条的生根数目、生根范围等。

五、结果与分析

记录形态变化后，用刀片切下不定根，在电子天平上称鲜重。放置于培养皿内，于烘箱60～80℃烘2h，取出，冷却后称重；继续烘干，直至质量不发生变化。同时取不定根，进行根系活力测定、过氧化物酶活性等生理指标的测定。

六、注意事项

1. 选用各种植物材料时要注意考虑材料的年龄、取材部位。
2. 用植物生长调节剂处理前，要了解其促进插条生根的大致浓度范围。

七、问题讨论

1. 植物生长调节剂处理的植物插条，在不同的培养条件下，如光照、温度、湿度、培养基质等，对不定根发生有何影响？
2. 研究植物生长调节剂对插条生根的作用时，实验设计需注意什么？
3. 如果要了解吲哚乙酸和多效唑混配后对植物插条不定根的影响，如何设计实验？

实验87 种子萌发过程中的生理生化变化研究

一、实验原理

在种子萌发过程中物质代谢、呼吸途径、激素平衡都发生剧烈变化。这种变化又受萌发时的水分、氧气和温度的影响。

二、实验目的

了解种子萌发期间所发生的基本生理生化变化及生理含义；了解种子萌发期间所发

生的基本生理生化变化之间的关系；学会将呼吸速率、淀粉酶活性、可溶性糖含量、氨基酸含量、可溶性蛋白质含量、激素含量等的测定方法综合运用于植物生理的具体问题研究上。

三、实验材料、器材和试剂

1. 实验材料　玉米种子或其他植物种子。

2. 器材和试剂　种子萌发和测定其生理指标所需的器材和试剂见相关实验。

四、实验步骤

1. 种子的萌发　以玉米为例，精选高活力玉米种子用1%次氯酸钠浸泡10min消毒，用蒸馏水冲洗3遍，用蒸馏水浸泡24h，取25粒均匀摆于大培养器皿中，加入适当的蒸馏水，置25℃恒温培养箱中培养。

2. 环境条件的控制　可进行水分、温度等环境条件的控制，观察其对种子萌发的影响。

3. 形态生理指标的测定　当种子处理到一定阶段时，分别取样进行形态指标和生理生化指标的测定，如呼吸速率、淀粉酶活性、可溶性糖含量、氨基酸含量、可溶性蛋白质含量、激素含量等。

五、结果与分析

分析水分、温度等环境条件变化对种子萌发期间形态指标和生理生化指标的影响。

六、注意事项

应该设置重复试验，注意控制好实验条件。

七、问题讨论

1. 种子萌发的生理生化变化特点是什么？
2. 环境条件对种子萌发有何影响？

实验88　渗透胁迫对小麦幼苗生理生化指标的影响

一、实验原理

植物在生长发育过程常会同时或相继遇到干旱、高温、低温、盐渍、水涝或病虫害侵染等非生物和生物逆境胁迫。这些非生物或生物胁迫伤害的共同特征是生物膜的损伤、氧化胁迫、渗透胁迫和蛋白质变性。特别是植物体内超氧阴离子自由基（$O_2^{\cdot-}$）、过氧化氢（H_2O_2）和羟自由基（$\cdot OH$）等活性氧（reactive oxygen species，ROS）的产生和清除平衡被打破后，导致植物体内ROS的积累，产生氧化胁迫，导致生物膜、核酸、蛋白质等生物大分子的破坏，最终导致细胞死亡。

在诸多胁迫因子中，干旱是限制作物生产的主要胁迫因子之一，干旱胁迫往往导致渗透胁迫（osmotic stress）和氧化胁迫（oxidative stress）。植物在进化过程中发展了抵御渗透胁迫和氧化胁迫所造成的损伤的机制，即渗透调节（osmotic adjustment）和抗氧化系统（antioxidant system）。前者通过主动吸收无机离子如 K^+、Cl^-等，或主动合成有机小分子物质如脯氨酸、甜菜碱、可溶性糖等，来降低植物细胞的水势，从而增强植物细胞的吸水和保水能力。后者通过增强抗氧化酶如过氧化氢酶（CAT）、超氧化物歧化酶（SOD）、谷胱甘肽还原酶（GR）、抗坏血酸过氧化物酶（APX）和过氧化物酶（GPX）等的活性，以及增加还原型抗坏血酸（AsA，氧化型为脱氢抗坏血酸 DHA）和还原型谷胱甘肽（GSH，氧化型为 GSSG）等抗氧化剂的水平，从而精密调控植物体内的 ROS 水平，使植物体内 ROS 维持在植物可以忍耐的生理水平。此外，以过氧化氢为代表的 ROS 在植物对非生物和生物逆境胁迫的信号感受、转导与适应过程中起重要作用。同时，植物遭受逆境胁迫时，植物体内可以合成一些新的蛋白质，称为逆境蛋白如热激蛋白等，从而进一步增强植物对逆境的抵抗能力。

二、实验目的

本综合性实验以小麦幼苗为材料，试图从生物膜的过氧化作用、渗透调节物质、抗氧化系统和逆境蛋白等方面，探讨干旱胁迫对其生理生化指标的影响，进一步了解渗透胁迫对作物造成的伤害和适应的机制。

三、实验材料、器材和试剂

1. 实验材料 小麦种子或其他植物种子。

2. 器材和试剂 胁迫处理和测定其他生理指标所需的器材和试剂见相关实验。

四、实验步骤

1. 材料的培养与处理 取小麦种子于 25℃室温中黑暗浸泡 6h，播于铺有湿滤纸的培养皿中，于室温中黑暗培养。露白后于尼龙网架上，用 1/2MS 培养液培养一周后，一组移至含 0.5mol/L 甘露醇的培养液中进行培养，作为实验组；另一组仍在 1/2MS 培养液中继续培养，作为对照组。继续培养一周，每天观察和测定以下指标。

2. 形态指标的测定 每天观察实验组和对照组的长势，记录有无萎蔫情况，并用直尺测量幼苗的高度。

3. 生理指标的测定（参考相关实验）

（1）膜脂过氧化作用的测定：定时取样（小麦叶片），用丙二醛法测定膜脂过氧化程度。

（2）ROS 的测定：定时取样（小麦叶片），用硫酸钛法测定过氧化氢含量；用羟胺法测定超氧阴离子自由基的产生速率。

（3）渗透调节物质含量的测定：定时取样（小麦叶片），用茚三酮法测定脯氨酸含量；用雷氏盐法测定甜菜碱含量；用蒽酮法测定可溶性糖含量。

（4）抗氧化酶活性的测定：定时取样（小麦叶片），测定超氧化物歧化酶、过氧化氢酶、抗坏血酸过氧化物酶等的活性。

（5）抗氧化剂含量的测定：定时取样（小麦叶片），分别用比色法测定抗坏血酸

（AsA/DHA）和谷胱甘肽（GSH/GSSG）的含量；用亚甲蓝法测定硫化氢（H_2S）的含量。

（6）根系活力的测定：定时取样（小麦根系），用 TTC 法测定根系的活力。

（7）可溶性蛋白质含量的测定和逆境蛋白的鉴定：定时取样（小麦叶片），用考马斯亮蓝法测定可溶性蛋白质含量；用 SDS-聚丙烯酰胺凝胶电泳法鉴定逆境蛋白。

五、结果与分析

通过统计分析所有实验数据，规范撰写实验报告。

六、注意事项

1. 幼苗在培养和处理过程中，注意每 2～3 天更换一次对应的培养液，并适当通气。
2. 取材后，若当天不能测定，可液氮冷冻后置于超低温冰箱中保存。

七、问题讨论

1. 渗透胁迫对植物的伤害机制是什么？
2. 植物对渗透胁迫的适应机制是什么？

实验 89　植物对盐胁迫的生理反应的研究

一、实验原理

对植物产生不利效应的土壤中可溶性盐分过多，称为盐胁迫（salt stress），由此对植物产生的伤害称为盐害（salt injury）。含盐较多的土壤，根据所含盐分的主要种类分为碱土和盐土。以碳酸钠（Na_2CO_3）和碳酸氢钠（$NaHCO_3$）为主的土壤，称为碱土（alkaline soil）；以氯化钠（NaCl）和硫酸钠（Na_2SO_4）等为主的土壤，则称为盐土（saline soil）。对于大多数土壤，这两大盐类又常混合存在，故习惯上称为盐碱土（saline and alkaline soil）。我国盐渍土面积约为 $3.5\times10^7hm^2$，相当于耕地的 1/3。此外，由于灌溉和化肥使用不当、工业污染加剧等原因，次生盐渍化土壤面积还在逐年扩大。盐胁迫引起一系列生理生化变化，包括吸收状况、细胞膜结构和功能、细胞器结构和活力、光合速率、呼吸速率、渗透调节物质积累、营养元素缺乏、活性氧积累、激素平衡变化等。在轻度胁迫下植物生长受到抑制，产量和品质下降，严重时植物死亡。

二、实验目的

了解盐胁迫对植物的生理效应；学会利用有关理论知识分析生理生化指标的结果；学会根据实验结果和所学的理论知识分析盐胁迫的伤害机制；学会运用水势、渗透式、脯氨酸含量、根系活力、外渗电导率、可溶性糖含量、抗氧化酶活性（SOD、POD、CAT）、MDA 含量的测定方法研究具体的植物生理问题。

三、实验材料、器材和试剂

1. **实验材料**　精选高活力玉米种子或其他植物种子。

2. 器材和试剂 配制含 200mmol/L NaCl 的完全培养液。培养液和其他测定生理指标所需的器材和试剂配制方法见相关实验。

四、实验步骤

1. 盐胁迫处理

（1）用搪瓷盘装入一定量的石英砂或洁净的河砂，将浸泡 24h 的玉米种子均匀地排列在砂面上，再覆盖一层石英砂，保持湿润，然后放置在温暖处发芽。选择第一片叶完全展开、生长一致的幼苗为实验材料。

（2）取 6 个 500mL 塑料广口瓶，分别装入配制的处理（含盐 200mmol/L NaCl）的完全培养液及对照（普通）的完全培养液 500mL，贴上标签，写明日期。常规培养管理。

2. 生理指标测定 实验开始后，观察培养植株的状况，如果出现萎蔫，且萎蔫经过一夜后清晨不能恢复，即可取样进行生理指标测定。测定项目可选择水势、脯氨酸含量、根系活力、外渗透电导率、可溶性糖含量、抗氧化酶活性（SOD、POD、CAT）、MDA 含量等。

五、结果与分析

通过统计分析所有实验数据，规范撰写实验报告。

六、注意事项

1. 在培养和处理过程中，注意实时更换相应的培养液，并适当通气。
2. 取材后，若当天不能测定，可用液氮冷冻后置于超低温冰箱中保存。

七、问题讨论

1. 盐胁迫对植物的伤害机制是什么？
2. 植物对盐胁迫的适应机制是什么？

主要参考文献

蔡庆生．2013．植物生理学实验．北京：中国农业大学出版社

蔡永萍．2014．植物生理学实验指导．北京：中国农业出版社

陈建勋，王晓峰．2015．植物生理学实验指导．广州：华南理工大学出版社

龚一富．2011．植物组织培养实验指导．北京：科学出版社

郭晓君．1999．蛋白质电泳实验技术．北京：科学出版社

郝建军．2006．植物生理学实验技术．北京：化学工业出版社

李玲．2011．植物生理学模块实验原理指导．北京：科学出版社

李合生．2006．植物生理生化实验原理和技术．北京：高等教育出版社

李忠光，龚明．2014．植物生理学综合性和设计性实验教程．武汉：华中科技大学出版社

刘家尧，刘新．2010．植物生理学实验教程．北京：高等教育出版社

路文静，李奕松．2012．植物生理学实验教程．北京：中国林业出版社

石连旋，颜宏．2013．植物生理学实验指导．北京：高等教育出版社

史树德，孙亚卿，魏磊，等．2011．植物生理学实验指导．北京：中国林业出版社

汤章城．1999．现代植物生理学实验指南．北京：科学出版社

王学奎．2011．植物生理生化实验原理和技术．2 版．北京：高等教育出版社

萧浪涛，王三根．2005．植物生理学实验技术．北京：中国农业出版社

熊庆娥．2003．植物生理学实验教程．成都：四川科学技术出版社

叶尚红，张志明，陈疏影，等．2004．植物生理生化实验教程．昆明：云南科学技术出版社

张立军，樊金娟．2007．植物生理学实验教程．北京：中国农业大学出版社

张志良，瞿伟菁，李小方，等．2010．植物生理学实验指导．4 版．北京：高等教育出版社

周祖富，黎兆安．2005．植物生理学实验指导．南宁：广西大学出版社

宗学凤，王三根．2011．植物生理研究技术．重庆：西南师范大学出版社

邹琦．2000．植物生理学实验指导．北京：中国农业出版社

附　录

一、常用酸碱的浓度

化合物	相对分子质量	浓度 /%	物质的量浓度 /（mol/L）	配制 1L 1mol/L 的溶液所需的毫升数
HCl	36.46	36.0	11.70	85.5
HNO_3	63.02	69.5	15.60	64.0
H_2SO_4	98.08	96.0	17.95	55.7
H_3PO_4	98.00	85.0	14.70	68.0
$HClO_4$	100.50	70.0	11.65	85.7
CH_3COOH	60.03	99.5	17.60	56.9
NH_4OH	35.04	58.6	15.10	66.5

二、常用缓冲液的配制

1. 甘氨酸-盐酸缓冲液

贮备液 A：0.2mol/L 甘氨酸溶液（甘氨酸 15.01g 配成 1000mL）。

贮备液 B：0.2mol/L 盐酸（浓盐酸 17.1mL 稀释至 1000mL）。

50mL A＋*x*mL B，稀释至 200mL

pH	*x*	pH	*x*
2.2	44.0	3.0	11.4
2.4	32.4	3.2	8.2
2.6	24.2	3.4	6.4
2.8	16.8	3.6	5.0

2. 盐酸-氯化钾缓冲液

贮备液 A：0.2mol/L 氯化钾溶液（KCl 14.91g 配成 1000mL）。

贮备液 B：0.2mol/L 盐酸（浓盐酸 17.1mL 稀释至 1000mL）。

50mL A＋*x*mL B 稀释至 200mL

pH	*x*	pH	*x*
1.0	97.0	1.7	20.6
1.1	78.0	1.8	16.6
1.2	64.5	1.9	13.2
1.3	51.0	2.0	10.6
1.4	41.5	2.1	8.4
1.5	33.3	2.2	6.7
1.6	26.3		

3．酞酸氢钾-盐酸缓冲液

贮备液 A：0.2mol/L 酞酸氢钾溶液（$KHC_8H_4O_4$ 40.84g 配成 1000mL）。

贮备液 B：0.2mol/L 盐酸（浓盐酸 17.1mL 稀释至 1000mL）。

50mL A＋*x*mL B，稀释至 200mL

pH	*x*	pH	*x*
2.2	46.70	3.2	14.70
2.4	39.60	3.4	9.90
2.6	33.00	3.6	6.00
2.8	26.40	3.8	2.63
3.0	20.30		

4．乌头酸-氢氧化钠缓冲液

贮备液 A：0.5mol/L 乌头酸［$C_3H_3(COOH)_3$ 87.05g 配成 1000mL］。

贮备液 B：0.2mol/L 氢氧化钠（NaOH 8.0g 配成 1000mL）。

50mL A ＋*x*mL B，稀释至 200mL

pH	*x*	pH	*x*
2.5	15.0	4.3	83.0
2.7	21.0	4.5	90.0
2.9	28.0	4.7	97.0
3.1	36.0	4.9	103.0
3.3	44.0	5.1	108.0
3.5	52.0	5.3	113.0
3.7	60.0	5.5	119.0
3.9	68.0	5.7	126.0
4.1	76.0		

5．柠檬酸缓冲液

贮备液 A：0.1mol/L 柠檬酸（$C_6H_8O_7$ 19.21g 配成 1000mL）。

贮备液 B：0.1mol/L 柠檬酸三钠（$C_6H_5O_7Na_3 \cdot 2H_2O$ 29.41g 配成 1000mL）。

***x*mL A＋*y*mL B，稀释至 100mL**

pH	*x*	*y*	pH	*x*	*y*
3.0	46.5	3.5	4.8	23.0	27.0
3.2	43.7	6.3	5.0	20.5	29.5
3.4	40.0	10.0	5.2	18.0	32.0
3.6	37.0	13.0	5.4	16.0	34.0
3.8	35.0	15.0	5.6	13.7	36.3
4.0	33.0	17.0	5.8	11.8	38.2
4.2	31.5	18.5	6.0	9.5	40.5
4.4	28.0	22.0	6.2	7.2	42.8
4.6	25.5	24.5			

6. 乙酸缓冲液

贮备液 A：0.2mol/L 乙酸（冰醋酸 11.55mL 稀释至 1000mL）。

贮备液 B：0.2mol/L 乙酸钠（$C_2H_3O_2Na$ 16.4g 或 $C_2H_3O_2Na \cdot 3H_2O$ 27.2g 配成 1000mL）。

***x*mL A＋*y*mL B，稀释至 100mL**

pH	*x*	*y*	pH	*x*	*y*
3.6	46.3	3.7	4.8	20.0	30.0
3.8	44.0	6.0	5.0	14.8	35.2
4.0	41.0	9.0	5.2	10.5	39.5
4.2	36.8	13.2	5.4	8.8	41.2
4.4	30.5	19.5	5.6	4.8	45.2
4.6	25.5	24.5			

7. 柠檬酸-磷酸缓冲液

贮备液 A：0.1mol/L 柠檬酸（$C_6H_8O_7$ 19.21g 配成 1000mL）。

贮备液 B：0.2mol/L 磷酸氢二钠（$Na_2HPO_4 \cdot 7H_2O$ 53.65g 或 $Na_2HPO_4 \cdot 12H_2O$ 71.7g 配成 1000mL）。

***x*mL A＋*y*mL B，稀释至 100mL**

pH	*x*	*y*	pH	*x*	*y*
2.6	44.6	5.4	5.0	24.3	25.7
2.8	42.2	7.8	5.2	23.3	26.7
3.0	39.8	10.2	5.4	22.2	27.8
3.2	37.7	12.3	5.6	21.0	29.0
3.4	35.9	14.1	5.8	19.7	30.3
3.6	33.9	16.1	6.0	17.9	32.1
3.8	32.3	17.7	6.2	16.9	33.1
4.0	30.7	19.3	6.4	15.4	34.6
4.2	29.4	20.6	6.6	13.6	36.4
4.4	27.8	22.2	6.8	9.1	40.9
4.6	26.7	23.3	7.0	6.5	43.5
4.8	25.2	24.8			

8. 琥珀酸缓冲液

贮备液 A：0.2mol/L 琥珀酸（$C_4H_6O_4$ 23.6g 配成 1000mL）。

贮备液 B：0.2mol/L 氢氧化钠（NaOH 8.0g 稀释至 1000mL）。

25mL A＋*x*mL B，稀释至 100mL

pH	*x*	pH	*x*
3.8	7.5	5.0	26.7
4.0	10.0	5.2	30.3
4.2	13.3	5.4	34.2
4.4	16.7	5.6	37.5
4.6	20.0	5.8	40.7
4.8	23.5	6.0	43.5

9. 酞酸氢钾-氢氧化钠缓冲液

贮备液 A：0.2mol/L 酞酸氢钾（$KHC_8H_4O_4$ 40.84g 配成 1000mL）。

贮备液 B：0.2mol/L 氢氧化钠（NaOH 8.0g 稀释至 1000mL）。

50mL A＋*x*mL B，稀释至 200mL

pH	*x*	pH	*x*
4.2	3.7	5.2	30.0
4.4	7.5	5.4	35.5
4.6	12.2	5.6	39.8
4.8	17.7	5.8	43.0
5.0	23.9	6.0	45.5

10. 磷酸缓冲液

贮备液 A：0.2mol/L 磷酸二氢钠（$NaH_2PO_4 \cdot H_2O$ 27.8g 配成 1000mL）。

贮备液 B：0.2mol/L 磷酸氢二钠（$Na_2HPO_4 \cdot 7H_2O$ 53.65g 或 $Na_2HPO_4 \cdot 12H_2O$ 71.7g 配成 1000mL）。

***x*mL A＋*y*mL B，稀释至 200mL**

pH	*x*	*y*	pH	*x*	*y*
5.7	93.5	6.5	6.9	45.0	55.0
5.8	92.0	8.0	7.0	39.0	61.0
5.9	90.0	10.0	7.1	33.0	67.0
6.0	87.7	12.3	7.2	28.0	72.0
6.1	85.0	15.0	7.3	23.0	77.0
6.2	81.5	18.5	7.4	19.0	81.0
6.3	77.5	22.5	7.5	16.0	84.0
6.4	73.5	26.5	7.6	13.0	87.0
6.5	68.5	31.5	7.7	10.5	89.5
6.6	62.0	37.5	7.8	8.5	91.5
6.7	56.5	43.5	7.9	7.0	93.0
6.8	51.0	49.0	8.0	5.3	94.7

11. 巴比妥缓冲液

贮备液 A：0.2mol/L 巴比妥钠（$NaC_8H_{11}N_2O_3$ 41.2g 配成 1000mL）。

贮备液 B：0.2mol/L 盐酸（浓盐酸 17.1mL 稀释成 1000mL）。

50mL A＋*x*mL B，稀释至 200mL

pH	*x*	pH	*x*
6.8	45.0	7.4	32.5
7.0	43.0	7.6	27.5
7.2	39.0	7.8	22.5

续表

pH	x	pH	x
8.0	17.5	8.8	4.0
8.2	12.7	9.0	2.5
8.4	9.0	9.2	1.5
8.6	6.0		

12. Tris-HCl 缓冲液

贮备液 A：0.2mol/L 三羟甲基氨基甲烷（tris-hydroxy methylamino methane，$C_4H_{11}NO_3$ 24.2g 配成 1000mL）。

贮备液 B：0.2mol/L 盐酸（浓盐酸 17.1mL 稀释成 1000mL）。

50mL A＋xmL B，稀释至 200mL

pH	x	pH	x
7.2	44.2	8.2	21.9
7.4	41.4	8.4	16.5
7.6	38.4	8.6	12.2
7.8	32.5	8.8	8.1
8.0	26.8	9.0	5.0

13. 硼酸-硼砂缓冲液

贮备液 A：0.2mol/L 硼酸（H_3BO_3 12.4g 配成 1000mL）。

贮备液 B：0.05mol/L 硼砂（$Na_2B_4O_7 \cdot 10H_2O$ 19.05g 配成 1000mL）。

50mL A ＋xmL B，稀释至 200mL

pH	x	pH	x
7.6	2.0	8.7	22.5
7.8	3.1	8.8	30.0
8.0	4.9	8.9	42.5
8.2	7.3	9.0	59.0
8.4	11.5	9.1	83.0
8.6	17.5	9.2	115.0

14. 甘氨酸-氢氧化钠缓冲液

贮备液 A：0.2mol/L L-甘氨酸（NH_2CH_2COOH 15.01g 配成 1000mL）。

贮备液 B：0.2mol/L 氢氧化钠（NaOH 8.0g 配成 1000mL）。

50mL A ＋xmL B，稀释至 200mL

pH	x	pH	x
8.6	4.0	9.6	22.4
8.8	6.0	9.8	27.2
9.0	8.8	10.0	32.0
9.2	12.0	10.4	38.6
9.4	16.8	10.6	45.7

15. 硼砂-氢氧化钠缓冲液

贮备液 A：0.05mol/L 硼砂（$Na_2B_4O_7 \cdot 10H_2O$ 19.05g 配成 1000mL）。

贮备液 B：0.2mol/L 氢氧化钠（NaOH 8.0g 配成 1000mL）。

50mL A ＋*x*mL B，稀释至 200mL

pH	*x*	pH	*x*
9.28	0.0	9.70	29.0
9.35	7.0	9.80	34.0
9.40	11.0	9.90	38.6
9.50	17.6	10.00	43.0
9.60	23.0	10.10	46.0

16. 碳酸缓冲液

贮备液 A：0.2mol/L 碳酸钠（Na_2CO_3 21.2g 或 $Na_2CO_3 \cdot H_2O$ 24.8g 配成 1000mL）。

贮备液 B：0.2mol/L 碳酸氢钠（$NaHCO_3$ 16.8g 配成 1000mL）。

***x*mL A＋*y*mL B，稀释至 200mL**

pH	*x*	*y*	pH	*x*	*y*
9.2	4.0	46.0	10.0	27.5	22.5
9.3	7.5	42.5	10.1	30.0	20.0
9.4	9.5	40.5	10.2	33.0	17.0
9.5	13.0	37.0	10.3	35.5	14.5
9.6	16.0	34.0	10.4	38.5	11.5
9.7	19.5	30.5	10.5	40.5	9.5
9.8	22.0	28.0	10.6	42.5	7.5
9.9	25.0	25.0	10.7	45.0	5.0

17. 咪唑缓冲液　配制 0.2mol/L 咪唑（imidazole，$C_3H_4N_2$）溶液，称取 13.62g 咪唑，先溶于约 600mL 蒸馏水中，用 1mol/L HCl 调节到所需 pH，然后定容至 1000mL。

18. HEPES 缓冲液　配制 0.2mol/L［4-（2-羟乙基）-1- 哌嗪乙磺酸，4-（2-hydroxyethyl）-1-piperazineethanes-ulfonic acid，$C_8H_{18}O_4N_2S$］溶液，称取 47.66g 4-(2-羟乙基)-1-哌嗪乙磺酸，先用蒸馏水约 600mL 溶解，用 1mol/L NaOH 调节至所需 pH，然后定容至 1000mL。

19. Tricine 缓冲液　配制 0.2mol/L 三 -(羟甲基)-1-甲基甘氨酸［tris-(hydroxymethyl)-1-methylglycine，$(HOCH_2)_3CNHCH_2CO_2H$］溶液，称取 35.83g 三-（羟甲基）-1- 甲基甘氨酸，先用蒸馏水 600mL 溶解，用 1mol/L NaOH 调节至所需 pH，然后定容至 1000mL。

20. 甘氨酰-甘氨酸缓冲液　配制 0.2mol/L 甘氨酰-甘氨酸（glycyl-glycine，H_2NCH_2-$CONHCH_2COOH$）溶液，称取 26.42g 甘氨酰-甘氨酸，先用蒸馏水 600mL 溶解，用 1mol/L NaOH 调节至所需 pH，然后定容至 1000mL。

注意事项：

（1）缓冲溶液的有效 pH 范围，在其 pK_a 左右 1 个 pH 单位，即 $pK_a \pm 1$。所以缓冲溶液一般选用 pK_a 为 6～8（见“三、几种常用溶液缓冲剂的 pK_a 值”内容），因为这是大多数生物化学反应合适的 pH 范围。

（2）缓冲溶液的 pH 要不易受其本身的浓度、介质温度及离子成分等的影响。

（3）缓冲溶质要易溶于水，在其他溶剂中的溶解度要小，不能透过生物膜。

（4）缓冲溶质不水解，不被酶作用，不吸收可见光与紫外线。

三、几种常用溶液缓冲剂的 pK_a 值

缓冲剂	pK_a	缓冲剂	pK_a
酞酸氢钾	2.9	HEPES	7.55
乌头酸	2.8，4.46	tricine	8.15
乙酸	4.75	Tris	8.3
柠檬酸	3.06，4.74，5.40	甘氨酰-甘氨酸	8.4
琥珀酸	4.19，5.57	硼酸	9.24
磷酸	2.12，7.21，12.32	甘氨酸	2.34，9.60
咪唑	7.00	碳酸	6.10，10.40
巴比妥	7.43		

四、常用酸碱指示剂

中文名	英文名	变色 pH 范围	酸性色	碱性色	浓度 /%	溶剂	100mL 指示剂需 0.1mol/L NaOH 体积 /mL
间甲酚紫	m-cresol purple	1.2～2.8	红	黄	0.04	稀碱	1.05
麝香草酚蓝	thymol blue	1.2～2.8	红	黄	0.04	稀碱	0.86
溴酚蓝	bromophenol blue	3.0～4.6	黄	紫	0.04	稀碱	0.60
甲基橙	methyl orange	3.1～4.4	红	黄	0.02	水	—
溴甲酚绿	bromocresol phenol green	3.8～5.4	黄	蓝	0.04	稀碱	0.58
甲基红	methyl red	4.2～6.2	粉红	黄	0.10	50%乙醇	—
氯酚红	chlorophenol red	4.8～6.4	黄	红	0.04	稀碱	0.94
溴酚红	bromophenol red	5.2～6.8	黄	红	0.04	稀碱	0.78
溴甲酚紫	bromocresol purple	5.2～6.8	黄	紫	0.04	稀碱	0.74
溴麝香草酚蓝	bromothymol blue	6.0～7.6	黄	蓝	0.04	稀碱	0.64
酚红	phenol red	6.4～8.2	黄	红	0.02	稀碱	1.13
中性红	neutral red	6.8～8.0	红	黄	0.01	50%乙醇	—
甲酚红	cresol red	7.2～8.8	黄	红	0.04	稀碱	1.05
间甲酚紫	m-cresol purple	7.4～9.0	黄	紫	0.04	稀碱	1.05

续表

中文名	英文名	变色 pH 范围	酸性色	碱性色	浓度 /%	溶剂	100mL 指示剂需 0.1mol/L NaOH 体积 /mL
麝香草酚蓝	thymol blue	8.0～9.2	黄	蓝	0.04	稀碱	0.86
酚酞	phenolphthalein	8.2～10.0	无色	红	0.10	50% 乙醇	—
麝香草酚酞	thymolphthalein	8.8～10.5	无色	蓝	0.10	50% 乙醇	—
茜素黄 R	alizarin yellow R	10.0～12.1	淡黄	棕红	0.10	50% 乙醇	—
金莲橙 Q	tropaeolin Q	11.1～12.7	黄	红棕	0.10	水	—

五、泛用酸碱指示剂

变色 pH 范围	颜色变化	配制方法
3～11.5	红→蓝	0.1g 甲基橙、0.04g 甲基红、0.4g 溴麝香草酚蓝、0.32g 2-萘酚酞、0.5g 酚酞、1.6g 甲基酚酞，将上述染料先溶于 70mL 95% 乙醇中，再用蒸馏水稀释至 100mL
3～13	红→棕绿	40mg 麝香草酚蓝、50mg 甲基红、60mg 溴麝香草酚蓝、60mg 酚酞、100mg 茜素 GG，将上述染料溶于 100mL 80% 乙醇中，加入 0.1mol/L NaOH 使变成绿色（pH 7.0）
4～10	红→紫	5mg 麝香草酚蓝、25mg 甲基红、60mg 溴麝香草酚蓝、60mg 酚酞，将上述染料溶于 75% 乙醇中并稀释至 100mL，加入 0.1mol/L NaOH 中和至产生绿色

六、蔗糖浓度、密度与折射率换算表

溶液浓度			密度 ρ		折射率
/(g/100g)	/(g/L)	/(mol/L)	D_4^{20}	D_{20}^{20}	
0.50	5.0	0.015	1.0002	1.0019	1.3337
1.00	10.0	0.029	1.0021	1.0039	1.3344
1.50	15.1	0.044	1.0040	1.0058	1.3351
2.00	20.1	0.059	1.0060	1.0078	1.3359
2.50	25.2	0.074	1.0079	1.0097	1.3366
3.00	30.3	0.089	1.0099	1.0117	1.3373
3.50	35.4	0.103	1.0119	1.0137	1.3381
4.00	40.6	0.118	1.0139	1.0156	1.3388
4.50	45.7	0.134	1.0158	1.0176	1.3395
5.00	50.9	0.149	1.0178	1.0796	1.3403
5.50	56.1	0.164	1.0198	1.0216	1.3410

续表

溶液浓度			密度 ρ		折射率
/(g/100g)	/(g/L)	/(mol/L)	D_4^{20}	D_{20}^{20}	
6.00	61.3	0.179	1.0218	1.0236	1.3418
6.50	66.5	0.194	1.0238	1.0257	1.3425
7.00	71.8	0.210	1.0259	1.0277	1.3433
7.50	77.1	0.225	1.0279	1.0297	1.3440
8.00	82.4	0.241	1.0299	1.0317	1.3448
8.50	87.7	0.256	1.0320	1.0338	1.3455
9.00	93.1	0.272	1.0340	1.0358	1.3463
9.50	98.4	0.288	1.0361	1.0379	1.3471
10.00	103.8	0.303	1.0381	1.0400	1.3478
11.00	114.7	0.335	1.0423	1.0441	1.3494
12.00	125.6	0.367	1.0465	1.0483	1.3509
13.00	136.6	0.399	1.0507	1.0525	1.3525
14.00	147.7	0.431	1.0549	1.0568	1.3541
15.00	158.9	0.464	1.0592	1.0610	1.3557
16.00	170.2	0.497	1.0635	1.0653	1.3573
17.00	181.5	0.530	1.0678	1.0697	1.3589
18.00	193.0	0.564	1.0722	1.0741	1.3606
19.00	204.5	0.598	1.0766	1.0785	1.3622
20.00	216.2	0.632	1.0810	1.0829	1.3639
22.00	239.8	0.701	1.0899	1.0918	1.3672
24.00	263.8	0.771	1.0990	1.1009	1.3706
26.00	288.1	0.842	1.1082	1.1102	1.3741
28.00	312.9	0.914	1.1175	1.1195	1.3776
30.00	338.1	0.988	1.1270	1.1290	1.3812
32.00	363.7	1.063	1.1366	1.1386	1.3848
34.00	389.8	1.319	1.1464	1.1484	1.3885
36.00	416.2	1.216	1.1562	1.1583	1.3922
38.00	443.2	1.295	1.1663	1.683	1.3960
40.00	470.6	1.375	1.1765	1.1785	1.3999

七、提高溶液饱和度时应加入硫酸铵的克数

1L 溶液中需加入的固体硫酸铵克数

硫酸铵最后浓度（饱和度）		10	20	25	30	33	35	40	45	50	55	60	65	70	75	80	90	100
硫酸铵初始的浓度	0	56	114	114	176	196	209	243	277	313	351	390	430	472	516	561	662	767
	10		57	86	118	137	150	183	216	251	288	326	365	406	449	494	592	694
	20			29	59	78	91	123	155	189	225	262	300	340	382	424	520	619
	25				30	49	61	93	125	158	193	230	267	307	348	390	485	583
	30					19	30	62	94	127	162	198	235	273	314	356	449	546
	33						12	43	74	107	142	177	214	252	292	333	426	522
	35							31	63	94	129	164	200	238	278	319	411	506
	40								31	63	97	132	168	205	245	285	375	469
	45									32	65	99	134	171	210	250	339	431
	50										33	66	101	137	176	214	302	392
	55											33	67	103	141	179	264	353
	60												34	69	105	143	227	314
	65													34	70	107	190	275
	70														35	72	153	237
	75															36	115	198
	80																77	157
	95																	79

注：表中硫酸铵饱和溶液以 25℃，4.1mol/L 计算。由于温度降低时对硫酸铵溶解度影响不显著（0℃时为 3.9mol/L），故应用表中数值时可以不考虑温度因素

八、离心机转速与相对离心率的换算

RCF（relative centrifugal force）为相对离心率（g），r 为半径（离心管与转轴的距离，cm），旋转速度单位为 r/min。

$$RCF\ (g) = 1.119 \times 10^{-5} \times r \times 旋转速度^2$$

利用上式即可进行 RCF 与 r/min 之间的换算，从上式中可以看出，如果 r 不同，虽然旋转速度相同，则 RCF 也不等。一般固定角度的离心机，离心管上端与底部的 r 是不同的，所以 RCF 也不同。附图 1 为离心机剖面图，离心管与转轴的距离分别是 4.8cm（上端，最小距离）、6.4cm（中部，

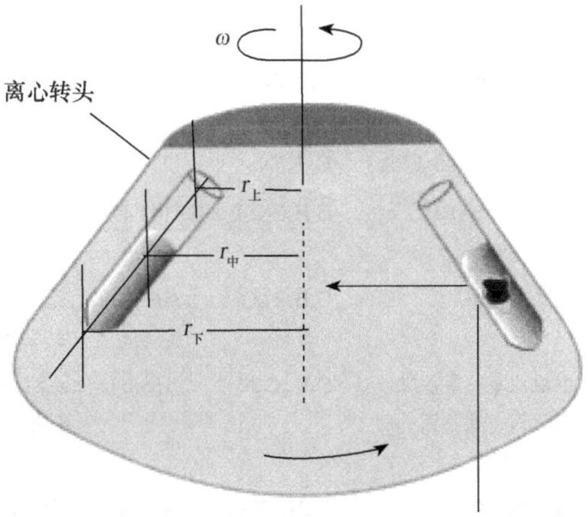

附图 1 离心机转速与相对离心率的关系

平均距离)、8.0cm(底部，最大距离)。当转速为12 000r/min时，从上式计算得到RCF分别为7734*g*、10 312*g*和12 890*g*，离心管上端与底部所受RCF相差近1倍，因此一般以管中部平均距离处的RCF表示之。

九、常见植物生长调节物质及其主要性质

名称	化学式	相对分子质量	溶解性质	主要作用
吲哚乙酸(IAA)	$C_{10}H_9NO_2$	175.19	易溶于热水、乙醇、乙醚、丙酮，微溶于冷水、氯仿	促进细胞的延伸生长和细胞壁结构的松弛
赤霉酸(GA_3)	$C_{19}H_{22}O_6$	346.38	易溶于甲醇、乙醇、丙醇，溶于乙酸乙酯、碳酸氢钠和乙酸钠水溶液，微溶于水、乙醚	促进茎、叶伸长，破除休眠
玉米素(ZR)	$C_{10}H_{13}N_5O$	219.00	不溶于水，溶于乙醇	促进细胞分裂，有保鲜作用
脱落酸(ABA)	$C_{15}H_{20}O_4$	264.31	易溶于碱性溶液、氯仿、丙酮、乙酸乙酯、甲醇、乙醇，难溶于水、苯	促进离层形成，促进休眠，抑制种子萌发
乙烯(Eth)	C_2H_4	28.05	溶于醇、苯、乙醚，微溶于水	促进果实成熟，促进器官脱落，促进衰老，控制性别
吲哚丁酸(IBA)	$C_{12}H_{13}NO_2$	203.24	溶于醇、丙酮、醚，不溶于水、氯仿	为生根促进剂
α-萘乙酸(NAA)	$C_{12}H_{10}O_3$	186.20	易溶于热水，微溶于冷水，溶于丙酮、醚、乙酸、苯	与IAA相似
2, 4-二氯苯氧乙酸(2, 4-D)	$C_8H_6ClO_3$	221.04	难溶于水，溶于醇、丙酮、乙醚等有机溶剂	防止番茄落花，形成无籽果实，对双子叶植物有毒杀作用，用作单子叶作物的除草剂
2, 4, 5-三氯苯氧乙酸(2, 4, 5-T)	$C_8H_5ClO_3O_3$	255.49	溶于乙醇、丙酮、乙醚，难溶于水	与2, 4-D类似的除草剂，对木本植物更有效
2, 3, 5-三碘苯甲酸(TIBA)	$C_7H_3I_3O_2$	499.81	溶于乙醚、热乙醇，不溶于水	抑制生长，促进分枝，促进开花，在大豆上较有效
马来酰肼(MH)(又名青鲜素)	$C_4H_4N_2O_2$	112.09	易溶于热水，微溶于热乙醇	防止块茎、鳞茎的出芽，防止烟草分枝，属于生长抑制剂
激动素(KT)	$C_{10}H_9H_5O$	215.21	易溶于稀盐酸、稀氢氧化钠，微溶于冷水、乙醇、甲醇	促进细胞分裂，有延迟衰老及保绿作用
6-苄基氨基嘌呤(BA)	$C_{12}H_{11}N_5$	225.25	溶于稀碱、稀酸，微溶于乙醇	与激动素相似
乙烯利(CEPA)	$C_2H_6ClO_3P$	144.49	易溶于水、甲醇、丙酮，不溶于石油醚，pH 4.1以上放出乙烯	与乙烯同
比久(B_9)	$C_6H_{12}N_2O_3$	160.00	易溶于水、甲醇、丙酮，不溶于二甲苯	是生长延迟剂，阻止细胞分裂，抑制细胞伸长，矮化幼苗
2-氯乙基三甲基二氯化铵(矮壮素)(CCC)	$C_5H_{13}C_{12}N$	158.07	易溶于水，溶于乙醇、丙酮，不溶于苯、二甲苯、乙醚	是生长抑制剂，延缓茎的伸长，使植物矮化，但不影响顶端分生组织
多效唑(PP_{333})	$C_{15}H_{20}ClN_3O$	438.38	易溶于水、甲醇、丙酮	壮苗，促根，促分蘖，提高抗逆性